中国怀乡鸡

ZHONGGUO HUAIXIANGJI

——历史文化与科学

LISHI WENHUA YU KEXUE

中国鸡文化系列丛书

杜炳旺 编著

中国农业出版社
北 京

图书在版编目（CIP）数据

中国怀乡鸡：历史文化与科学／杜炳旺编著．北京：中国农业出版社，2023．12．--（中国鸡文化系列丛书）．-- ISBN 978-7-109-32360-5

Ⅰ．S831

中国国家版本馆 CIP 数据核字第 20249FJ352 号

中国怀乡鸡——历史文化与科学

ZHONGGUO HUAIXIANGJI—LISHI WENHUA YU KEXUE

中国农业出版社出版

地址：北京市朝阳区麦子店街 18 号楼

邮编：100125

责任编辑：程　燕　　文字编辑：耿增强

版式设计：王　晨　　责任校对：吴丽婷

印刷：北京中兴印刷有限公司

版次：2023 年 12 月第 1 版

印次：2023 年 12 月北京第 1 次印刷

发行：新华书店北京发行所

开本：700mm×1000mm　1/16

印张：19

字数：350 千字

定价：96.00 元

《中国鸡文化系列丛书》编委会

XU 序

读了杜炳旺先生的《中国怀乡鸡——历史文化与科学》一书，使我立马想起“他乡纵有当头月，不及故乡一盏灯”。无论是古代还是现代，故乡总是游子魂牵梦萦的神圣之地，也是异乡客在奋斗中的心灵寄托。

杜炳旺先生故乡在山西运城，年轻时在扬州攻读研究生，毕业后毅然回到故乡从事家禽学的教学与科研工作；期间曾受聘中国农业科学院北京畜牧兽医研究所参与国家“黄羽肉鸡”攻关课题，先后取得多项科研成果；继而应聘到湛江广东海洋大学作为广东省重点学科“动物遗传育种与繁殖学科”带头人，主要从事中国地方鸡种遗传资源的挖掘与保护、开发与应用、教学与科学研究，在理论与实践上颇有建树。新作《中国怀乡鸡——历史文化与科学》一书凝聚了他数十年研究国家畜禽遗传资源的成果和心得，凝聚了他长期以来对故乡的思念之情，凝聚了他对第二故乡广东的热爱之义。

细读《中国怀乡鸡——历史文化与科学》，作者以中国家鸡的历史渊源起始，概述了中国底蕴丰富的鸡文化；接着以诗词歌赋、散文书画、摄影作品等多种形式展示了怀乡鸡的传统文化内涵；进一步展开论述了怀乡鸡的资源保护与应用，尤其重点介绍了怀乡鸡的系统性研究和标准化生产及对社会的影响。全书一气呵成，字里行间无不渗透出杜教授对怀乡鸡的钟情和对事业的热爱！

年深外境犹吾境，日久他乡即故乡。杜教授数十年的追寻跃然纸上。一鸡双意，内涵丰裕，不失为一本值得同行和文史界人士及科普爱好者阅读的佳作。

于扬州大学

2024 年 5 月 1 日

注：王金玉，扬州大学二级教授，博士生导师，先后任国家畜禽遗传资源委员会委员、国家重点学科“动物遗传育种与繁殖”培育学科带头人、中国优质禽育种与生产研究会副理事长，主持育成了京海黄鸡、海扬黄鸡、盈黑鸡等通过国家审定的家禽新品种和配套系，并获国家科技进步奖二等奖，江苏省科技进步奖一等奖等。

前言

QIAN YAN

作为列入《国家畜禽遗传资源保护名录》的28个地方优良品种之一的"怀乡鸡"，产于广东省信宜市怀乡镇，曾被称为"湛江鸡"而名扬珠江三角洲各主要城市，甚至有"名震雷州三千里，味压江南十二楼"的美誉，百年来，经久不衰。1905年，由方同三在广州湾（湛江）街头拍摄的湛江白切鸡的照片以明信片的形式在法国发行上市，从此"湛江鸡"的形象便走出了国门。可见，"怀乡鸡"作为"湛江鸡"的源头，不得不说其影响之广大、历史之久远。

当然，怀乡鸡的真正发展壮大，要从1983年其原产地信宜由湛江地区划归茂名地区管辖以后说起。在此期间，怀乡鸡先后被列入《广东省家畜家禽品种志》《中国畜禽遗传资源志·家禽志》《国家畜禽资源保护名录》，以及国家地理标志保护产品等。40年来，可以说怀乡鸡从资源保护到品种繁育，从健康养殖到标准把控，从加工销售到质量追溯，形成了一个比较完整的产业链，实现了产业化。一路走来，不仅有效地保护了怀乡鸡这一稀有而宝贵的国家资源，且形成了当地富民强县、脱贫攻坚、乡村振兴的一大支柱产业。

在国家把振兴种业、端牢饭碗、振兴乡村、致富农民作为我党工作的宏伟目标和重中之重的当今形势下，国家将文化建设和中国传统文化的传承发展作为祖国伟大复兴的重要战略和工作重心之一，我17年来一直致力于怀乡鸡的资源保护和研究应用工作，有必要梳理和总结一下怀乡鸡的渊源、历史、文化、保护、研究及发展前景，以展示给世人，以便为怀乡鸡及其产业发扬光大、再铸辉煌尽绵薄之力。基于此，本书分为7个章节进行了阐述。

第一章，先从中国家鸡的历史渊源入手，概述了与家鸡有关的考古发现、文献记载、家鸡起源的历史以及野生原鸡的驯养。根据我国多位学者数十年的研究、探寻和实地考察，证明了我国是原鸡起源地之一，同时发现中国的原鸡有3个亚种，即以北部湾为中心的海南亚种、珠江中下游地区的岭南亚种和云南西南部的滇西南亚种，也佐证了我国是目前所知的世界上最早驯养家鸡的国家。同时不少学者对我国地方鸡种、引进鸡种以及来源于中国和泰国的两个红色原鸡亚种进行了单核苷酸多态性分析，发现地方鸡种与中国的红色原鸡亲缘关系较近，而与泰国红色原鸡的亲缘关系较远，说明中国家鸡属于独立的血缘关系，而且许多分子遗传学上的证据均支持中国家鸡具有独立起源的论点。

第二章，从多个侧面概括了在几千年的历史长河中中国的鸡文化一直渗透在中国人的日常生产生活中，如鸡在我国古代的极高地位——正月初一为鸡日、鸡是天然的报时工具、雄鸡鸣啼是催人奋进的励志之声、鸡是具备“五德”的德禽，以及与鸡有关的“百里奚认妻”的感人故事和戏剧等。另外，本章从物质层面考虑，专门设立一节，把中国人的“无鸡不成宴”“百鸡宴”“全鸡宴”的人文现象和鸡在人们日常饮食中的“巨大贡献”做了介绍，特别是对广东人的食鸡文化做了重点介绍。

第三章，阐述了怀乡鸡的历史和文化，主要包括品种概要、历史渊源、历史地位，以及怀乡鸡的文化即诗词、散文、书法、美术以及歌曲诸方面。本章首先明确了什么是怀乡鸡，即产于野生原鸡出没之地的广东省信宜市怀乡镇，具有三黄特征（黄羽、黄脚、黄皮），体型如元宝，以典型的毛色鲜亮、皮薄骨细、香酥嫩滑、肉味鲜美而享誉两广及港澳地区，纳入《国家畜禽遗传资源保护名录》的小型优质地方肉鸡品种，谓之怀乡鸡。并在1988年列入《广东省家畜家禽品种志》，2007年入选“广东省怀乡鸡保种场”，2011年列入《国家畜禽遗传资源志·家禽志》，2014年列入《国家畜禽遗传资源保护名录》（28个地方品种之一），2015年列入“国家级怀乡鸡保种场”，2021年再次通过审验为“广东省怀乡鸡保种场”和“国家怀乡鸡保种场”。

从怀乡鸡的文化角度，本章不仅收录了在信宜市博物馆和图书馆查阅搜集到的古代湛江、茂名等当地名人赞颂三黄鸡（怀乡鸡）的10多首诗篇，还有在本人2024年3月24日组织60多位当地文人名家前往怀乡鸡原产地信宜市开展的“龙凤呈祥”鸡文化采风创作活动中，由各位名家创作的散文5篇、现当代诗词楹联36首、书法美术作品23幅、歌曲2首。

第四章，介绍了怀乡鸡遗传资源保护，即怀乡鸡保种工作开展10年来，共10个世代怀乡鸡的保种条件、方法、措施、规模、保种方案及保种效果。

第五章，重点介绍了怀乡鸡遗传资源研究进展，包括肉用性能研究进展、产蛋性能研究进展、营养需要研究进展、抗病研究进展及“两白”（禽白血病和白痢病）疾病净化研究进展。

第六章，是以怀乡鸡生产技术规范为主线，列出怀乡鸡保种场规章制度，如数据采集和档案管理制度、保种群种鸡标识制度、保种场卫生防疫制度、种鸡免疫程序，以及种鸡饲养管理技术规程、肉鸡饲养管理技术规程等。

第七章，介绍了怀乡鸡产业化与社会影响。重点阐述了国家科技富民强县专项行动计划——信宜市怀乡鸡健康养殖示范与产业化开发、怀乡鸡产业化关键技术集成与应用项目，以及怀乡鸡产业现状与发展规划。最后摘录引用了近些年有关怀乡鸡产业发展的相关媒体报道，时间跨度超过 20 年，以此作为对怀乡鸡最好的诠释。

除上述 7 个章节以外，本书还以附录的形式列出了已颁布的怀乡鸡种鸡标准、肉鸡标准、地理标志保护产品标准、怀乡鸡资源保护相关记录用表和相关图片，图片包括怀乡鸡种鸡照、菜品照、工作照、领导关怀照、企业荣誉等相关图片 150 多幅。

总之，本书是以国家保护品种怀乡鸡为主线，从家鸡起源的多角度论证到对根植于国人生产生活中源远流长的鸡文化的简明阐述，从怀乡鸡的历史追溯到与其相关的诗词歌赋、散文书画等，从怀乡鸡种质特性的科学研究到新成果的推广应用，从怀乡鸡的标准化生产到产业化实现，从怀乡鸡服务于富民强县和乡村振兴到被社会广泛认可和充分肯定……本书向世人展示了“中国的鸡”，特别是“怀乡鸡”的一幅历史画卷、文化现象、科学技术与锦绣前程！本书不仅适合从事畜牧兽医领域的广大人士阅读参考，同样适合从事历史研究、文学艺术、传统文化、科普工作者，以及所有喜爱读书的人们。

本书的出版，得到广东海洋大学 2023 年“冲补强”省财政专项资金项目——科研成果培育项目（编号 080503402202）、2022 年省级乡村振兴战略专项资金种业振兴项目（编号 2022XB－00－012）、广东省 2020 科技专项资金“大专项＋任务清单”——怀乡鸡产业化关键技术集成与应用（编号 2020A04008）等项目的资助。

本书的初衷是通过“怀乡鸡”，将鸡的历史溯源、传统文化与科学技术融于一体，从而体现鸡的历史价值、文化价值及科学价值。一句话，通过本书的出版，旨在传达自己的一种理念、愿望和行动，即将科学技术插上文化的翅膀，赋予双引擎的功能，令其振翅高飞，鹏程万里！

虽已尽力，但因本人才疏学浅、水平有限，总觉得难以达到初衷，只能在此抛砖引玉，并望方家和读者多提宝贵意见！

杜炳旺

2024 年 5 月 22 日于广东湛江

目录

MU LU

第一章

中国家鸡的历史渊源

关于鸡的起源，百余年来各国普遍认为见于印度和东南亚各国的几种野生原鸡就是鸡的祖先，其实在我国亚热带地区，如云南的西双版纳、海南岛、广西东部及广东西部就有野生原鸡。因此，中国的鸡种不应再以印度或东南亚地区的野生原鸡为其祖先，它们是由中国西南地区境内原有的野生原鸡在南方经过驯化而来。

第一节　与家鸡有关的考古发现

鸡是人类最早驯化的家禽之一，中国新石器时代的遗址中就发现有鸡的骨骼。

距今 10 000 年之前的江西万年仙人洞遗址发现了被认为是未经驯化的野生原鸡骨骼。

距今 7 000 年前后的河北武安磁山遗址也发现有大量的鸡骨骼。河南新郑裴李岗遗址也发现有距今 7 000 年之前的家鸡骨骼。

距今至少有 6 000 年的陕西半坡、宝鸡北首岭遗址发现鸡骨骼。

距今 4 800 年之久的河南陕县庙底沟遗址发现鸡骨骼。

距今约 2 800 年的江苏句容浮山西周墓中出土一罐鸡蛋化石。

距今 2 100 多年的山东章丘洛庄汉墓——一座西汉早期诸侯王陵的陪葬坑中发现了大量的鸡蛋化石。

距今约 1 700 年的河南洛阳吉利区的三座西晋墓中发现 14 枚红色鸡蛋壳。

距今约 1 600 年的甘肃酒泉西河滩遗址发现一枚魏晋时期的鸡蛋化石。

我国考古除了发现古代的鸡骨、鸡蛋化石外，更有很多的陶塑鸡形象。辽宁丹东市后洼遗址，出土有 6 000 多年前用滑石雕刻成的鸡，在河南罗山县蟒张商墓中发现有玉鸡。四川广汉三星堆遗址二号祭祀坑内出土过一只晚商时期的青铜雄鸡，其昂首引颈，尾羽丰满，立于方座之上，造型生动逼真，可谓一件难得的古代艺术珍品。宁夏原州区水泉村出土了一件新石器时代的泥质灰陶鸡首壶。

距今约4 500年的湖北天门等价湾遗址发现大量石家河文化时期的陶鸡，山西襄汾陶寺、北京山屈家岭、均县乱石滩、河南伊川马回营等遗址发现有新石器时代的陶鸡；特别是进入秦汉时期，陶鸡数目急剧增多，广东增城西瓜岭村遗址曾出土一件战国时期的陶鸡；到了汉代，陶鸡成为墓葬中的重要随葬品，四川发现有陶制家禽模型的99座汉代墓葬中，陶鸡是出土最多的动物模型，有83座墓葬发现陶鸡，其中雄鸡大多昂首挺立，高冠翘尾，体型肥硕，最高可达37cm，母鸡多以母子群像出现，如母鸡带小鸡、母鸡背小鸡、母鸡回头亲吻小鸡等，形象生动可爱。北京、陕西、河南、河北、江苏、湖北、湖南、广东等地的57座墓葬中，有43座出土有陶鸡。到了唐代，还出现了制作精美的三彩釉陶鸡。到了西晋时期，鸡首壶成为墓葬中的重要随葬品，唐代时仍然盛行，辽代时鸡冠壶和鸡腿瓶也是游牧民族特色的瓷器造型，宋元时期的瓷器中用鸡的形象作为装饰品也非常流行。

第二节　与家鸡有关的文献记载

在河南安阳殷墟出土的3 000多年前的甲骨文中，有鸡的象形文字。古篆文把“奚”和“佳”二字连在一起，而古“鸡”字从“奚”，表示由“爪”和“系”二字上下相叠而成，象征鸡爪用绳子拴着，以防飞逸。

在我国西周初年到春秋中期出现的《诗经》里提到两首涉及鸡的诗作，分别为《郑风·女曰鸡鸣》和《齐风·鸡鸣》。鸡的饲养在古代中国已相当普遍，东周战国时期设有“鸡人”（官名）来司祭祀。在殷商时期，鸡已经是农家普遍豢养的家禽。《周礼·夏官》职方氏说，当时我国东南部是主要养鸡的地区。老子的《道德经》描述了“邻国相望，鸡犬之声相闻”，孟子的《孟子·尽心上》说“五母鸡，二母彘，无失其时，老者足以无失肉矣”，《越绝书》记载东周时越王勾践在锡南山辟有“鸡山”、吴王在姑苏楼门外建有“鸡坡”，这些都表明我国在公元前4至5世纪已有规模很大的养鸡场。

刘向《列仙传》还记载了一位著名养鸡人的典型事例：“祝鸡翁，居尸乡北山，养鸡百余年，鸡千只，皆有名字，暮栖树上，昼放散之。欲引呼名，即依呼而至。卖鸡及子，得千余万。”这一史例，亦见于《河南府志》，都表明祝鸡翁祖孙几代都在经营养鸡业，也可证明2 000多年前已采取大群养鸡产蛋的办法。鸡栖树上是其自然天性，就像陶渊明在他的《归田园居》中写道“狗吠深巷中，鸡鸣桑树颠”。可见祝鸡翁是古代养鸡最成功的一人，甚至刘向把祝鸡翁和古代一些医学家等视作为仙人，说明我国古代汉朝盛世对养鸡人的崇敬。

围绕如何养鸡、选种、治病，古代文献《庄子·逸篇》中有“羊沟之鸡，三岁为株，相者视之，则非良鸡也”的记载，可见2 000多年前，中国已经出现了“相鸡术”。据《汉书·艺文志》记载，古代有《相六畜》一书，此后《隋书·经籍志》还提到有专著《相鸡经》，只是这些记载大多遗失难觅。

好在距今1 480多年前的北魏时期（531—550）农学家贾思勰的巨著《齐民要术》卷六第五十九《养鸡篇》，虽文字仅1 052字，但这是目前发现的我国最早的养鸡技术论著，该论著引用了《尔雅》《广志》《异物志》《玄中记》《孟子》《家政法》《龙鱼河图》《养生论》等公元6世纪之前的古籍，概括了先秦至魏晋时中国古代的科学养鸡技术。

第三节 与家鸡起源的有关历史

达尔文是世界著名的博物学家，其划时代的巨著《物种起源》虽然对生物科学的发展和人类思想的进步做出了巨大贡献，但在中国家鸡起源的问题上，得出了“中国的家鸡是由西方的印度传入的”这样一个目前看来根本站不住脚的结论。这里我们予以澄清，从而扭转世人100多年来有关“中国家鸡起源于印度”的定论。

首先，如前所述的考古发现，中国早在公元前5 000年之前的黄河流域已经有了家鸡，古代文献也表明春秋战国时期我国东部地区的养鸡业已经很发达，吴王夫差和越王勾践都建有规模不小的养鸡场，秦汉时期长江中下游已经出产鸡种，两晋时期郭义恭所著的《广志》就对其有记载：“鸡有胡髯（胡须）、五指（五趾）、金骰（黄胫）、反翅（卷毛）之种”。因此达尔文认为鸡是中国以西地区（印度）的产物，在公元前1 400年传入中国，显然是站不住脚的。

关于家鸡起源的年代问题，达尔文认为印度家鸡驯化约在公元前1200年至公元前800年，英国考古学家曹英纳估计，印度在公元前2000年已有驯化的家鸡，其依据是在印度摩亨佐达罗发掘的两只相斗的鸡的印章被认为是红原鸡，经碳十四测定为公元前2300—1750年。据此几点证据认为印度家鸡起源于公元前2000多年前。而家鸡大约在公元前1000年由印度西北部传入伊朗，再由伊朗向西传入美索不达米亚和小亚细亚半岛，再后来大约在公元前500—600年传入欧洲。可见，家鸡在中国之外的国家和地区出现的时代，在印度是最早，是在公元前2000年左右。

再看看前述的考古证据，我国河北磁山遗址出土的大量鸡骨骼与原鸡相似，其跖骨平均长度79mm，与现代的原鸡（78.7mm）相似，所以磁山遗址的鸡骨很可能是属于早期驯养的家鸡，其年代约在公元前5400年，远远早于印度的记录，是世界上发现年代最久远的家鸡骨骼。

1983年7月在北京举行的生物学史座谈会上，上海吴德铎先生当时提出“再论达尔文与中国古代的百科全书”，达尔文根据他所看到的《中国百科全书》的记载写道“鸡是西方的动物，是在公元前1400年的一个王朝引进东方的”，达尔文认为西方就是指现在的印度，东方即指中国，而在公元1609年的明代王圻编撰的《三才图会》中记载：“鸡有蜀鲁荆越诸种，越鸡小，蜀鸡大，鲁鸡又其大者。旧说日中有鸡，鸡西方之物，大明生于东，故鸡入之。”其意认为鸡是西方之物。鸡在十二生肖中属酉，酉居于西方之位，故称鸡为西方之物，大明指的是东方，日出于东方，以方位言东西相对，故入日中。而且鸡在八卦中属巽卦，巽指的是西南。因为古代我们的祖先总把自己说成生活在“中央王国”，临近四方的西方或西南方只不过是今日中国的边疆地区，所以倘若就此把中国鸡的来源硬套给国外，这是很不科学的。达尔文认为鸡是中国以西地区（印度）的产物，而在公元前1400年时传入中国，显然是不足为据的。

南京农业大学谢成侠教授在1984年所著的《中国农史》一书中表明，中国的鸡种不应该再以印度或东南亚地区的红原鸡为祖先，而是由中国西南部地区境内原有的原鸡祖先在南方经过驯化而来。在广西、海南、广东和云南均有原鸡分布，这些鸡种很可能和我国南方古代的鸡种有血缘关系，以后逐渐向北方传播。近年来，基因组学研究结果也表明，广西、海南、广东西部和云南是鸡的重要起源地区。由此可见，我国的家鸡起源可能来自海南、广东西部及广西的野生原鸡。

1996年3月20日，《中国科学报》第910期报道，我国鸟类学家中国科学院北京动物研究所郑作新教授到云南南部考察，探究中国家鸡的祖先——被当地称为茶花鸡的中国原鸡。他发现有原鸡飞到山寨的村里，混入家鸡群中与家鸡嬉戏、交配。经实地调查，得出结论：中国的家鸡并非从印度引进，而是中国人自己驯养的，中国家鸡祖先是中国的野生原鸡。

广东中山市的老专家陈启荣先生围绕家鸡的起源进行了多年实地考察、研究和探索，2011年出版有《中国家乡鸡——中国岭南鸡种源研究及食肆的开发》专著，认为家鸡起源于中国北回归线以南，热带的岭南，并在岭南各地找到原鸡亚种3个，捕获到50多个原鸡个体，先后发表了《我国鸡种起源于北部湾沿岸地区》《原鸡的驯养起源》《古人对鸡论说》《欧美鸡种源来自中国》等论述。

1978年，陈启荣先生在海南岛儋州市发现野生原鸡海南亚种，1988年在广东英德北部发现原鸡岭南亚种公母各2只，1994在广西玉林、合浦、钦州及广东信宜、阳春、英德北部捕获到野生原鸡 2 批共 10 多只，并经中山大学辛景禧教授鉴定，命名为原鸡岭南亚种。2002—2004 年他又先后在广西南部、广东西部发现两个不同的原鸡亚种（海南亚种和灵山亚种），并捕获 20 多只进行驯养繁殖，其后代羽色、体态共 10 个类型。

上述根据我国多位学者多年的研究、探寻和实地考察，证明我国是原鸡起源地之一，同时发现原鸡 3 个亚种，即以北部湾为中心的海南亚种、珠江中下游地区的岭南亚种和云南西南部的滇西南亚种，也足以证明我国是目前所知的世界上最早驯养家鸡的国家。

现代分子生物学的研究与发展也为研究中国家鸡的起源提供了更有力的证据。1996 年程光潮等用血型、蛋白多态性和 DNA 指纹等方法研究结果表明，中国地方鸡品种有独立的血缘关系。2007 年束婧婷用 PCR - SSCP 对我国地方鸡种、引进鸡种以及来源于中国和泰国的两个红色原鸡亚种进行了单核苷酸多态性分析，发现地方鸡种与中国的红色原鸡亲缘关系较近，而与泰国红色原鸡的亲缘关系较远，说明中国家鸡属于独立的血缘关系。许多分子遗传学上的证据均支持中国家鸡具有独立起源的论点。

第四节　与家鸡有关的野生原鸡的驯养

这里引用陈启荣先生的表述。

在调查和收集野生原鸡资料时，发现有原鸡的地方，其中有 5 处为距离古人类遗址很近或较近之地：

（1）广西浦北樟家村发现野生原鸡的地址，其西侧距灵山县人类遗址的东胜岩、葡地岩、洪窟岩（两三万年前的人类遗址）有 45km。

（2）广西崇左市境内的石林区，是旧石器时代人类遗址，也是当今野生原鸡生长之地。

（3）广东阳春、信宜有野生原鸡的地区，分别距阳春独石仔新石器时代早期人类遗址 30km 和 65km。据报道，约在 14 000 年前，广东阳春漠阳江西岸生活的智人部落，居住在独石仔的山洞，用火烧烤捕到的野猪、马鹿、野鸡等动物，证明古人类曾捕获野鸡（原鸡）为食。

（4）在广东英德北部发现野生原鸡的地方，距该市云岭镇牛栏洞新石器人类遗址 25km，北面距著名的曲江马坝古人类遗址（距今 12.9 万年）约 50km，距新石器时代石峡人类遗址约 50km。

（5）广西灵山全县有 18 个镇发现原鸡，这些地方均在灵山古人类遗址附近的 3～30km 处。

上述 5 处发现野生原鸡的地方，与古人类遗址为同一地区或距离较近，这说明家鸡驯养史与古人类对原鸡的驯养密切相关。在旧石器时代前，南越先民捕获野生原鸡食用，到新石器时代，便把捕获的原鸡驯养为家鸡。因此家鸡的起源地，既是古人类生息地，也是原鸡的生存地。随着时间的推移，野生原鸡被人类捕获食用或驯养为家鸡。家鸡的起源地，必然是自然界野生原鸡的繁衍之地和古人类遗址之地。

从广东出土的有关陶鸡等随葬品证明，广东早在 4 000 多年前即开始饲养鸡，并且制作了鸡形态的用具、器皿，到汉代已大量生产。从而证明广东养鸡的历史应推到新石器时代。

D 第二章

中国的鸡文化

第一节　中国的传统文化

中国传统文化亦称中华传统文化或华夏文化、华夏文明，是中国 5 000 年优秀文化的统称，是文明演化汇集而成的一种反映民族特质和风貌的民族文化，是民族历史上各种思想文化、观念形态的总体表征，是中华民族在中国古代社会形成和发展起来的比较稳定的文化形态，是中华民族智慧的结晶，是中华民族的历史遗产在现实生活中的展现。

从宏观上是以儒家为内核，包括道家、佛家、法家等文化形态；从具体形式上主要包括思想、文字、语言，进而是六艺，即礼、乐、射、御、书、数；再就是生活富足之后衍生出的书法、音乐、武术、曲艺、棋类、节日、民俗等。的确，传统文化与我们的生活息息相关，始终融入我们生活的方方面面，我们都十分享受而往往又不自知。

第二节　中国的鸡文化

鸡文化是中国传统文化中的一种文化现象，是一种以鸡为题材反映与人类生活密切相关的文化现象，古往今来盛行不衰。

鸡与人类共同生活了数千年，在没有时钟的朝代，鸡是人们社会生活的时钟；在十二属相中，鸡是唯一被列入的家禽；在文学作品中，鸡是诗词、对联、成语、典故、书画中出现极为频繁的动物；在民间风俗中，鸡又是渗透于方方面面并被赋予神话色彩的动物；在饮食美味中，鸡同样是人们极为盛行的特色美食。

一、鸡是身世不凡的灵禽

在中国的传统文化中，龙和凤都是神化的动物，鸡却是一种身世不凡的灵禽，例如凤的形象来源于鸡。《太平御览》记载："黄帝之时，以凤为鸡"。鸡是凤凰的化身，通神灵。民间传说中的凤凰是一种仅次于龙的图腾动物，凤似与鸡近缘，或者凤是一种已经灭绝了的野鸡，千百年来，凤的地位至高无上，有"龙飞凤舞""龙凤呈祥""百鸟朝凤"等，鸡则与百姓为伍，抑或凤是鸡的文化转型，鸡是凤的世俗化身。

二、鸡在我国古代的地位极高，正月初一被称为"鸡日"

鸡的神圣意义在中国创日神话中，鸡有幸充当创日第一日所造之物。《太平御览》卷三十引《谈薮》注云："一说，天地初开，以一日作鸡，七日做人。"鸡成为创日神话第一日所造之物，与鸡的神圣意义有关。叶舒宪先生在其《原型数字"七"之谜——兼谈原型研究对比较文学的启示》中有过一段描写鸡的话，认为创日神话中第一日所造之鸡，表面看是一种动物，在神话思维中却是某一特定的空间方位——东方的象征。创日神话表达的是从混沌到有序、从黑暗到光明的主题，是以日常经验中的东方日出，白昼取代黑夜的自然现象为蓝本。天地初开第一天就产生了鸡，其后依次为猪、羊、狗、牛、马，到第七天才产生了人，正月初八产生了谷物。所以农历正月初一又叫鸡日。传说鸡为日中乌，鸡鸣日出，带来光明。

三、鸡是天然的报时工具

对于没有钟表的古人来说，鸡黎明报晓，意义非凡。在古代计时工具发明之前，如漏壶，虽可计时，却不能按时叫醒人们，睡梦中的人们不知道时间，这时金鸡报晓，告诉人们天亮了，应该起床工作了，即日出而作，日落而息。而且不管酷暑寒冬，还是阴晴雨雪，鸡都能守信报晓，绝不偷懒。鸡是天然的报时工具，正所谓：鸡催千里晓，春启万户门；鸡声催晓读，鸟语唤春耕。正因为鸡能司晨，所以古人经常把鸡鸣看作是阴阳交割的标志，把鸡看得很神圣。在二十八星宿里，还专门给了鸡一个位置，叫昴日星君。

四、雄鸡鸣啼是催人奋进的励志之声

晋朝时，祖逖和刘琨是两个性情豪迈、胸襟开阔的年轻人，同居一室，相互砥砺，都想找机会为国家效力。一天清晨，大地一片沉静，忽然响起一阵嘹亮的鸡啼。祖逖从睡梦中惊醒，连忙把刘琨也叫起来，说："你听，那鸡啼声多么清脆悦耳，它引吭高歌，不正是要我们年轻人发愤图强吗？""是啊，我们不能再贪睡了！"两人披衣下床，来到院中，只感到阵阵寒意，便取出剑来，在曙光将露前挥舞起来，他们越舞越有精神，越舞越有力量，直到东方泛白。这就是“闻鸡起舞”的典故。古往今来，这一典故不知激励了多少文人志士！

五、在民俗文化中鸡有驱毒辟邪之意

先秦时期，就有用鸡和鸡血驱邪的活动，因雄鸡和鸡血具有驱鬼邪、去灾祸的作用，是降妖除害、驱鬼避凶的灵禽。汉应劭《风俗通义·礼典》说“鸡主以御死避恶”，晋王嘉《拾遗记》说鸡“能搏逐猛兽虎狼，使妖灾群恶不能为害”。魏晋时期，鸡成了门画中辟邪镇妖之物。在民间传说中，鬼最怕听到鸡叫，因为鬼只能在黑暗中活动，而鸡啼叫代表天快亮了，天一亮，一切鬼怪伎俩就无计可施了。南朝宗懔撰《荆楚岁时记》载有“正月一日贴画鸡户上，悬苇索于其上，插桃符其傍，百鬼畏之。”此习俗流传了下来，在门楣上“贴鸡”成为我国多地春节的习俗。年画中的“鸡王镇宅”图案上是一只大公鸡，口衔毒虫，以求家宅平安。又如端午时节，随着天气变暖，蛇、蜈蚣、蝎子、蜥蜴、蟾蜍等五毒开始滋生，所以端午节除了要系五彩线、饮雄黄酒、挂艾蒿之外，还要贴鸡食五毒的剪纸。可见在驱邪避凶中，雄鸡扮演着十分重要的角色。

六、鸡是具备“五德”的德禽

我国古代，鸡被冠以德禽美名，是兼具文、武、勇、仁、信的有德之士。西汉时期韩婴所著的《韩诗外传》认为“鸡有五德：首带冠者，文也；足搏距者，武也；敌在前敢斗者，勇也；见食相呼者，仁也；守夜不失时者，信也”。清代陈淏子《花镜》中表明：“鸡，一名德禽”。有诗赞曰：“意在五更初，幽幽潜五德；瞻顾候明时，东方有精色。”具体意思：

一德文也：头顶红冠，鲜亮吉祥。公鸡华冠高耸，火红艳丽。古代以此比喻文星高照，必获官帽，寓意鸿运当头，青云直上步步高。因为公鸡鸣叫，取其汉字谐音相关之义则是“功名”，以示祝福对方一定会功名显赫。

二德武也：脚踏斗距，虎步生风，是英勇刚强的象征。传说，古代家居王屋山的刘生，炎热盛夏与妻赵氏纳凉于庭院之中，突然一只公鸡振翅飞入赵氏怀中，其妻从此竟身怀六甲，生下男婴。刘生为爱子取名武周。日后，曾事朝廷，骁勇善战，屡建大功。因此，流行于我国民间的“斗鸡纹图”便成了“英勇威武”的代名词，公鸡便是武将的符号。

三德勇也：见敌应战，威武善斗。相传，桃都山上有一只大公鸡，名号“天鸡”。在“天鸡”两旁有两位守护神，一名“郁”、一名“垒”，手执苇索若遇不祥之物，奋勇迎敌，擒拿并将其杀灭。后世沿用此法刻制两位桃人立于门旁，用公鸡羽毛放置索中，系于门环之上。有时在民间还可以看到大门上画有一只大公鸡，也是祈福驱邪之意。

四德仁也：遇食分享，共品美餐。传说，公鸡乃是玉衡星的化身，是阳气的象征。每当捕捉猎物或有食物，决不会独自吞食而不顾后来者。

五德信也：守信按点，唱时报晓。民间传说，在桃都山上长有一棵参天大桃木，盘曲三千里，桃木上屹立一只大公鸡，名叫“天鸡”。每当“日神”出巡，金光四射，照耀着大桃木时，“天鸡”唱晓，普天之下男女老幼起床更衣，各就各位，开始新一天的劳作。从此，便有了“天鸡报晓天下知”的传说。

今人邵泽水、孟祥兵先生2017年鸡年就鸡的“五德”所作的《鸡赋》，不妨收录于此：

“鸡者，应时而鸣，更官；六畜之一，旺家旺财，吉也！丹冠锐喙，双目洞明，红翅翠羽，凤爪雕翎，昂首挺胸，乜斜群鹰，故君子爱之也！天有大德，四时运行；地有大仁，百物而生；人有大福，天赐百灵。万物百灵，吾独爱鸡，何故？缘于鸡有五德也！”

“君不见：母子相偎，爱满天下，唧唧复唧唧，此谓仁德；利而不争，争而能舍，谦谦复谦谦，此谓义德；以静为先，百鸡能安，诺诺复诺诺，此谓礼德；遇强敢斗，遇难知奋，锵锵复锵锵，此谓智德；应时而鸣，不误四时，声声复声声，此谓信德。仁、义、礼、智、信乃人之大本，奈何鸡君近之？故知，鸡乃天赋异禀，人之益友也！”

“孟子曰：亲亲而仁民，仁民而爱物。天地有仁，万物一体。天人相应，人兽相启，此谓大道不孤也。故东方既白，闻鸡起舞，男耕女织，其乐融融；诸子百家，相鸡而悟，词在青山，诗入大江。鸡年之春，欣然命笔，不亦乐乎。”

七、十二生肖中的鸡文化

鸡是十二生肖中唯一的禽类。生肖即属相，是中国传统文化中超越阶层、年龄、性别而融入每个人生活中的文化，因为十二个生肖中，全国每人都知道自己是什么属相。生肖作为一种古老的民俗文化，它已是中华民族文化不可分割的一部分。众多禽类中只选择鸡，因鸡是司晨动物，能报晓斥暗，并有敏锐、灵活、敬业、开朗和善斗的个性；又因鸡和吉谐音，有吉祥纳福的象征。人们喜爱鸡、崇拜鸡，反映了对于光明和吉祥的向往，换言之，鸡就是光明和吉祥的代表，因此鸡才备受古人的重视，将鸡纳入生肖文化，成为中国传统文化中的一颗耀眼明珠。

八、民俗中的斗鸡文化

斗鸡是指利用雄鸡的好斗性而举办的一种民间传统文化娱乐活动。仅就文献记载，至少 2 800 年前斗鸡已发展到一定水平，并培育出专门的斗鸡品种。例如《列子·黄帝篇》说：纪渻子为周宣王（公元前 829 年—公元前 782 年）养斗鸡，经 40 天的训练，望之有如木鸡，别的鸡不敢斗它。《庄子·达生》亦如此说，这便是后世传说的“呆若木鸡”的典故。因此可以证明古代早有了训练斗鸡的人。

斗鸡在我国历史上久盛不衰，曾被人们作为消遣和夸豪斗胜的手段，考古出土的汉代石刻和画像砖上可见形象逼真的斗鸡图。《战国策·齐策》最早记载了我国先秦时期的斗鸡娱乐：“临淄之中七万户，其民无不吹竽鼓瑟，弹琴击筑，斗鸡走狗，六博蹋鞠者。”晋代傅玄《斗鸡赋》云：“前看如倒，傍视如倾。目象规作，觜以削成。高膺峭崎，双翅齐平。擢身竦体，怒势横生。爪似炼钢，目如奔星。”这种斗鸡时的场面与当今所见极为相似。

唐代的斗鸡习俗不仅风行朝野，尤其是在特权阶层王公贵族、王孙公子之间流行，进而又推行到军中，用以激励战士的勇气，提高兵卒的斗志，其意义几乎可与骑射比武相当。当年日本遣使来朝，曾把斗鸡的见闻介绍回国，日本也仿效一时，以后又传向老挝、越南、菲律宾等国。

初唐著名文学家王勃因替沛王写了一篇与英王李显斗鸡的檄文而卷入了皇宫风波，进而被罢官黜职。唐代盛期，斗鸡之风曾经发展到狂热的地步，特别是唐玄宗时期。陈鸿祖《东城老父传》有这样的记载：“玄宗在藩邸时，乐民间清明节斗鸡戏，及即位，立鸡坊于两宫间，索长安雄鸡，金毫、铁钜、高冠、昂尾千数，养于鸡坊，选六军小儿五百人，使训扰教饲之。上好之，民风尤甚，诸王、世家、外戚家、公主家、侯家，倾帑（tang，钱库）破产，市鸡以偿其值，都中男女以弄鸡为事，贫者弄假鸡。”可见斗鸡成风，上行下效，从中暴露了唐宫和社会风气的败坏。但就养鸡历史而言，斗鸡在古代曾有突出的地位。

宋代斗鸡之风不减前人，从皇室到民间更为普遍。元明清三代，斗鸡之风一直相传，元代杨维桢《斗鸡行》云：“两雄勇锐夸匹敌，老距当场利如戟。”明代张岱《斗鸡社》云：“天启壬戌间好斗鸡，设斗鸡社于龙山下。”清代李声振《斗鸡》云：“佳者名‘九斛黄’，尤耐斗。”陈淏子《花镜·鸡》云：“一种斗鸡，似家鸡而高大，勇悍异常，诸鸡见之而逃，其相，以冠平爪利者为第一。每斗，虽至死不休……”

有关斗鸡的文献记载，较详细的要算宋代淳熙时期（1174—1189 年）周去非所著《岭外代答》一书的《斗鸡篇》，全文608字，从夏、商、周、春秋及汉唐历代朝廷和民间对“斗鸡”这一鸡种及其斗鸡行业的重视写起，分6个部分进行了阐述。此文高度概括了历朝历代斗鸡之风之所以盛行，是因为从朝廷到民间，从士大夫到普通百姓，已将斗鸡作为一种娱乐活动和经营产业，所以作者在该著作中专门论述了斗鸡，这应该是当时的社会现象使然，因在人们心目中，斗鸡比普通食用鸡价值要高，人们要饲养几十只食用鸡并不困难，但获得一只好的斗鸡并不容易。

可见，斗鸡至少在2 800年前就已盛行，作为一种文化娱乐活动，自古就受到从皇室到平民的喜爱。人们以鸡面对强敌不屈不挠勇敢善斗的特性，经长期选育而形成专门的斗鸡品种，当今中国著名的斗鸡品种有河南斗鸡、鲁西斗鸡、皖北斗鸡、漳州斗鸡、吐鲁番斗鸡、西双版纳斗鸡等。

九、诗词中的鸡文化

鸡作为中国百姓较熟悉、较喜爱的动物之一，曾被从古到今的许多诗人写入诗篇之中，唐代诗人李贺的“我有迷魂招不得，雄鸡一声天下白。”一句便是传颂千古的名句。仅一部《全唐诗》，标题中带有“鸡”字的就有48首，内容中含有“鸡”字的就有992首，其中白居易诗中带“鸡”字的有68首，李白的有49首，杜甫的有38首，又如王维、元稹、刘禹锡等著名诗人也都有大量含有“鸡”的诗歌存世。

毛泽东的《浣溪沙》：“长夜难明赤县天，百年魔怪舞翩跹，人民五亿不团圆。一唱雄鸡天下白，万方乐奏有于阗，诗人兴会更无前。”诗意表明：百年来列强在中国大地横行肆虐，中国何时才能走出漫长的黑夜？等到雄鸡一声高鸣，撕破黑夜，光明到来，这一声如霹雳，响彻万古千秋，神州大地人民欢欣鼓舞，前所未有。

汉代文学家曹植的《斗鸡诗》极为生动：“……长筵坐戏客，斗鸡观闲房，群雄正翕（xi）赫，双翘自飞扬。挥羽激清风，悍目发朱光，嘴落轻毛散，严距往往伤，长鸣入青云，扇翼独翱翔，愿蒙狸膏助，常得擅此场。”这是形容当时斗鸡场上设宴观赏为乐的一幅画诗，可以看出斗鸡时的搏斗真相。

魏晋诗人刘桢，崇尚雄鸡的威武不屈，其《斗鸡诗》赞美：“丹鸡被华采，双距如锋芒。愿一扬炎威，会战此中唐。利爪探玉除，瞋目含火光。长翘惊风起，劲翮正敷张。轻举奋勾喙，电击复还翔。”将两只雄鸡的英勇善斗表现得淋漓尽致，赞美了雄鸡蔑视强暴的大无畏精神。

宋代司马光写过一首寓意深刻的《鸡》：“羽短笼深不得飞，久留宁为稻粱肥？胶胶风雨鸣何苦，满室高眠正掩扉。”写的是鸡于风雨如晦之中苦鸣，目的是唤醒酣睡的世人，应闻鸡起舞，勤奋向上。

唐代温庭筠《商山早行》："晨起动征铎，客行悲故乡。鸡声茅店月，人迹板桥霜。槲叶落山路，枳花明驿墙。因思杜陵梦，凫（fu）雁满回塘。"此诗可见鸡声可闻，声声入耳，板桥霜印，历历在目，很快传入长安，轰动京城。

明朝开国皇帝朱元璋的一首传世《咏鸡诗》："鸡叫一声撅一撅，鸡叫两声撅两撅，三声唤出扶桑日，扫退残星与晓月。"借诗言志，以雄鸡的威武英姿寄托了自己纵横寰宇的广阔胸襟。

明代唐寅的《咏鸡诗》三首："武距文冠五色翎，一声啼散满天星，铜壶玉漏金门下，多少王侯勒马听""头上红冠不用裁，满身雪白走将来，平生不敢轻言语，一叫千门万户开""血染冠头锦做翎，昂昂气象羽毛新，大明门外朝天客，立马先听第一声"。生动地刻画出白羽红冠、气宇不凡、昂首阔步、打鸣司晨的雄鸡形象。

可见，从《诗经》中的"风雨潇潇，鸡鸣胶胶""风雨如晦，鸡鸣不已"，至唐代温庭钧的"鸡声茅店月，人迹板桥霜""诗成一夜月中题，便卧松风到晓鸡""三更灯火五更鸡，正是少年读书时"，直至毛泽东的"一唱雄鸡天下白"。有关鸡的诗词不绝于历代历朝，数量之多、范围之广、寓意之深，令人叹为观止。这些与鸡有关的诗词不仅充实了我国传统文化的内涵，而且丰富了我国鸡文化的宝库，既是中国人的传统文化，也是全人类的精神财富。

十、对联中的鸡文化

人们以鸡为题材创作的对联很多，不乏言简意赅、妙趣横生、寓意深刻的对联佳作。

四字联：闻鸡起舞，跃马争春。
丹凤来仪，金鸡报晓。
雄鸡唱韵，大地回春。
鸡鸣晓旦，燕舞阳春。
鹊送喜报，鸡传佳音。

五字联：鸡催千里晓，春启万户门。
紫燕舞新春，金鸡鸣盛世。
鸡声催晓读，鸟语唤春耕。
屋北鹿独宿，溪西鸡齐鸣。
鸡声窗前月，人笑福里春。
鸡声天下曙，春意海南潮。
金鸡日独立，紫燕春双飞。

知廉标五德，报午必三鸣。

七字联：白石白鸡啼白昼，黄村黄犬吠黄昏。

斗鸡山上山鸡斗，龙隐洞中洞隐龙。

马过木桥蹄打鼓，鸡啄铜盆嘴敲锣。

母鸭无鞋空洗脚，公鸡有髻不梳头。

鸡蛋无盐真淡蛋，猪肠未切好长肠。

金鸡报晓歌大治　丹凤朝阳赞中兴。

把酒当歌歌盛世　闻鸡起舞舞新春。

鸡报小康随日出　年迎大有伴春来。

八字联：丹凤来仪春回大地　金鸡报晓福满人间。

喜庆新春闻鸡起舞　欣逢盛世跃马扬鞭。

大地回春金鸡报晓，中天日丽玉宇生光。

九字联：大业奋群英闻鸡起舞，小康唤诸雄策马前驱。

王好货不论金银铜铁，寅属虎全需鸡犬牛羊。

十字联：和马牛羊鸡犬豕交朋友，对稻粱菽麦黍下功夫。

鸡随犬行遍地梅花竹叶，羊跟马走连路松子核桃。

刑户吏礼工兵大堂六部，马牛羊鸡犬豕小畜一院。

十一字联：风坠雀巢二三子连窠及第，月穿鸡屋四五声金膀啼鸣。

何物动人二月杏花八月桂，有谁催我三更灯火五更鸡。

马笼笼马马笼松笼送马走，鸡罩罩鸡鸡罩破罩破鸡飞。

金鸡唱晓万里朝霞捧旭日，喜鹊登枝漫天瑞雪映红梅。

十二字联：驴系梨树下驴挨梨落梨打驴，鸡站箕沿上鸡飞箕翻箕扑鸡。

以鸡入联，是古今鸡文化中的一枝奇葩，不仅说明鸡与人的生活密切相关，又体现了鸡在人们社会生活中的重要地位，在中国传统文化中占有不可或缺的一席之地。

十一、国画中的鸡文化

古人认为：鸡有“五德”，“鸡”与“吉”谐音，因此又被视为吉祥之禽。在中国国画中有关鸡的题材包括大吉大利、吉祥如意、金鸡报晓、雄鸡报捷、金鸡迎春、鸡鸣富贵、一唱雄鸡天下白、一叫千门万户开等。

早在周代，我们的祖先就画鸡驱邪；六朝以后，鸡成了文人画画的重要题材；五代时，画家开始精细入微地刻画鸡的外部特征和好斗特性。特别是从宋代到当代，以鸡为题材的国画大师都以其画作闻名于世，受世人追捧。

宋朝第八位皇帝宋徽宗赵佶，热爱画花鸟，自成“院体”，是古代少有的艺术天才与全才，被后世评为“宋徽宗诸事皆能，独不能为君耳”。宋人画母鸡护小鸡，寄寓了“仁”的道德观念。

明代杰出书画家沈周，以鸡为题材的作品不下十余种，如上海博物馆的《雄鸡芙蓉图》、台北故宫博物院的《画鸡图轴》等。明代有关鸡的画作来自宫廷画家之手，皆属精丽华贵的工笔画风。

清末画家任伯年，儿时随父学画，以卖画为生，所画题材，极为广泛，人物、花鸟、山水、走兽无不精妙。他的画用笔用墨，丰富多变，构图新巧，创造了一种清新流畅的独特风格。他以水墨写意画鸡，笔墨放逸而不失灵秀。

国画大师齐白石，幼时在家乡天天要喂牛养鸡，对鸡的生活特别熟悉，30岁以前画鸡就已经很生动了，60岁以后又开始进一步研究画雏鸡，水墨淋漓的没骨鸡雏，展现了新生命的勃勃生机。

中国近现代美术史开派巨匠刘奎龄，动物画的一代宗师，被誉为“全能画家”，能工善写，擅长动物、植物、人物画及山水画，他描摹的动物种类之多、范围之广至今无人可追，如柳树双鸡。

徐悲鸿大师笔下的马无人不知，而他画的鸡也同样令人拍案叫绝！“风雨如晦，鸡鸣不已”出自《诗经·郑风》中的一句，表示在恶劣环境中仍能保持高尚的气节与操守。这句话也经常出现在徐悲鸿画鸡的作品中。其大写意雄鸡在风雨萧瑟中鸣唱，呼唤自由民主新世界。这是徐悲鸿人格和艺术取向的寄寓。

近现代杰出的大写意花鸟画家李苦禅，他认为中国写意画高就高在薄薄的宣纸后面有很深的文化底蕴，不是就物写物，而是在悟性中写成。

中国近代著名花鸟画大师张书旂，其花鸟画法取法于任伯年，作花鸟喜用白粉调和色墨，画面典雅明丽，与徐悲鸿、柳子谷有“金陵三杰”之称。张书旂勤于写生，工于设色，尤善用粉，有“白粉专家”之雅号，其画风浓丽秀雅，别具一格。

海上画派著名花鸟画家江寒汀，与唐云、张大壮、陆抑非并称“海上四大花旦”。江寒汀16岁从同里陶松溪习花鸟画，28岁开始以卖画为生。曾豢养禽鸟、小动物近百种，旦夕揣摩，因此画出来的花鸟，无不生机盎然，形神兼备。

现代中国卓有成就的花鸟画大家王雪涛，对我国小写意花鸟绘画做出了突出贡献。他继承宋、元以来的优秀传统，取长补短，所作题材广泛，构思精巧，形似神俏，清新秀丽，富有笔墨情趣。他尤其擅长画鸡，20世纪50—60年代其花鸟画已达到一个艺术高峰，至今无人出其右。

书法家、篆刻家陈大羽，以大写意花鸟而著称，尤擅画雄鸡，兼及山水、人物，作品气势宏伟，笔力雄健，浑厚酣畅。

中国杰出的美术教育家、中国国画家萧朗，被誉为“中国小写意花鸟画扛鼎者”，尤以画鸡和各种草虫为人们所颂扬。萧朗自拜著名画家王雪涛为师，同时得到齐白石、陈半丁等人教益，曾先后在北京师范大学、河北艺术师范学院、天津美术学院任教。

中国近现代美术史上卓有成就的人物画、动物画一代宗师刘继卣，是少有的工笔白描、重彩、小写意、大写意俱能的画家。1954 年毛泽东主席在天津接见了刘奎龄、刘继卣父子，当展阅刘继卣作品时，为之称赞不已：“博古通今，刘氏出人才！”

著名中国画画家、收藏家黄胄，曾任第六、第七届全国政协委员，第八届全国政协委员，中国美术家协会常务理事。

中央文史研究馆馆员、国画家张世简，叔父是中国著名的水墨画家和美术教育家张振铎先生，堂兄为张书旂先生。看张世简的作品，如同读美妙的诗句，很是赏心悦目。其笔下的小鸡，神态各异、栩栩如生、极富情趣。

自学美术、文学的黄永玉大师，为一代“鬼才”，其作品融会中西，不拘成法，他喜作彩墨，常以酣畅淋漓的墨色为基调，凝重而洒脱的线条为骨骼，设色或淡泊或浑重，布局别出心裁，意境高古而隽永，其山水花鸟、人物俱佳，至晚年所画之物无不随心所欲，愈发老辣、豁达。半个多世纪以来，黄永玉的作品在市场上已深入人心，自成一体，有自己独特的艺术符号。

大师们从这些寻常所见的弱小生命里，感悟到许多人生哲理、道德品性、生活理念、艺术情趣。鸡题材的作品带给我们的不仅仅是审美上的视觉享受，更蕴涵着激情与奋进、安详与平和，以及博大深厚的文化内涵和人文精神。

十二、古陶瓷中的鸡文化

中华民族养鸡有悠久的历史，距今 8 000 多年的河北武安磁山村新石器遗址中，出土了许多鸡骨。早在 7 000 多年前的新石器时代，生活在浙江余姚的先民便用陶土塑造了人类早期的泥塑艺术品——陶鸡。

秦汉时期，中原地区已大量饲养家禽，所以墓中出土大量的陶鸡、陶狗、陶猪等，其中灰陶鸡和红陶鸡最多。这些出土的小陶鸡造型逼真生动，是作为殉葬的明器，让死者同样享受人间生活。

两晋至隋唐时期流行的鸡首壶，也称“天鸡壶”，因壶肩部贴塑鸡首而得名，始见于东吴末期。东晋中晚期，各种动物造型器皿消失不见，青瓷器型趋向简化，唯独鸡首壶的造型和装饰手法日益丰富。在所有动物形象器皿中，鸡首壶的造型、纹饰最丰富，流行时间也最长。三国西晋时期的鸡首壶特点是壶身、壶颈比较矮，鸡首多无颈，鸡尾很小；东晋壶体略高，鸡首下出现了颈部，鸡尾则消失。东晋中、晚期在把手的上端装饰龙首和熊纹，器型优美。南北朝时期，壶体修长，鸡首的冠部较大，颈部细长，盘口增高。隋代的鸡首壶趋于写实，鸡首作昂首曲颈打鸣状，壶柄为贴塑的龙形柄。唐代的鸡首壶（或凤首壶）装饰华丽，充满了异域风情。东晋至唐代相当长的一段时间里，人们一直用鸡首来装饰日常器皿，表明鸡文化在这个时期的流行和人们对吉祥美好生活的向往。

明清之际伴随彩瓷的发展，斗彩、五彩等瓷器上出现了很多表现雌雄鸡相伴保护雏鸡觅食题材的图绘，画面衬以山石、花草，色泽鲜亮而柔和，生动再现了诗情画意般的田园美景。这类题材以明代成化斗彩鸡缸杯为代表，外壁多为斗彩绘公鸡、母鸡带着鸡雏在草丛中觅食情景。鸡缸杯曾十分名贵，据《明神宗实录》记载："神宗时尚食，御前有成化彩鸡缸杯一双，值钱十万。"

清代以康熙、雍正两朝御窑仿制最佳。康熙所仿尺寸略大，无论青花还是釉上彩，款式字体笔画纤细。乾隆时期杯身加高，画面中有乾隆御题诗《鸡缸歌》。除了斗彩鸡缸杯这一传统题材外，清代康熙时期还有用青花矾红彩描绘芦花鸡在乡野间活动的画面；外销的青花壶上还见描绘群鸡扑蝶、吃虫的场景；道光时期五彩鼻烟壶上则可见公鸡立于山石上，周围有绿竹、红花掩映的画面。上述画面中的鸡，或鸣叫或觅食，是中国农耕时期田园生活的真实写照。

清代除上述描绘田园风景的鸡题材外，还有很多瓷塑鸡，以乾隆时期最为流行，塑造了很多"天鸡尊"，有仿定窑白釉、冬青釉描金、仿古铜彩、紫砂描金等。"天鸡"的形象一般体型硕大，为仰天鸣叫之状，气宇轩昂，背负觚或瓶，釉色或素雅或华丽。乾隆时期的粉彩雄鸡牡丹图盘，盘心绘粉彩雄鸡一对，一只仰天鸣叫，一只回首顾盼，周边有黄、粉为主色的牡丹花、灵芝、鸡冠花等，整幅画面寓意"吉（鸡）祥富贵"。另一件粉彩孩童喂鸡图题字盖碗，器壁用粉彩描绘了一童子翘起兰花指，与一大公鸡对视私语，公鸡的脚下有5只小雏鸡，旁边有洞石牡丹，画面寓意为"五子登科"。清道光时期的五彩鸡纹杯用艳丽的五彩表现了一只气宇轩昂的公鸡，对着盛开的鸡冠花鸣叫腾飞，旁边有绿树作陪衬，鸡冠花和公鸡组合，表达了"冠上加冠"的吉祥寓意。

从古代中国人在围绕"鸡"塑制的陶瓷造型和图案可见，远古时的风格简单而淳朴，近古时复杂而漂亮。我们从中可以看出，出土的远古时期的陶瓷在揭示和反映悠久的中国养鸡历史和鸡文化的传承与发展上，做出了重要贡献，而且通过"鸡"，中国人利用汉语言的谐音作为某种吉祥寓意的表达，这在清代的吉祥图案中运用得十分普遍，其文化意义的核心便是"图必有意，意必吉祥"。

第三节　古代名相百里奚与鸡有关的感人故事

百里奚，姜姓，百里氏，名奚，字子明，号五羖（gu，公羊）大夫，春秋虞国（今山西平陆县）人；生于公元前725年，卒于公元前621年，春秋时期著名的政治家、思想家；虞国大夫，后入秦做大夫。

百里奚自幼家贫，在齐游学时曾乞食于人，为蹇叔收留，因得不到齐的任用，投奔虞国，为大夫。周惠王二十二年（公元前655年）君不听奚言，为晋所灭，奚被俘。秦穆公以求婚于晋，晋献公将奚作为陪嫁臣送秦。奚不堪其辱，逃到南阳，被楚人所执以牧牛为生。秦穆公知奚贤，遂以缉拿逃奴为由，用奴隶身价——五张公羊皮将百里奚赎回，拜为大夫，因号“五羖大夫”。百里奚主持秦国国政期间，“谋无不当，举必有功”，辅佐秦穆公倡导文明教化，实行“重施于民”的政策，内修国政，外图霸业，开地千里，称霸西戎，统一西北地区，促进了秦国的崛起。史载百里奚“三置晋国之君”“救荆州之祸”“发教封内，而巴人致贡；施德诸侯，而八戎来服”，使秦国成为春秋五霸之一，为秦国崛起和统一六国奠定了牢固的基础，堪称一代名相。

有一次，百里奚的相府觥筹交错，宾主笑语频频，非常热闹。百里奚交代歌舞者奏乐演唱举办堂会，来款待客人。在相府内一个洗衣服的女佣听到乐器声后，主动要求为上大夫百里奚演奏一曲，百里奚欣然表示同意。那老妇人走到大庭广众之下，落落大方地拨琴抚弦，自弹自唱，连唱三遍：

“百里奚，五羖皮。忆别时，烹伏雌（母鸡），炊扊扅（yan yi，门闩），今日富贵忘我为。

百里奚，初娶我时五羖皮。临当别时烹乳鸡，今适富贵忘我为。

百里奚，百里奚，母已死，葬南溪。坟以瓦，覆以柴，舂（chong）黄黎。搤（扼，e）伏鸡。西入秦，五羖皮，今日富贵忘我为。”

（注：杜氏所唱的三段歌词中的“伏雌”“乳鸡”“伏鸡”都是指刚开始产蛋的小母鸡）

听着这委婉幽怨、耐人寻味、字字真切的歌声，百里奚大为惊讶，就上前去询问，方才知道原来是自己的结发妻子杜氏千里寻夫来到了眼前，这位老太婆，可不就是离别了几十年的妻子杜氏吗？那年临出远门，杜氏把家中正在下蛋的小母鸡，炖了为自己送行，没有柴火，把门板都给劈来烧火。那可是真正的“柴火鸡”啊。

《淮南子·说林训》有“乳狗之噬虎也，伏鸡之搏狸也”，意思是“不量其力”。杜氏把这种只有夫妻二人才会铭记在心底的生活细节，说唱出来，就是最好的“信物”，再说百里奚是一个品德高尚的人，怎么会不认前妻呢？

在众目睽睽的相府堂会上相认后，夫妻两人抱头痛哭起来。秦国人知道这件事情以后，很为百里奚的品德所感动。秦穆公还派人送来了许多财宝馈赠，以示祝贺。从此，百里奚位高不忘旧情，相堂认妻的故事在民间广为流传。这是东汉时期的《风俗通》里记载的一个感人故事。

不仅如此，百里奚传奇而感人的戏剧作品在中国文化史上长盛不衰，具有深远影响。直到当代，我国广东、福建、台湾等地的汉剧、闽剧、潮州剧和粤剧等剧种仍在演出有关百里奚的戏剧。如广东汉剧院把《百里奚认妻》作为该团的保留剧种，演唱至今并屡获大奖。

第四节 中国鸡文化博物馆

近十年来，随着从国家层面到地方政府愈加重视传统文化，鸡文化也与时俱进，其中的鸡文化博物馆也在民间逐渐兴起。这里不妨列举几个在国内有较大影响的鸡文化博物馆。

一、中国第一家鸡文化博物馆

河南省固始县“中国鸡文化博物馆”，是全国第一家鸡文化博物馆，于2011年3月竣工开放，馆内陈列着土鸡的起源、饲养、制作和加工等多种珍贵的历史资料。总结和传播各种鸡文化，对弘扬中华传统文化、加强非物质文化遗产保护具有重要意义。鉴于此，河南信阳市三高集团公司在固始鸡生态养殖园内辟建了中国鸡文化博物馆。博物馆设有3个展厅，通过展板、文物、标本、实物、书画作品等形式，展示了家鸡的品种形成，养鸡业的发展变迁历史、发展趋势，世界主要鸡种的分布、我国鸡种的分布以及主要鸡种的外观特点、性状性能；与鸡有关的各种文化现象，包括文学、书画、各类工艺品及饮食文化等，还有固始鸡选育与产业化开发的历程、成效。

“固始鸡”是产于河南信阳固始县的中国著名的优良地方鸡种，是以固始县为中心，在特殊的生态环境和饲养条件下，经过长期闭锁繁衍而自然形成的。纯种的固始土鸡腿细、体大、肉质紧、产蛋多，蛋黄呈红色，蛋白质含量高，3年以上的母鸡营养十分丰富。中医药大典记载：老母鸡汤是补肺阴虚的上等佳品。固始土鸡在得天独厚的地理环境和气候条件下生长，在自然界中觅食，增加了体内的矿物质和微量元素，因此具有很高的营养价值。

二、云南农业大学鸡文化博物馆

云南是世界家鸡起源地，也是世界最早吃鸡的地方，所以云南农业大学从2014年开始筹建鸡文化博物馆，耗时4年，于2018年建成了公益性的以鸡为主题的鸡文化博物馆，并于当年10月18日正式对外向大众免费开放。这是云南乃至我国南方第一家以鸡为主题的文化博物馆，是该校80周年校庆的系列活动之一，也是该校的一张新名片。许多与鸡有关的有趣问题，都可以在这个博物馆中一探究竟。博物馆主要涵盖鸡的科普和文化两大板块，其中从云南省十余个地方采集制作的18个特色地方鸡标本120余只，真实生动地向公众展示了云南丰富且各具特色的优秀家鸡品种。

云南家鸡的地方遗传资源是全国最丰富的，共有20种。在博物馆外，还建了云南家鸡遗传资源文化长廊，由学生根据不同种类家鸡的生存环境为背景，在橱窗中陈列了家鸡标本。

鸡文化博物馆不仅能推广、宣传全国数量最丰富的云南地方鸡资源，还能让大众有知识、有文化、有内涵地吃鸡，并打造成青少年教育科普基地。

三、清远鸡文化馆

清远鸡文化馆于2018年建成开放，坐落于广东省清远市飞来湖畔，是一个从多元文化角度了解清远鸡的起源及养殖历史的教育场所，又是一个通过清远鸡传统美食回顾重温农耕传统文明的场所。

馆内拥有各种各样以鸡为主题的展品，以图文并茂的形式展示有关清远鸡的生物学、养殖历史和美食文化等方方面面的有趣知识。其中，就包括粤语经常提到“鸡春”中的“春”字（粤语与春同音，在广东方言中有蛋、卵的含义），如何读音、又如何理解，令人印象深刻。此外，馆内的展台上还摆放着以鸡为主题的瓷器、玩偶、手工艺品、厨房用品等，汇聚了清远艺术家有关清远鸡的来历、发展、趣事等一系列作品，使人对清远鸡的了解远远超出了对一般美食的了解。

俗称的清远鸡，即列入国家品种保护名录的清远麻鸡，起源于岭南野生原鸡，最早史料记载在800多年前的清远县志中，品种特色为头小、脚细，皮下脂肪少，皮薄肉嫩，汤鲜味美。据悉，清远首次推出清远鸡文化馆，旨在打造清远鸡品牌、传播清远鸡文化。清远鸡文化馆还依托清远市凤翔麻鸡发展有限公司，通过广清帮扶的政策扶持，发动农户恢复传统清远鸡的养殖方法，在英德等地选择无污染的山林，培育纯种清远鸡，作为清远鸡文化馆的标准美食供海内外游客品尝鉴别。

四、广西三黄鸡品牌展示馆

作为广西第一个以“鸡”为主题的展示馆，旨在宣扬广西三黄鸡的知名度，提升广西三黄鸡的影响力，传播广西三黄鸡新文化，推动广西三黄鸡产业新发展。

广西三黄鸡品牌展示馆位于中国特色农产品优势区（玉林三黄鸡）、中国三黄鸡之乡，供港澳历史名鸡、中国珍品名鸡的玉林市玉州区，由广西参皇集团公司投资建设，于2021年1月28日揭牌并对外免费开放。

展馆一层为核心展区，由四个展厅组成，集中展示了广西三黄鸡的历史、文化、美食、营养、加工、科技、品牌、产业文化，划分为一个序厅和四个主展厅，分别为国鸡誉冠全球、广西三黄鸡甲天下、名鸡产业惠四方、鸡韵醉人耀中华。二层为品牌企业展示厅、科普会议厅、文化交流厅。这是一个集科研、科普、收集、珍藏、展销、旅游观光等多功能于一体的综合性展馆。

三黄鸡产业是玉林传统优势产业，具有历史文化悠久、产业规模大、农业产业化水平高、品牌效应显著、科技力量雄厚等优势和特点，为玉林经济社会发展做出了重要贡献。目前，玉林常年存栏种鸡650万多套，年出栏鸡苗6亿多羽、出栏肉鸡3亿多只，年总产值95亿多元，带动了2.36万个农户养鸡，农户获养鸡收入10亿多元。三黄鸡养殖业市级以上农业产业化龙头企业24家，其中国家级1家、自治区级8家，成为全市实施乡村振兴的新支撑，农业转型升级的新亮点，产业融合发展的新载体。

中国鸡文化博大精深，在灿若星辰的鸡文化历史中，广西三黄鸡品牌展示馆的建成开放，有力地填补了三黄鸡产业文化建设的空白，标志着广西三黄鸡产业发展进入到一个新阶段，无疑为中国三黄鸡产业及其文化建设添上了独特而浓墨重彩的一笔。

五、德州扒鸡文博馆

为了宣传“德州扒鸡”这一历史名吃和传统饮食文化，山东德州近年来也创建了规模近3 000m^2的德州扒鸡文博馆。其中分成就篇、德宝篇、历史篇和发展篇四个部分。成就篇展现了德州扒鸡的成就和荣誉；德宝篇则展现了德州的地方特色和特产；历史篇向人们全面展现了德州扒鸡的来源及发展，利用各种人物雕塑、照片、书画等向人们描绘了德州的历史发展、民俗风情及地域文化等；发展篇展现了德州扒鸡的生产全过程，向人们展示了德州扒鸡的制作技艺及流程，游客们可以通过参观德州扒鸡文博馆来了解德州扒鸡的文化和德州的历史。

德州扒鸡又被叫作德州五香脱骨扒鸡，是著名的汉族传统名吃。德州扒鸡始创于1692年，曾被乾隆御封“神州一奇”，素有“天下第一鸡”的美誉，甚至在国外也有着非常良好的口碑。德州扒鸡发展至今已有300余年历史，其独有的制作技艺不但将扒鸡变成了一种名吃，同时也成了一种饮食文化。

六、鸡文化博物馆的意义

（1）共有特点。上述5个鸡文化馆，都有一个共同点，就是以当地特色鸡品种或产品为主线而创建，极具地方特色，向世人展示当地特色产品。

（2）主题独特。鸡文化博物馆以“鸡文化”为主题，展示了鸡在中国文化中的历史、地位和意义，是一个独特的文化主题馆。

（3）展品丰富多彩。鸡文化博物馆收藏了大量有关鸡的文化、历史、艺术、科技等方面的展品，如鸡的文物、图片、书籍、标本、雕塑等，丰富多彩。

（4）科普教育意义。鸡文化博物馆不仅展示了鸡文化的丰富内涵，也具有很强的教育意义，可以让游客更好地了解鸡的历史和文化。通过科普，进而启发人们对赖以生存的生态环境、农业科技以及食鸡文化的思考，成为既有人文内涵、又有科学技术、还有饮食文化的特有平台。

第五节　国鸡文化推广联盟

为了弘扬中华文化，保存我国独有的育种知识产权以及国鸡*文化，南方报业传媒集团审时度势，联合华南农业大学、广东省畜牧兽医学会家禽专业委员会、温氏食品集团股份有限公司作为联合发起单位，于2017年11月14日在广东佛山“国鸡产业高峰论坛”上宣告正式成立国鸡文化推广联盟并揭牌，旨在致力于通过整合行业企业、专家高校、渠道企业、餐饮企业、媒体等资源，推广国鸡文化，打造与重塑国鸡在我国乃至世界的地位。该联盟的成立，标志着我国的国鸡产业将插上文化的翅膀，振翅高飞，飞向全国，遍及世界。

联盟自成立以来，围绕生产端和消费端展开了一系列工作并取得了有目共睹的成绩。2018—2022年连续5年先后在佛山、昆明、桂林、扬州、长沙等城市举办了国鸡产业高峰论坛、国鸡侣行，以及《国鸡产业白皮书》《国鸡日历》《珠三角消费调研报告》发布，国鸡文化美食节、岭南十佳品质国鸡评选

---

* 国鸡是指产于我国的地方品种鸡及含有地方品种血缘的品种或配套系的统称，包括黄羽、麻羽、黑羽、白羽及丝羽、卷羽等各色土鸡或仿土鸡，通常指三黄鸡、优质鸡或黄羽肉鸡，是中华民族的宝贵财富。

等各种活动，在行业内外得到广泛好评和高度认可。

为了更好地推动联盟对行业、消费者的联动作用，以及国鸡美食文化的广泛传播，自2019年开始，联盟在大众消费传播平台上注册并营运“南方+”、头条号、知乎、企鹅号、大鱼号、百家号、搜狐号等账号，并建立起“国鸡商城”，向消费者传达行业正能量和售卖好的产品，宣传国鸡文化和概念，从而为全国消费者开创一个购买国鸡美食的渠道，进而推动国鸡概念和品牌在公众心中的认知、认可度。

涓涓细流，汇聚大海！展望前景，未来可期！国鸡文化推广联盟成立5年来，一路披荆斩棘，奋力前行，想行业所想，愿大众所愿，充分体现了联盟成立的初衷，即“聚集资源，服务行业，传播文化，回馈社会”。坚信该联盟将一如既往，自始至终为国鸡产业、国鸡文化、国鸡美食的推广发挥其资源优势、平台优势、人才优势，并将安全、健康、美味的国鸡源源不断地呈现给民众，让中国传统鸡文化根植于广大消费者当中。

第六节　国人的食鸡文化

我们把食鸡作为一种文化现象，是自古就有的社会现象，它渗透在人们的日常生活中。这里把食鸡文化单独列出一节，一来是因为本章的前几节都是鸡文化的精神层面，二来是因为鸡作为人们日常生活中必不可少的美味佳肴，属于物质需求，因而单独作为一节予以概括介绍精神需求的内容。

中国自古讲“六畜”。“马牛羊，鸡犬豕。此六畜，人所饲。”鸡以禽类之身跻身其中，可见古人对鸡的重视。同时，鸡也很可能是“六畜”中为人类提供肉食最多的一个。在农业社会，不像猪、牛、羊大家畜，鸡因体型小便于千家万户饲养和交易，也便于宰杀食用。故而在先民的肉食供应方面，可以说：“鸡”是功莫大焉！

一、古代文献有关鸡肴的记载

鸡作为菜肴，古代文献记载甚多。汉代的《礼记》有“濡鸡、鸡羹”，《楚辞》有“露鸡”，《马王堆一号汉墓遗策》有“濯（zhuó）鸡”，《释名》有“鸡纤”；唐代的《烧尾宴食单》有“仙人怡”（牛羊奶煮鸡肉），《东京梦华录》有“签鸡、炙鸡、烤鸡兔、夏冻鸡”等；宋代的《新唐书》有“鸡球”，《西湖老人繁盛胜录》有“白炸鸡、炕鸡”，《武林旧事》有“脯腊鸡、润鸡”；北魏的《齐民要术》有“白濯、鸡羹、腊鸡、蒸鸡、五味鸡脯”等；元代的《中馈录》有“炉焙鸡”，《饮膳正要》有“芙蓉鸡”；明代的《宋氏养生部》所记载的烹调鸡之技法有烹、烧、油煎、油爆、蒜烧、酒烹、辣炒、熏、烘、冻、豉等；清朝的《随园食单》有“黄芪蒸鸡”，《调鼎集》有“荷叶包鸡”等相关鸡肴30多款，等等。

二、歌咏鸡肴的古代诗词

孟浩然的《戏题》：“客醉眠未起，主人呼解醒，已言鸡黍熟，复道瓮头清。”

李白的《南陵别儿童入京》：“白酒新熟山中归，黄鸡啄黍秋正肥，呼童烹鸡酌白酒，儿女嬉笑牵人衣。”

杜牧的《村行》：“半湿解征衫，主人馈鸡黍。”

杜甫的《缚鸡行》：“小奴缚鸡向市卖，鸡被缚急相喧争，家中厌鸡食虫蚁，不知鸡卖还遭烹，虫鸡于人何厚薄，吾斥奴人解其缚，鸡虫得失无了时，注目寒江倚山阁。”

柳宗元的《田家三首（之二）》：“篱落隔烟火，农谈四邻夕。庭际秋虫鸣，疏麻方寂历。蚕丝尽输税，机杼空倚壁。里胥夜经过，鸡黍事筵席。”

孟浩然的《过故人庄》：“故人具鸡黍，邀我至田家。绿树村边合，青山郭外斜。开轩面场圃，把酒话桑麻。待到重阳日，还来就菊花。”

白居易的《和春深二十首》：“何处春深好，春深寒食家。玲珑镂鸡子，宛转彩球花。碧草追游骑，红尘拜扫车。秋千细腰女，摇曳逐风斜。”

陆游的《游山西村》：“莫笑农家腊酒浑，丰年留客足鸡豚。山重水复疑无路，柳暗花明又一村。箫鼓追随春社近，衣冠简朴古风存。从今若许闲乘月，拄杖无时夜叩门。”

刘鸿典的《西充竹枝词》：“喜逢嘉客火锅烧，也喜鸡豚味最饶。借问平日糊口计？可怜顿顿是红苕。”

还有无名氏的一首：“借来玉帝御厨手，烹成仙肴百味稠。犹忆形如凤凰时，引得诸君酒千斗。”

三、全鸡宴

有鸡肴就有鸡宴，陈光新先生所著《中国筵席宴会大典》中收录了古今各式鸡宴近百例，如家用全鸡宴、西北全鸡宴、宜昌全鸡宴、浦东全鸡宴等，真可谓：“无鸡不成宴”。其中的10道鸡杂就别具一格，脆腌雄鸡冠、酒糟鸡舌、酱煮鸡爪、爆熘鸡肠、花炒鸡心、汤氽鸡腰、黄焖鸡肝、绣球鸡肫、豆腐鸡血、菜花鸡脑汤。

民间鸡宴更是琳琅满目，花样繁多，细数菜式，不下百种，真是令人叫绝。像山东的曲阜鸡宴，头道菜必须是鸡，收席果必须是梨，这叫作“鸡头梨尾，大吉大利”，而且上梨之前要配道鱼菜，名曰“吉利有余”。同时做席和吃席还有5条规矩：一是只能用公鸡，不用母鸡；二是鸡的毛色要纯，红、黑、白均可；三是不论如何烹调，鸡头都必须完好无损置于碗中央；四是主宾夹起鸡头后，其他客人方可动筷；五是鸡不可小于1.5kg，并且整只鸡，用大盘盛装，以示气派大方。

贵州一带布依族的“庆婚鸡八块席”，用八仙桌宴请宾客，先上鸡，后上其他菜。鸡八块各有寓意：鸡头表示独占鳌头，事事领先，献给首座的左上席；鸡胸表示胸有成竹，宽怀大度，右边一块献给右上席，左边一块献给左下席；鸡尾表示有始有终，谦虚谨慎，献给右下席；鸡翅表示鹏程万里，有所作为；鸡腿表示脚踏实地，吃苦耐劳，鸡翅鸡腿这四块献给桌上其他四客。上鸡八块时还要唱念，如主人献鸡头则唱：“凤凰喜呈祥，飞落桌中央，首座辛苦了，请你先尝尝。”然后再转给下一位，下一位又唱又转，巡回一周后，鸡头又回到首座碗中。

为简单计，这里不妨列出两个全鸡宴菜谱：

第一种，8个菜式：麻油鸡、左宗棠鸡、蜜汁鸡腿、花椒鸡翅、香辣土豆烧鸡块、香芋烧鸡、腐乳鸡翅、板栗炖鸡。

第二种，14个菜式：白切鸡、口水鸡、手撕鸡、宫保鸡丁、椒盐鸡脖、香辣鸡尖、可乐鸡中翅、香脆鸡小腿、糊辣鸡脚筋、凉拌无骨鸡脚、椒盐凤尾、麻辣鸡肝、爆炒鸡杂、虫草花炖鸡汤。

四、百鸡宴

所谓百鸡宴，不是指鸡肴的菜式百种，而是指用鸡数量超过百只。北方多采用烤鸡、卤鸡、蒸鸡等，南方多用白切、盐焗、豉油鸡的做法。小说《林海雪原》中威虎山上的百鸡宴，令人印象深刻，虽然反映的是土匪的霸气，但同时展示了特定环境中的风俗民情。《水浒传》中梁山好汉的大块吃肉、大碗喝酒的场面，同样也是以鸡为主，每有胜利庆功之日，总会在聚义厅（忠义堂）设百鸡宴或全鸡宴。文学作品中反映的百鸡宴在实际生活中比比皆是。

远的不说，近年来广东温氏集团在广东新兴历年办的“百鸡宴”、广州江丰实业公司在广州江村历年办的“百鸡宴”及广西玉林家禽业协会在玉林历年办的“百鸡宴”，都是规模一年比一年大，有的“百鸡宴”鸡数量甚至超过千只（或可称之为“千鸡宴”），赴宴者是来自全国各行各业的人士，可见其规模之大、影响之广、意义之深。“百鸡宴”已成为一种文化现象。由广东、广西业内专家组成编委会编撰，由世界图书出版集团广东有限公司在2013年出版了《百鸡宴》一书。

这里值得一叙的是湛江年例——百鸡宴祈福。

年例是粤西民间过完新年后最隆重的一个节日，素有“年例大过年”的说法。一般是在农历正月十五前后，年例那天，当地老百姓依习俗每家每户杀鸡设宴，都把煮好的白切鸡用盘子装好后集中摆放在村中祠堂前面的广场，祭祀社稷，祈祷风调雨顺、五谷丰登，祈求先祖保佑全村老少平安，万事顺遂！少则上百只，多则几百上千只，放眼望去一片金黄，仿佛就像在设百鸡宴。家家户户张灯结彩，村镇街道布置彩楼、彩廊、画廊等，路旁插满彩旗，鞭炮霹雳、锣鼓咚咚，各种民间艺术表演应有尽有，参观者络绎不绝。此外，醒狮班会来舞狮助兴，也是年例那天的必备节目，当天八方亲友不请亦来，俗称“睇（看）年例”，主人家盛情接待，豪饮尽欢。

五、广东人食鸡文化的显著特色

“无鸡不成宴”不仅是我国广大民众的普遍共识，在广东人身上体现得更是淋漓尽致。鸡，在广东饮食界的地位至高无上，据《广州日报》公布的权威数据，仅广州市每天要吃掉160万只鸡，吃法也是数不胜数。

每个省份皆有几道以鸡为主角的经典佳肴：江苏叫花鸡、四川口水鸡、重庆辣子鸡、新疆大盘鸡、海南文昌鸡、云南气锅鸡、符离集烧鸡、德州扒鸡、道口烧鸡、绍兴醉鸡、沟帮子熏鸡、小鸡炖蘑菇……，其名目繁多、声名远播、地域特色鲜明，更在猪、牛、羊、鱼等其他食材之上。无论过的是哪个生肖年，鸡都是餐桌上必不可少的。特别是对于全国最能吃也最会吃鸡的广东人来说，更从正月初一到十五，再到日常的一日三餐，鸡味既是年味，也是生活。

鸡肉味美，可与鱼羊争鲜，这要归功于鸡肉在烹煮过程中会自然释放出一种独特的鲜味物质，这种物质既是谷氨酸钠（鸡精），也是难以言传的“鸡味”。

广东人爱吃鸡，首先因为寓意好，鸡的谐音通“吉”，代表着大吉大利；再者，鸡也被誉为“凤”，逢年过节，头菜一般都是鸡，寓意“有凤来仪”，同样，营养味美，属滋补之上品。而且鸡每个部位也都代表不同的寓意。比如鸡头寓意当家做主，鸡冠寓意官运亨通；鸡翅寓意展翅高飞，飞黄腾达，一般学生和升官的人都要吃；鸡爪寓意新年抓钱，一般给家里最能赚钱的人吃；鸡屁股是鸡身上最肥美的地方，一般留给年长的人吃。还有鸡汤，象征清泰平安，就连鸡骨头，都有出人头地的说法。

行走在岭南大地，当你不经意间路过一间烧腊店时，抬头一看，见到的很可能是白切鸡、豉油鸡，烧鹅等，而鸡是最显眼的。老广们食不厌精，脍不厌细，向来追求的是食材本真的味道，极为讲究，对一只鸡最高的评价是——“鸡有鸡味”，这个看似简单，实则很难做到。鸡有鸡味，即：这只鸡品种优秀，养足时间，肉质肥美，风味浓郁，本质上代表了广东人对食材的重视。

不来广东，你永远不知道鸡到底有多好吃，白切鸡、豉油鸡、盐焗鸡、葱油鸡、手撕鸡、市师鸡、脆皮炸子鸡……在这么多对鸡的“拣饮择食”中，能感受到广东人青睐的莫过于产于广东的四大名鸡［清远麻鸡、湛江鸡（怀乡鸡）、杏花鸡、胡须鸡］及海南的文昌鸡。这几个品种几乎满足广东人对鸡所有的要求。

广东人对鸡的烹饪方式的探索永远没有止境，包括江南百花鸡、湛江白切鸡、园林香液鸡、东江盐焗鸡、金华玉树鸡、彩蛋片皮鸡、芝麻汾香鸡、吊烧脆皮三黄鸡、香醋牛油果烤鸡丝、菜心韭黄炒鸡球、柠檬汁香酥鸡、脆皮鸡、莲花鸡、手撕鸡、花雕鸡、太爷鸡、路边鸡、三杯鸡、香妃鸡、百岁鸡、茅台鸡、荷叶包鸡、壹记鸡、广海鸡、水晶鸡、凤梨鸡、山雨鸡、兴旺鸡、娘酒鸡、煎焗鸡等上百款，其中有的已成为历史名菜，有的还在创新。如传统名鸡“太爷鸡”，原来就是清末一个曾当过县太爷的人，这道菜是用茶叶熏鸡而成的；东江盐焗鸡，始创于惠州沿海产盐地区，人们发现用热盐焗鸡或盐水来处理，肉滑骨香，渐渐便发展成名噪四方的名肴。人们为了吃到这一款款色、香、味俱佳的鸡肴，不惜挖空心思，绞尽脑汁，在配料和烹制技艺上不断探索和创新，如用茅台酒炮制成“茅台醉鸡”、用芝麻加汾酒烹成“汾酒醉鸡”、用鲜牛奶和鸡蛋做成“鲜蛋奶液鸡”、用鲜荷叶包蒸制成“荷叶蒸鸡”等。甚至还想到用鱼片、虾肉、蟹膏、火腿、皮蛋、番茄、田七及新兴起的湛江蛤蒌鸡*等各种肉类瓜果药料，烹成各种各样独具风味的鸡肴。

六、最具代表性的粤式菜肴

1. 白切鸡

白切鸡始于清代的民间酒店，因烹鸡时不加调味白煮而成，食用时随吃随斩，故又称“白斩鸡”。

粤式白切鸡讲求原汁原味，因此最能试出“鸡味”，是粤菜的首选。鸡肉出品必须紧实、细嫩，连皮带肉皆弹滑而有嚼劲，当地选材时也各有引以为豪的地方优良品种，诸如清远麻鸡、湛江鸡（怀乡鸡）、杏花鸡、胡须鸡等。这些品种，母鸡须养殖120～180日龄，阉鸡则要达240～270日龄，以天然散养

---

* 蛤蒌是一种野生植物，极具药用价值，近年来被广泛用于烹饪鸡时加入，味道独特。

形式为主，后期食用玉米和半蒸熟的稻谷等原料，或者食用经发酵的饲料等，保证肉质鲜美而无腥味。

传统白切鸡的做法讲求“三浸三提”，是将整鸡放入沸水中烫熟，须将内脏取尽，水中放入葱、姜、盐等佐料提味去腥。一浸一提的间隔大概在 10s 左右，看到鸡皮收紧变色，再将鸡身完全浸入汤水中焖煮 20min，具体时间以鸡的大小和品质而定，可用牙签戳在鸡腿上，观察是否有血水渗出来判断生熟。最后将鸡捞出，放入冰镇凉水中冷却即可。

食用时辅以沙姜（砂姜）、红葱头等调制的豉油蘸料，如此最能保留和激发鸡的本味。一些老派食客还以切开能见骨头的血髓为佳，说明火候掌握得恰到好处，更能吃到鸡肉的鲜嫩，风味特点是肉熟而不烂，皮爽肉滑，原汁原味，清淡鲜美。

需提示两点，一是浸烫鸡的具体时间要视鸡的大小、肥瘦来定，一般在 18～25min。在沸水足够多的情况下，浸烫时间可减少；在沸水较少较浅时，浸烫时间要适量延长。二是制白切鸡的关键在于以微沸水浸至仅熟，用“虾眼水”，再用冷开水过冷而成。鸡的生熟与否可以摸捏鸡的腿部进行判断，以大脚筋紧缩，鸡腿肉紧实，鸡胸肉紧实为熟。

懂得了白切鸡的吃法和做法，才算正式踏入了广东人的吃鸡宇宙，诸如沙姜鸡、葱油鸡、桑拿鸡等皆是一脉相承的鸡味大餐。

好的白切鸡，可带来三层体验：

首先是鸡皮，鸡皮嫩黄紧致，弹性十足。入口爽脆，口感清晰，没有丝毫肥腻感，伴着皮下那一层薄薄的脂肪所带来的香气共同在口中蔓延开来，此乃第一层体验。

其次是鸡肉，鸡肉滑嫩，汁水充盈，且刚刚断生，即鸡骨髓略带血色而不出血水，只有这样，肉质才嫩得恰到好处，加之一分则老，减之一分则生。

最后是鸡汁冻，白切鸡浸烫得好，皮与肉之间会形成一层晶莹剔透颤颤巍巍的鸡汁冻，其间所蕴含的鲜美与爽滑非亲身体验不能领略其惊艳。鸡肉冰冰凉凉滑入口中，还没来得及咀嚼，鸡汁冻就开始融化，在口舌之间肆意绽放开来，并与鸡皮的脆、鸡肉的嫩交相辉映，此乃第三层体验。

第一口不蘸任何调料，吃的是原汁原味；第二口，轻蘸一点姜葱蓉，又把味觉推向另一个复合层次。

在这个拥有数不尽烹鸡套路的粤语地区，白切鸡以迅猛的势头、独特的气质，超越盐焗鸡、手撕鸡、姜葱鸡等，夺得广东名鸡之首。没吃过一顿正宗的白切鸡，都不算接触过广东文化。

那么，白切鸡是如何由来的呢？白切鸡是广东地区的一款名菜，深受民众喜爱，逢年过节必不可少。在当年尼克松访华时，有一张经典的照片流传甚广，那就是周总理为尼克松夹菜，而这个菜便是广东的名菜白切鸡，从此白切鸡名扬全国。在广东的人都吃过白切鸡，那关于它最早的历史又起源于哪里呢？最早相关的描述是在清朝著名的美食家袁枚的《随园食单》上，鸡功最巨，诸菜赖之，故令羽族之首，而以他禽附之，作羽族单，单上列鸡菜肴数十款，用于蒸、泡、煨、卤、糟的都有，列在首位的就是白片鸡。可以看出当时有关鸡的菜品，在广州已经有10多款，而如今已可以做成200多种花式菜品。

2. 豉油鸡

豉油鸡，港澳地区的餐厅简称油鸡，追求的是鸡的肥美加上豉油的咸鲜，咸鲜反过来又激发出了鸡肉的甘味。

豉油鸡和白切鸡也有异曲同工之处，在处理鸡肉方面几乎相同，但却多了一道“上色”的工序，即是将最后浸泡白切鸡的冰水换成豉油等各味秘制香料调配的卤汁，像是有的加入了玫瑰露酒，故唤作玫瑰豉油鸡，有的又以香料见长，引作十八味豉油鸡等。

用加热的豉油把鸡浸熟，但并不是只用豉油，额外会加入姜、葱、酒、冰糖、麦芽糖等，如果再加一味玫瑰露酒，在去腥的同时，也会赋予鸡以独特的香味，便是这“玫瑰”二字之意了。入嘴先是浓郁的豉香涌入，随着咀嚼，继而是鸡味显露，最后是玫瑰露的醇芳、回甘，回味悠长，层次分明，又和谐统一。

3. 盐焗鸡

盐焗也是广东人吃鸡的一大创意之举，尤其流行于惠州、河源、梅州等客家人聚居地。“焗”在客家话和粤语中表示一种锁住香味的烤制方法，与叫花鸡的做法相近，但更加干香，肉质富有韧性。简单纯粹的盐味与鸡肉烤制而来的香味结合，造就了又一道经典鸡肴。

作为粤菜三大菜系之一的客家菜，以“肥、咸、熟”的口味在粤菜中独树一帜，备受瞩目。而盐焗鸡肉质鲜美、咸香四溢，正是客家菜的独特之处。

盐焗鸡所用食材为180～210日龄的放养土鸡，不肥不瘦为上乘之选。具体制作步骤如下：

（1）第一步，精心“海盐按摩”。一颗颗晶莹的海盐被里里外外、仔仔细细地涂抹，化为无形，渗入到鸡的表皮内里，成为盐焗鸡香味制胜的“法宝”，“按摩”至土鸡骨骼松软，才算正式完成这道工序。海盐的作用是预防在焗的过程中发生烧焦，而且海盐有着其他盐无法企及的香味，对人体健康有益。

（2）第二步，将事先准备好的花生油仔细均匀地涂抹在鸡的表皮上，之后再包裹各两层砂纸和草纸。涂油的这道工序是为了防止在焗的过程中鸡的表皮黏在包裹的砂纸上。

(3) 第三步，将披上“外衣”的鸡放置在铺垫好海盐的砂锅中，在传统的炭炉上需至少 3h 高温的洗礼，才能成功烤制出一只美味的盐焗鸡。

(4) 经过几个小时的高温炭烧，砂锅里的海盐变得灼烫异常，小心翼翼地取出鸡，随着拆开包裹得严严实实的砂纸和草纸，盐焗鸡浓烈的香味散发出来，浓郁的鸡肉香包裹着淡淡的海盐咸香，那金黄滑腻的表皮和鲜嫩的肉质使人垂涎欲滴。

可见盐焗鸡的特点是：制法独特，味香浓郁，皮爽肉滑，色泽微黄，皮脆肉嫩，骨肉鲜香，风味诱人。

那么，盐焗鸡是如何由来的呢？盐焗鸡是中国各大菜系中最具特色的烹调技艺，它的形成与远古时期客家人的迁徙生活密切相关。在南迁过程中，客家人搬迁到一个地方，经常受异族侵扰，难以安居，被迫又搬迁到另一个地方。在居住的过程中，每家每户均饲养家禽、家畜。在逃亡、迁徙过程中，活禽不便携带，便将其宰杀，放入盐包中，以便贮存、携带。到搬迁地后，这些贮存、携带之物可以缓解食物的匮乏，又可滋补身体。所以说，盐焗鸡就是客家人在迁徙过程中运用智慧制作出的闻名于世的菜肴。

起初，客家人将宰净后的整只鸡先用盐堆腌制、封存，要食用时，直接蒸熟即可，即“客家咸鸡”。据传，有一位客家妇女因其儿子体弱多病，加上食物缺乏营养不良，就将用盐腌制后的鸡，用纸包好后放入炒热的盐中用砂煲煨熟，小孩食用后，身体逐渐恢复，后来参加科举考试，中了状元。这种菜肴家喻户晓，成为每位客家妇女都能烹制的拿手菜肴。

2014 年 8 月 8 日，中国食品工业协会授予广东省梅州市梅县盐焗鸡“中国盐焗鸡之乡”的称号；2015 年，盐焗鸡烹饪技艺被列入惠州市第六批市级非物质文化遗产名录；2022 年 4 月 29 日，盐焗鸡制作技艺（饶平盐焗鸡制作技艺）被列入“广东省省级非物质文化遗产代表性项目”名录扩展项目。

第三章

国家保护品种怀乡鸡历史和文化

第一节　怀乡鸡的历史

什么是怀乡鸡？产于野生原鸡出没之地祖国西南地区的广东省信宜市怀乡镇，具有三黄特征（黄羽、黄胫、黄皮），体型如元宝，以典型的毛色鲜亮、皮薄骨细、香酥嫩滑、肉味鲜美而享誉两广及港澳地区，并纳入国家畜禽遗传资源保护名录的小型优质地方品种肉鸡，谓之怀乡鸡。

一、品种概要

怀乡鸡（Huaixiang Chicken），属小型黄羽肉用型品种，原产地为广东省信宜市怀乡镇，是以怀乡镇命名的地方优良鸡种，所以亦称信宜怀乡鸡。其中怀乡、洪冠、茶山、池洞、朱砂、镇隆镇饲养最多，主要分布于全市及茂名、湛江及广西东部。信宜曾在1984年之前隶属湛江地区管辖，所以当时人们即把信宜怀乡鸡称为“湛江鸡”，其名声远播于珠江三角洲及港澳地区，并影响至今。

信宜市是一个“八山一水一分田”的典型山区市，山地资源多，土地资源少，有“山地鸡养殖王国”之美称。当地农民世代都有养怀乡鸡的习惯，多以小规模养殖户和家庭散养为主，天然放养在山清水秀、空气清新、无公害污染的纯生态环境里，专吃山中嫩草虫蚁，辅之少量的专用饲料，得天地之灵气、聚日月之精华，可谓人间美食，堪与东北上八珍——“飞龙”相比。当地居民世代积累自繁自养，就逐渐形成了地方品种怀乡鸡。

在1987年出版的《广东省家畜家禽品种志》中，怀乡鸡作为广东省四大名鸡（清远麻鸡、惠阳胡须鸡、信宜怀乡鸡、封开杏花鸡）之一，被列入其中。2011年怀乡鸡被列入《中国畜禽遗传资源志·家禽志》，成为入选国家畜禽品种志的广东省六品种鸡之一（清远麻鸡、惠阳胡须鸡、信宜怀乡鸡、封开杏花鸡、阳山鸡、中山沙栏鸡），2013年被列为国家地理标志保护产品，2014

年被列入《国家畜禽遗传资源保护名录》（中华人民共和国农业部公告第 2061 号），成为国家级 28 个地方鸡保护品种之一（其中广东省有 3 个品种，即清远麻鸡、怀乡鸡、惠阳胡须鸡）。2015 年广东盈富农业有限公司被列为国家级怀乡鸡保种场（中华人民共和国农业部公告第 2234 号），2021 年再次通过核验，被命名为“国家怀乡鸡保种场”。

二、历史渊源

考古文物证明新石器时代广东省信宜市已有居民。信宜在公元前 200 多年（秦汉时）是瑶族、壮族世居的“百越”之地，自秦汉以后，汉人才陆续迁居信宜开荒、种植。由于北方汉人迁入日渐增多，而迁入的人大多在其原地受到战乱、饥荒而南迁来信宜，自然有思乡之意，故此地名志上有怀德、怀乡地名。信宜养鸡的历史悠久，据说在数百年前，怀乡鸡已被普遍养殖。然而怀乡鸡的历史或许还可上溯到更久远的时间，因为在信宜北界西汉时期的古墓中，曾发现有一件鸡首壶陪葬品，可见在古代，鸡的地位举足轻重，而且至今还发现有野生原鸡。

广东省信宜市地处北回归线以南，为广东西部的山区，年平均气温 22.3℃，为野生原鸡生长的较佳温度（21～26℃），该地区也是鸡起源地区之一。在其 23 个乡镇中，发现野生原鸡的镇有 13 个，为朱砂、安莪、径口、贵子、旺沙、罗马、怀乡、池洞、思贤、新保、合水、平塘、钱排。1994 年曾在当地池洞西村山上捕获 6 只原鸡，经中山大学生物系及广东省经济动物科技协会鉴定，暂定名为原鸡岭南亚种；又曾于 2003 年、2004 年先后进行捕获、研究。中山的老专家陈启荣先生曾访问过朱砂镇陈姓猎户，据其介绍捕获有红黄羽、黑羽的原鸡，这些原鸡与现在的怀乡鸡有许多相似之处，极像是同宗共源之鸡，这些野生鸡和怀乡鸡及鸡首壶，也许有着千丝万缕的联系。这说明信宜是名副其实的野生原鸡故乡。

三、历史地位

1. 在国内的历史地位

据史料记载，信宜原属湛江地区（或广州湾）管辖，所以产于信宜的怀乡鸡即被称为“湛江鸡”。100 多年以来，“湛江鸡”一直就有“名震雷州三千里，味压江南十二楼”之美誉。20 世纪 30—40 年代，众多政要名流曾慕名争相品尝。在湛江到珠三角城市的沿途，以“湛江鸡”做招牌的餐饮店比比皆是。

湛江鸡肉质本身味道就已经很香浓了，通常再配上一碟本地特有的沙姜酱油，就能激发出鸡最原始最完美的味道，味甘爽口，齿颊留香。鸡肉嚼在嘴里，能够深刻地体会到湛江鸡肉的甘、香、滑三种境界。

2. 在国际上的影响力

这里值得一提的是，100 多年前的 1905 年，湛江鸡就名扬法国等欧洲国家，这从两张发行在法国的明信片便可以看出。

图 3-1　广州湾小贩（1905 年，方同三/摄）

图 3-1 是广州湾（湛江市的旧称）大榕树下的小贩旧照，图中显示，一个小孩在卖甘蔗，两个大叔在做面饼和卖烟丝，旁边还放了个英国牛奶盒（Englishi Milk）。树头下则挂了几只白切鸡，还有几根剥好的葱。照片左下方印有法文，即广州湾街头。

图 3-2 是 1905 年的影像，中间的竹箩中放了一只白切鸡，几个村民围蹲在地上，正大口喝酒，吃白切鸡。以湛江鸡为原料制作的白切鸡天下闻名，百年前的广州湾就有得吃，还要蹲着吃！照片下方和右下方也印有法文，即广州湾街头。

当年的湛江鸡如此受国际友人的重视和追捧，不能不令人自豪！

只有在 1983 年以后，行政区划将信宜划归茂名市才逐渐将此鸡称为信宜怀乡鸡，即“怀乡鸡”。

图 3-2　广州湾白切鸡（1905 年，方同三/摄）

第二节　怀乡鸡的文化

结合前述章节，本节围绕怀乡鸡的文化，从散文、诗歌、书法诸方面予以介绍。

一、“龙凤呈祥”鸡文化采风创作活动的开展

由作者本人（杜炳旺）发起的“龙凤呈祥”鸡文化采风创作活动于 2023 年 3 月 24 日在怀乡鸡原产地和国家级保种场——广东盈富农业有限公司（信宜市镇隆镇）举行，应邀参加活动的有来自湛江和信宜的知名摄影师、诗人、书法家、画家、散文家、作曲家、词作家、艺术设计师等 60 多位文人名家，共同为当地的特色鸡种［怀乡鸡（湛江鸡）、粤西卷羽鸡和贵妃鸡］插上文化翅膀、赋予文化内涵。

在中国传统文化中，龙和凤都是神化的动物。黄帝时期，以凤为鸡，通神灵；鸡是吉祥的象征，是“五德之禽”；凤是鸡的文化转型，鸡是凤的世俗化身。“龙”年遇“凤”，可谓“龙凤呈祥”，本次活动即取此意。

（一）鸡文化采风创作活动的背景

“怀乡鸡”是作者带领团队开展了 17 年的保种、研究和开发利用的品种，

是名扬省内外的著名地方品种鸡，也是2011年载入《中国畜禽遗传资源·家禽志》、2014年入选国家保护名录的品种，2015年怀乡鸡成为广东省三大名鸡之一（清远麻鸡、惠阳胡须鸡和怀乡鸡）。

“麒麟鸡”即粤西卷羽鸡，是产于湛江茂名的国内特色地方品种，是该团队持续12年研究、保护的品种，并于2013年通过国家畜禽遗传资源委员会鉴定为稀有资源（农业农村部2023年6月12日第679号公告）。之所以称为麒麟鸡，是因其外观酷似神话中的麒麟而得此美名。

“贵妃鸡”原产于法国，2011年载入《中国畜禽遗传资源志·家禽志》，目前已对该品种开展20年的保护和研究利用工作，并一直保种于湛江市晋盛牧业科技有限公司和广东盈富农业有限公司。贵妃鸡是集肉用、蛋用、观赏于一身的珍贵品种，其外观既像英国女王头戴的王冠，又像我国古代皇妃的凤冠，因此被称为贵妃鸡，更是以“龙冠五爪黑白衫，凤头粉胫玉耳环”而闻名遐迩。

怀乡鸡、麒麟鸡、贵妃鸡都是根植于湛江茂名这块沃土，是不可多得的特色珍贵资源，是全国的著名品种。为进一步扩大这三种鸡在当今社会的知名度和影响力，为使其立足湛江、走出广东、飞遍全国，为使其更融入中国鸡文化，作者决定值此龙年之际，以此三种鸡为题材举办一次“龙凤呈祥”鸡文化采风创作活动。

再者“怀乡鸡”，即古老而新颖的“湛江鸡”。如上所述，在1905年由方同三在广州湾街头拍摄的湛江白切鸡照片以明信片的形式发行于法国等国家，民间一直流传着“名震雷州三千里，味压江南十二楼”，这正是对“湛江鸡”（如今称“怀乡鸡”）的中肯评价。

众所周知，“湛江鸡”即是产于信宜的“怀乡鸡”，因信宜原属湛江地区管辖，所以“怀乡鸡”被称为“湛江鸡”。为了让其成为名副其实的当地特色品种，为乡村振兴、农民致富做出新贡献，由广东海洋大学牵头，产学研相结合，将“怀乡鸡”（曾经称“湛江鸡”）作为选育素材，经过十多年的努力，使其生产性能显著提高，比之前生长速度提高25%～30%。怀乡鸡不仅具备人们喜爱的“三黄鸡”特点，而且110日龄的母鸡可达1 800～1 900克，其不仅有令人赏心悦目的外观特征，性早熟、冠鲜红、体丰满、肉结实，而且符合当今市场对屠宰型优质肉鸡的品质要求。

（二）采风创作形式与内容

以100多只鲜活美丽的特色鸡为模特和创作素材，为展示其独特外貌、动人风姿、文化内涵以及美好的发展前景，围绕三个品种的特色鸡及其商品肉鸡，开展现场采风创作。

（三）实施方案

1. 现场采风创作活动于 2024 年 3 月 24 日（周日）在信宜市镇隆镇德乔村广东盈富农业有限公司举行。

2. 在信宜参观千年历史的窦州古城（此地附近即是“怀乡鸡”“贵妃鸡”的资源保护基地和“粤西卷羽鸡——麒麟鸡”的主要发源地）。

3. 现场采风活动结束后，安排每人带回 2 只特色鸡做模特，便于作者返程后继续创作研究或作为宠物留养观赏。

4. 所有创作作品于 2024 年 5 月完成并提交。

5. 编制《龙凤呈祥——鸡文化采风创作荟萃集》分送作者嘉宾收藏纪念。

6. 参与此次活动的好作品，将收录进拟编著出版的《怀乡鸡、麒麟鸡、贵妃鸡——历史文化与科学技术》内。

7. 所有创作作品完成后将制作成版面，在当地陆续举办“龙凤呈祥——鸡文化采风创作展览”和巡展。

二、与怀乡鸡相关的散文作品

（一）怀乡鸡记

——陈观友

怀乡鸡者，广东“四大名鸡”之一，其产于广东省信宜市怀乡村之域，因其羽黄、喙黄、脚黄，故称“三黄鸡”；又因地域范围，称信宜鸡、湛江鸡。

信宜之地，俗谓“八山一水一地”，气候及地理环境条件极适宜怀乡鸡繁衍生息。农民养鸡历史悠久，然昔时多为散养，未成规模。今以广东盈富农业有限公司牵头组织集中养殖，建场舍于山间林荫水畔，食草虫野果，辅之玉米麸皮瓜菜，饲料纯天然而营养充足矣。又联合广东海洋大学杜炳旺教授领衔的科研团队，为怀乡鸡作长期品种保护，提纯培育，遂使其品质渐于完美矣。现已将怀乡鸡纳入国家畜禽遗传资源保护名录及国家怀乡鸡保种场，使之成为全国重点保护的 28 个地方鸡保护品种之一。得此殊荣，实属难得！

此鸡肥瘦适中，皮黄骨酥，肉质香滑，为筵席之上乘佳肴，深受省内外食客赞赏。今又远销港澳及东南亚，其市场价值虽高于常鸡十之有三五，然亦深受欢迎也。

呜呼！怀乡鸡的发展及当地脱贫致富之前景，岂可限哉！“一鸡养活一群人”，此之谓也！

(二) 怀乡鸡与乡愁

——傅中星

这是一首幽默搞笑的方言儿歌，又是一个生活谜语的谜面，估计如今很少有人能够猜出谜底了。

黑鸡婆，灶里煨；有客来，揸坯尿（读音 Sui）。

把谜面解释一下：说是有一只“黑鸡婆”，整天煨在煮饭土灶的柴火余烬里，只要有客人来，它才出来“撒尿”，方言叫“揸坯尿（读音 Sui）”。提示一下，这描写的是一段在 20 世纪五六十年代湖北黄梅乡下家庭生活的常见情景，现在年轻人早已见不到了，猜不出谜底，很正常。

20 世纪我国台湾地区诗人余光中把乡愁托付在一枚邮票上，令海外华人忆起各自的乡愁。现在到处都在讲“留住青山绿水，记住乡愁”。可是到处走了一圈后，无非就是一些犁耙、碾子、镰刀、煤油灯等老物件，看一回两回，可能会让上了年纪的人忆起往昔，发一声感叹，叹息岁月如水，与现实生活也没有多少交集。

自从认识了正宗的“湛江鸡”（也称信宜鸡），以及被国家录入畜禽遗传资源名录的怀乡鸡，我对“乡愁”的意境就有了鲜活的理解。乡愁，不仅仅是死的、过时的老物件；她还可以是鲜活的，是直捣人心最柔软的忧思忧结的“怀乡鸡”！

没有脱离过母亲怀抱的孩子，不知外面世界既炎凉又冷酷又无奈；没有哪个在外漂泊闯荡的人，不怀念渐行渐远、一去不复返的故乡和祖国。这就是乡愁！这样的乡愁不是端详一次邮票，看几眼老物件就能消解的。但是，若是有一只活生生的怀乡鸡，来到游子面前，叫几声，扑棱几下翅膀，你的感受可能就大不一样。无怪乎信宜何奕强先生写出的怀乡鸡散文如此真切感人。他说，20 世纪国家贫穷，只得将正宗的湛江鸡（怀乡鸡）用作外贸，活鸡出口港澳和东南亚，以慰藉身在海外华人的思乡之情，使其一饱口福，吃到家乡菜。而本地人则只能留下那些品相残次的怀乡鸡，偶尔解馋。

鸡为什么叫鸡？老子在《道德经》中讲“无名天地之始，有名万物之母。”我是这样理解的：天地之始，是没有任何名称概念的，只有当人类给万事万物加以命名，赋予各自不同的概念、内涵和外延时，这才是万物的母本。鸡比人类要早几个地质年代就生存繁衍在这个星球上了。人类进化成为高级智慧生物之后，产生了语言，鸡才被人类命名为“鸡”。当然，人类也不是随心所欲命名的，有一个原则叫“自呼其名”。全世界的小鸡一出壳，都一个叫声：“叽叽叽”，于是人们将这种随处可见的鸟叫作“鸡”。至于小鸡长大之后，叫声就有许多差异了。云南地方鸡叫“茶花鸡”，就是因为长大后的叫声酷似云南当地方言“两朵茶花”或“茶花朵朵”而得名。

有人说，一个人的姓名会影响其一生的性格脾气和事业成就。中国地方优质鸡共有100多个品种，所叫名称也各不相同，像怀乡鸡这样富有“乡愁诗意”的鸡，却是唯一！

它为什么不叫“还乡鸡”，也不叫“还香鸡”呢？怀，是一种情怀，一种思念，一种忧伤；乡，就是生我养我的地方，我虽然离开多年，漂泊在外，但年年都想回去，都会怀念故乡。一道美味鲜香的“怀乡鸡”，足以抚慰治愈游子的乡思情伤。

对于所有居住在城镇的人而言，每一只在乡下散养被人运进城里的土鸡，皆可称作“怀乡鸡”。当年民国大员宋子文用飞机从他祖居地海南文昌市运了一批文昌鸡到南京，分送给他的乡亲同事，难道只是为那一口鸡肉吗？还不是寓意着深深的乡愁。后来他定居美国，再也吃不上家乡的“怀乡鸡”了。

原载《湛江日报》2024年4月10日

（三）漫谈“怀乡鸡”的美德和献身精神

——何奕强

阳春三月，春光正浓。我有幸参加广东海洋大学二级教授杜炳旺召集的“龙凤呈祥”鸡文化采风创作活动。两辆大巴坐满了文人墨客，文艺家们兴致勃勃，一路繁花，一路春意。我们奔赴信宜窦州古城郊外的国家级、省级怀乡鸡、贵妃鸡和粤西卷羽鸡（麒麟鸡）保种基地——广东盈富农业有限公司，进行诗、书、画、影、文、设计采风创作。这是一次对怀乡鸡、贵妃鸡、麒麟鸡寻宗问祖和亲密接触之旅。

我是信宜人，见证过一窝窝的怀乡鸡，可以说对怀乡鸡情有独钟，也为鸡的奉献精神而感动。鸡在人类生活中扮演着重要的角色，人类的美好生活离不开鸡。

学者傅中星研究表明，鸡的始祖比人类还早几个地质年代，人们将鸡当作凤凰一样敬重。黄帝时期，以凤为鸡，鸡有通天、通地、通神灵之说。连仓颉造字也把鸡与黄帝之姓相联系，黄帝长居鸡水，又以姬为姓，故有炎黄子孙、龙的传人、龙凤子孙之说。

人类为鸡留下许多溢美之词及很高的评价。古汉代起称鸡有文、武、勇、仁、信五德，被冠于“五德之禽”：头戴冠者，文也；足搏距者，武也；敌在前敢斗者，勇也；见食相呼者，仁也；守夜不失时，信也。意思是鸡冠像官帽子，因而具有文德；脚后有锐距（钩剔）作武器，因而具有武德；遇敌敢上前拼搏，因而具有勇气；见到食物会呼朋分享，因而具有诚仁；公鸡司晨报晓，从无失信，因而具有诚信。可见鸡具有人类赋予的优良品德，还有为人类献身的精神。在这个“无鸡不成宴”的国家，可以说鸡从外到内全身是宝。羽毛可做羽绒被保暖，鸡胗（肌胃）内皮（中药鸡内金）可治胃病，连鸡屎都是优质的有机肥料。人们为饱口福，与鸡相关的美食烹制方式层出不穷，如白切、盐焗、炒炆、吊烧、隔水、油炸、窑瓮、陶钵……

我是从懂事起就认识鸡，但认认真真关注鸡的内涵还是从本次采风开始。怀乡鸡之蛋香、肉滑、汤鲜，令人回味不已。怀乡鸡其羽黄、喙黄、脚黄，又叫“三黄鸡”，长得矫健、漂亮、有神，能飞能扑能跳，白天徒手抓它不易。早年怀乡鸡是散养在山地草丛中，自由采食百草林果、蛇虫鼠蚁，享受日月精华，呼吸天地灵气。加上本地的稻谷玉米杂粮，令鸡长得人见人爱、人吃人赞，故有“名震两广三千里，味压江南十二楼”之誉。

20 世纪七八十年代入城后，就难吃上味正身靓的怀乡鸡了。因为国家物资贫乏，需要外汇建设，农民需要为身上衣、口中食换些钱，怀乡鸡一度成为出口货，从基层食品站直接到农户收购，转交外贸出口部门远销海外。但偶尔我也能通过外贸部门的关系，分享一些运输途中受伤致残或发育不良、长相欠佳的“残次鸡”，亦算偶尔解馋，聊解乡愁。在那缺肉缺吃的年代，我也曾自己动手在机关宿舍的小阳台上养过 AA 肉鸡，二三十平方米的房子，还三代同堂，其艰难程度可想而知。这种 AA 鸡，长得快，不到两月就长成四五斤重，肉是有了，但就是没有味道，如同嚼蜡。随着生活改善，当地人对 AA 鸡失去了兴趣，也就没有了市场。

鸡有如此美德又为人类贡献良多，怀乡鸡又称“湛江鸡”，信宜怀乡原属湛江地区管辖，尤其受人们重视关注。1905 年印有怀乡鸡图片的明信片发行于法国等欧洲国家，现又乘上乡村振兴的东风，由广东海洋大学牵头，与广东盈富农业有限公司、湛江市晋盛牧业科技有限公司、广东省农科院动物科学研究所等单位合作，除怀乡鸡外，又增添了麒麟鸡、贵妃鸡等珍贵资源。这三种鸡将借助科技和文化的翅膀，走向全国，飞向海外，融入世界鸡文化的大家庭中，让鸡的美德继续弘扬传承，让鸡继续为人类做出更大的贡献。

（四）雄鸡报捷震九州

——饶燕文

天高云淡，春风吹绿了雷州半岛的寒意；鸡鸣犬吠，梨花唱响了乡村振兴的恋曲。长年生活在城市的我们有幸走进精彩的鸡世界，聆听来自信宜乡村的有关鸡的故事。

在一处山坡上，我们见到了真正的麒麟鸡，俗称卷毛鸡，是产于湛江茂名的国内唯一的特色鸡种。模样古怪，但为何口感松滑、营养丰富，胜过一般片毛鸡？明清时一度成为朝廷的贡鸡，捷报频传，闻名遐迩。《本草纲目》中有记载：“反毛鸡，即翻翅鸡也，毛翮皆反生向前。治反胃者，述类之义耳。”现代医学研究表明，吃这种鸡在治疗风湿和妇科疾病方面有良效。然而如此好的卷毛鸡为何差点绝种？

因肉质鲜美，朝廷有人饲养卷毛鸡。北方寒冷，卷毛鸡不如片毛鸡保暖，生长缓慢。另外，由于卷毛鸡外貌略显丑陋，极少得到公鸡的垂爱，人们发现北方饲养卷毛鸡常常越养越少。湛江茂名的先祖将卷毛鸡饲养起来，南方气候温暖潮湿，鸡毛翻卷有利于散热去湿，鸡因此长得高大威武，肉质鲜美。因此卷毛鸡在南方频频被摆上餐桌。由于祖先的勤劳和汗水浇开了一朵现代人的美食之花。麒麟鸡的非凡历程告诉我们识才辨物切不可以貌取人，羽毛翻卷恰恰包藏着一颗赤诚之心。

在采风中，我们发现了一种罕见的贵妃鸡，其原产于法国，外观羽毛黑白相间，形体偏瘦，像皇宫里的贵妃，头戴王冠，姿态优雅。别看鸡身瘦小，可肉质一点不含糊，鸡肉香滑，汤色浑厚，别有一番风味。走进信宜养殖基地，最美当属贵妃鸡。一只只走出鸡棚，神态优雅，温情款款。最是那一低头的温柔，恰似一朵睡莲不胜晨风的挑逗；最是那一回头的凝望，如迷茫的沙漠中发现希望的绿洲；最是那一声清脆的鸡鸣，如黑暗中求索突然看见耀眼的启明星。贵妃鸡当起了乡村振兴的排头兵。

在绿草丛生的山坡上，我们见到最威武的当属怀乡鸡，也就是“名震雷州三千里，味压江南十二楼”的“湛江鸡”。怀乡鸡鸡爪黄、鸡羽黄、鸡皮黄又称三黄鸡，一般吃谷米草长大，其肉质鲜美，极少肥油。成年公鸡五六斤，成年母鸡三四斤，说它威武并非言过其实。母鸡稍微羞涩，公鸡威武雄壮，走在阡陌纵横的乡间小道上，更显不同凡响，对其的赞叹声不绝于耳。

在这次鸡文化采风活动中，广东省美术家协会会员、湛江美术家协会副主席庄燕梅现场创作了一幅雄鸡觅食图。一只公鸡居然还带着几只小鸡仔，很多人不解，小鸡通常不是由母鸡带着吗？为什么画家在这里要别出心裁？我想这大概是一只失恋的公鸡，带着几只小鸡在觅食。画家在这里昭示了男性的社会责任感，雄鸡寄希望在小鸡身上，只要小鸡生机勃勃，雄鸡就会担起觅食的艰辛和守护的重任。人类文明生生不息，子子孙孙是我们未来的希望。画家的作品也是见仁见智，我的理解难免粗浅。只要我能从作品中汲取奋斗的动力，为乡村振兴插上一双翅膀，为社会传递一份正能量，为人类命运共同体竭尽所能，也就足矣。

鸡在中国文化中是吉祥的象征。民以食为天，食不可无鸡。在当前乡村振兴的大潮中，各种农家鸡担负着特殊的使命。鸡味悠长，我们正在打造几个美食中国的千年品牌；雄鸡报捷，我们正在谱写一曲美丽中国的宏伟交响。

原载《湛江日报》2024年4月9日

（五）与鸡共舞到白头（散文）

——傅中星

全世界都知，广东人爱食鸡，且得食有鸡味的靓鸡。无鸡不成宴，无鸡不欢！湛江地处粤西，有海有山，自古出产靓鸡，因此港澳及东南亚地区的华人侨胞有口皆碑，盛赞湛江鸡。

有一段山歌唱道：

靓鸡好食难培养，粤西湛江出凤凰。

三只名鸡有特色，麒麟贵妃和怀乡。

在3月的一个晓风和畅、春意盎然的日子，我跟随广东海洋大学的两台大巴车，前往信宜市窦州古城郊外的国家级、省级怀乡鸡、贵妃鸡和麒麟鸡保种基地，参加湛江市、信宜市两地文化艺术界举行的别开生面的文化采风创作活动。同行人员有摄影家、书画家、作家诗人和作曲家、歌唱演员等共计60余人。

活动的召集人是广东海洋大学二级教授杜炳旺先生，他是国务院特殊津贴专家、全国优秀科技工作者、第三次全国畜禽遗传资源普查国家指导专家，国家科技进步奖、青年科学家项目及国家重大研发计划项目评审专家等，光彩的头衔还有一大摞，其实就是我认识了近二十年的一个退休老头子。搞了一辈子鸡，年近古稀，还不消停！前几天还跟老伴儿吵架怄气哩。

老伴儿说老杜就是一个“鸡痴”，没退休之前常常是一两个星期“熬”在鸡棚指导学生做这干那，不断实验。那也情有可原，谁料退休十多年了，比上班还忙，东奔西跑，从来没有专门带她出去旅游一回。老杜前年说带老伴儿去辣木园观光，到那里一看，原来是研究辣木发酵饲料，用来喂鸡的！他这辈子算是与“鸡”过上了。

我与杜教授相识快二十年了，还一同撰写论文，给中国最美优质鸡进行“排榜”，在行业核心期刊上发表，引起不小反响。我们再熟悉不过了。未经他和杜嫂子“审稿”，就把他们老两口之间“热辣”而又“甜蜜”的吵嘴内容吐槽出来了，为此弥补一段山歌给老杜头：

二级教授杜炳旺，一生心血为鸡狂！

科研联姻鸡文化，土鸡熬成龙凤汤。

了解高校体制的朋友都知道，能够评上“二级教授”很不容易。就算是全国知名的985、211院校里，也没有几位能评上二级教授的。一级教授就可与两院院士比肩了，老杜很知足，他说自己就是一个在大学校园养鸡的，何德何能。那还是让我老傅公平公正地给你说吧！

近年来，杜炳旺教授主持的项目先后获广东省和山西省科技进步奖一等奖2项、二等奖3项、三等奖1项，广东省农业技术推广奖二等奖5项，湛江市和茂名市科技进步奖一等奖2项、二等奖4项，发表论文200多篇，获授权发明专利9项，主持制定地方标准和团体标准6个，出版专著5部……我就奇怪不就是几只靓鸡，哪有那么大的学问呢？

另外，由他领衔的“粤西卷羽鸡”，即“麒麟鸡”的资源保护研究选育12年的特色珍稀鸡种，于2023年通过国家畜禽遗传资源鉴定的新资源，也是国内唯一罕见的稀有遗传资源，也是我们这次采风创作活动的主要对象！同样作为本次活动对象的还有“贵妃鸡”和“怀乡鸡”，也是杜大教授20年来主持研究、保护、选育及应用的特色鸡种。这一个个不一样的特色鸡种，在全国各省赢得了极高的知名度，为助力粤西乡村振兴，打造粤西山海文化和旅游新高地，促进湛江副中心城市高质量发展做出了不一样的贡献。

阳春三月好风光，信宜采风种鸡场。

三只靓鸡当模特，鸡鸣天下呈吉祥！

信宜原属粤西湛江地区，地处丘陵，山峦青翠，连绵不断，不仅风景秀丽，而且空气新鲜，植被茂盛，且盛产玉米等，特别适宜地方优质鸡的生长。

诗人作家、书画家、作曲家、摄影师和歌手在现场兴致勃勃地观赏、观察“鸡模特”在草木丛中的神态，大家创作情绪高涨，其乐融融。

老傅评鸡论人，亦庄亦谐，调侃一回在生活中绝对好脾气的老杜头，不亦快哉？唱支山歌以为乐：

当个男人不自在，自在碌碌算白来。

家家有本难念经，与鸡共舞老伴爱！

原载《湛江日报》2024年4月1日

（六）一只鸡能走多远

——梁建

晨雾散去，彩霞满天，一只鸡独步走来，它来的地方，叫怀乡。

这是一只怀乡鸡。怀乡，地处云开山区的深处。这儿群山连绵，河溪纵横，是广东四大名鸡之一的怀乡三黄鸡的原产地。

怀乡三黄鸡，也叫怀乡鸡，是一只有历史的鸡。秦汉时期，这儿是瑶族、壮族世居的百越之地，秦汉以后，汉人南下，陆续迁来，在云开山里开荒种植，这些背井离乡的人，有逃亡的，有逃难的，无不饱受战乱之苦，有家归不得，有苦向谁诉？只能落地生根，安家立业，何处黄土不养人？然而却心念故乡，久而久之，便把新居住地叫怀乡；就是鸡，也借物言情，叫做怀乡鸡。鸡是人类最亲密的朋友，有人的地方，便会养鸡。经长期选育，怀乡人终于培育出肉蛋兼优的鸡种，这就是今天的怀乡鸡。

据说在数百年之前，已普遍养殖怀乡鸡，然而怀乡鸡的历史或许还可上溯到更往前的时间，因为在信宜北界西汉时期的古墓中，曾发现有一件鸡首壶陪葬品。可见在古代，鸡的地位举足轻重，而且至今还有野生原鸡发现。1994年4月在池洞山上，捕获6只野生原鸡，这些原鸡与现在的怀乡鸡有许多相似之处，极像是同宗共源之鸡，这些野生鸡和怀乡鸡、鸡首壶，不知是否有千丝万缕的联系。

怀乡鸡，也是一只有文化的鸡。无鸡不成宴，广东人好吃鸡，信宜也是，怀乡亦然。逢年过节，红白喜事，亲友相谈，故人相见，摸出那壶薪火相传的土炮（本地米酒），再配上一只滋滋冒油的烤鸡，或者是黄澄澄渗出青葱味儿的葱油鸡，或者是白切鸡、盐焗鸡、泥煨鸡，等等。诸多做法，五花八门，应有尽有。喝酒之前拉家常唠叨，喝酒之后拍胸口嘶叫，清醒了之后才感到酒白喝了、鸡也白吃了，因为依稀记得，没吃到鸡屁股。

如果光喝酒，没吃到鸡，酒是白喝了；倘若吃鸡没吃到鸡屁股，这鸡也是白吃了。民间某个节日临近，时候一到，便美美地吃上一顿怀乡鸡。事实上，用白切鸡祭祀祖先已是本地的传统和习惯，而且要选择肥美的大骟鸡，还要把那鸡做成雄赳赳气昂昂的样子。此时谁家的骟鸡大，面上自然有光，走路如同一只趾高气扬的公鸡，挺自豪的。在节日里，人们还把鸡做成花灯，作为吉利的图腾。

怀乡鸡，还是一只有故事的鸡。怀乡鸡毛色鲜艳，叫声洪亮，鸡叫于黎明之时，颇有超凡脱俗之气，不像凡间之物，于是有人想到鸡犬升天的故事，想到汉朝淮南王刘安修炼成仙带到天上的鸡，那鸡怀念人间，又偷回到了地上，结果错过了时辰，回不去了，便留在怀乡。

一唱雄鸡天下白。在山里，鸡鸣计时由来已久。昔日，晋代的祖逖和刘琨听到鸡叫就起来舞剑，成就了一番伟业。怀乡人住在山里，喜欢清静，但也像当年祖逖和刘琨那样闻鸡起舞，早上听到雄鸡鸣叫便起来劳作。

鸡是灵性之物，这种说法并非空穴来风，据说有人往外迁家，不知到何处落脚，于是便会抱着一只公鸡，公鸡何时鸣叫，便在那儿居住下来。公鸡之声，便成了天地之意，帮人做选择。

怀乡是一片英雄的土地。凌十八在这儿歃血为盟，纵横驰骋，打响了太平天国运动的第一枪。鸡血成了精诚团结的象征。

许多人到信宜来，想吃本地特色的菜，于是他们非常满意地吃到了怀乡鸡。有一件有趣的事情，人们对怀乡三黄鸡的名称起了争执，有说三黄鸡是一种鸡的品种，有说三黄鸡只是一种菜的叫法。

何为怀乡三黄鸡？其实，一看到三黄鸡立刻就会明白了，因为鸡的毛、皮、脚皆黄，特征明显，便称为三黄鸡，1985 年三黄鸡被列入《广东省家畜家禽品种志》，正式成为广东省名牌鸡品种。

怀乡是鸡的天堂。怀乡地处低纬度，属南亚热带季风气候，夏热冬凉，适宜热带及亚热带动植物生长，也适宜鸡生长，鸡生长的最适宜温度为 21～26℃。生活在怀乡的鸡，是自由自在的鸡。这些鸡一般在山上放养，自由活动，饮用的是山泉水，林下的虫蚁、野果、野菜等随时可食，谷米、小虫、草药任其挑选，还有米糠、玉米、木薯、番薯，为鸡们提供了源源不断的食物。

生活在怀乡的鸡，也是经历世面的鸡。鸡晨明而出，暮落鸡归。主人咕咕地唤食了，便汇集而来，十分懂事。在鸡的成长过程中，要防备风雨，要抵制篱笆后面隐隐的危险，要提防高空的危急，一只鸡活得也是真不容易。然而，怀乡鸡整天往山上跑，是经过体育锻炼的。据说，鸡会共同抵御外敌入侵，它们还练就了一种特殊本领，就是站在树上也能安安稳稳地睡觉。

鸡主人竭尽全力，不让鸡挨饿和受到委屈，甚至还放音乐给它们听，陪它们喝啤酒、散步，因为只有鸡心情好才会长出鲜艳的羽毛，鸡肉品质才高。然而这些“别有用心”的献殷勤，鸡都不需要，它们要的是自然成长。

怀乡鸡的一生，通常是从春天开始的。一枚鸡蛋，经过 21 天的孵化，之后小鸡啄破蛋壳，一个鲜活的生命便蹦蹦跳跳地来到了世上。

三月里来，春暖花开，草长莺飞。毛茸茸的小鸡聚在一起，想暖和就收拢翅膀晒太阳，想尖叫就跳上草垛亮几下嗓子，想去解闷就躲树下拉家常。两三个月间，不谙世事的小鸡便长成了小伙子和大姑娘。

以前，听到鸡姑娘“咯咯哒”的下蛋叫声格外响亮，满是骄傲和得意，主人便知道它变成了母鸡。那时候穷，母鸡一度是最受宠的，常常会得到几颗稻谷的额外奖励，这是对它下蛋的慰劳，也是对它做出贡献的肯定。

如今，却是公鸡更受欢迎了，不，应该是去势后的骟鸡。当公鸡的声音嘹亮起来，鲜红的鸡冠也冒高了，躁动的青春一发不可收拾，开始蓄谋一场轰轰烈烈的爱情。然而戴竹帽的骟鸡佬吆喝着出现了，一把锋利的小刀，杜绝了公鸡谈婚论嫁的念想。鸡子（公鸡睾丸）是可以卖钱的，据说鸡子蒸烧酒很受男性消费者的欢迎，他们吃了对身体好。

信宜市山清水秀，鸟语花香，是中国长寿之乡。然而鸡的一生呢？如果逃得过天敌伤害，躲得过疾病折磨，鸡一般可以活六七年无疾而终，可在世界上，又有哪只鸡能顺顺利利走到头？几乎没有一只鸡可以终老一生、寿终正寝。

鸡的一生何其短暂。谁家有鸡初长成，就被馋嘴的人惦记上了。童子鸡和小鸡炖蘑菇都是名菜，鸡肉又嫩又滑又好味。

真正好吃的鸡，无疑是怀乡鸡。怀乡鸡的吃法，可谓花样百出，而且还经常在推陈出新。

白切鸡，最能体现一只鸡的品质。不是所有的鸡做白切鸡都会美味可口，能吃会喝的人，会将怀乡鸡作为理想的选择。烹饪步骤看起来并不复杂，直接下锅，用猛火来攻，火候和时间都要精准把握，这样会让鸡的味道和质感保持最佳！切开鸡肉之后，能看到骨头四周有微微透明，骨髓带着浅粉血色。怀乡鸡一端上桌就会引人注目：鸡皮，必定是橙黄，全身，必然油亮。

吃鸡的调料，可谓变化万千，但万变不离其宗，关键在于葱、姜、蒜的运用，以恰当的比例混合，再加上适量的花生油和酱油提味，使怀乡鸡的味道得到升华。

对于本地人，却有一种最为朴素的吃法，把鸡煮上，擦一点盐便吃，怀乡鸡独有的原汁原味便会被充分地发挥出来。

除了白切鸡，老鸡炖嫩笋也是一道赞不绝口的好菜。全程用文火慢炖，微火上桌。注意调味的盐巴，放在最后。

鸡煲吃得也过瘾，但清汤鸡煲才是最高境界。上好的砂锅，底下是柴火，汤水里炖着红枣、枸杞、党参、天麻等中药材，煲出来的鸡肉入味，好吃！也可以什么辅助材料都不要，就往锅里丢薄荷，便能打破人们所说的感冒不吃鸡的惯例，据说可治感冒呢。

盐焗鸡，是客家人在南迁途中发明的菜肴，迁徙途中不便携带活禽，只能宰杀放到盐包中，方便贮存和携带，吃时直接蒸熟即可。用怀乡鸡做出来的盐焗鸡，表皮焦黄，肉质咸香，“肥、咸、熟、香”一口四味俱全！

吊烧鸡，美食的名片。一只怀乡鸡从炭火吊烧砖窑里出来，色泽金黄，外酥里嫩，肥而不腻，轻轻一扯，骨肉分离，令人直流口水。这种味儿是用别的鸡做不出来的！

还有豪华的吃法，极尽铺排，把蒸锅直接搬到餐桌上，铺上刚从池塘里采来的荷叶、桑叶或节瓜，再放上腌好的鸡片盖上盖子隔水蒸鸡。蒸锅下面，鸡骨、鸡爪与虫草花、红枣丝、陈皮等中药混在一起炖汤。调料也用多种原料，应有尽有。也有令人耳目一新的，就是用电饭煲做的可乐鸡；更有十里飘香的甜辣鸡肉串，远远闻着香喷喷的。

除了上面这些吃法，还有麻油鸡、纸包鸡、猪肚鸡、豉油鸡、花雕鸡、三杯鸡、口水鸡、叫花鸡、宫保鸡丁、网红咖喱泡泡鸡、鸡米花，等等。还有说法，女人在特殊时期，鸡肉是很好的提气补身的食物。

有个饮食界资深的厨师，开了几十年餐馆，祖上还是养殖怀乡鸡的专业户，整个家族最善吃鸡。这厨师深有体会地说，要想赚钱，做好一个怀乡鸡就够了，其他什么生意都不用做了。

诚如是，信宜有一间叫“乡林凤”的餐馆，就靠一只简单的怀乡鸡，做出很多花样的菜，餐馆做出名了，创立了品牌，还到茂名、珠江三角洲等地开了分店。

其实，从20世纪90年代开始，怀乡鸡已深受港澳同胞和珠三角地区消费者的青睐，可是怀乡鸡并没有什么标志性的标识，给了不法商人可乘之机，他们利用山地鸡冒充怀乡鸡出售，牟取暴利。从2005年6月开始，怀乡鸡脚上被戴上了特制的脚环，这是品牌的标识，也是怀乡鸡的身份证。

从此，怀乡鸡戴着象征身份的脚环从农村或者养鸡场出来，走到农贸市场、走到餐桌之上。

信宜市有50多万华侨在南洋，当中不少人对家乡的怀乡鸡情有独钟，甚至到了痴迷的程度，每逢回到家乡，必要品尝怀乡鸡香醇的味道，即使身在海外，也总是忘不了家乡这道菜——每每想起怀乡鸡的味儿，便不由想起往事，怀念家乡，因此，这怀乡鸡又有了另外的意义：怀乡！

怀乡鸡是乡愁，走得很远很远！

怀乡这方水土养出的鸡，走得很远很远，远渡重洋，令信宜市50多万华侨念念不忘，最将风味念家乡！

（摘自梁建著《最是云开风物好》，团结出版社）

三、有关怀乡鸡的诗词楹联与歌曲

（一）楹联

1. 题怀乡鸡

——孙钢坪（一蓑烟雨任平生）

红冠金甲，五德加身，自怀乡出，振翅东方，声传塞北；

白切清蒸，三黄为号，从湛江来，飘香西域，味压岭南。

注：怀乡鸡产自信宜市怀乡镇，因1983年前信宜属湛江管辖，故怀乡鸡又被称为信宜鸡、湛江鸡。怀乡鸡具三黄鸡（黄羽、黄皮、黄爪）特征，有白

切、清蒸、葱油等烹饪做法，以典型的毛色金黄鲜亮、皮薄骨细、香酥嫩滑、肉味鲜美而享誉海内外，是广东省三大名鸡之一，是国家地理标志保护产品。

2. 联颂湛江鸡

——马俊余

皮香誉满三城市，

肉滑名扬两省区。

注：三城市指湛江市、茂名市、阳江市，两省区指广东省和广西壮族自治区。

（二）诗词

1. 当代诗人诗作

（1）湛江鸡

——杨耀明

中秋明月又沉西，风卷灯花落半溪。

思念皆因家里好，他乡没有湛江鸡。

（2）颂湛江怀乡鸡

—— 莫延昌

粤地雄鸡啼满天，村民早起插秧田。

声催农妇三更走，翅托朝阳万里悬。

金甲红冠颜最美，清炖白切味犹鲜。

怀乡赞誉人人记，湛海相传千百年。

（3）天下第一怀乡鸡

——林华庆

肉嫩皮薄身骨细，林间觅食树杈栖。

岭南宴谱位前列，不枉人称第一鸡。

（4）怀乡鸡叹

——郭怀宽

怀乡鸡种自非凡，金羽红冠映日边。

每忆故园风味好，梦回千里啄香田

（5）咏怀乡鸡（二首）

——蔡维翰（7 岁）

米酒吐文章，名闻白凤[1]昌。

粤西同食用，上品最怀乡。

——蔡明礼

待客不乔装[2]，杯衔米酒香。
凤凰台上卧，天下已流芳。

[1] 白凤：代指湛江美食白切鸡。

[2] 乔装：谓打扮装扮。这里特指粤菜传统名菜，始于清代的民间酒楼，因烹鸡时不加调味白煮而成，食用时随吃随斩，故称白斩鸡，又叫白切鸡。

（6）怀乡鸡赞

——冯伟

中华欢宴不离鸡，首选三黄正适宜。
欲问珍禽何处觅，怀乡诞育美名驰。

（7）怀乡鸡

——李业鸿

秉承天命寄怀乡，川野山林逐梦长。
短尾单冠头羽褐，腴身矮脚翼毛黄。
昏晨唱唤知时日，拂晓啼鸣报曙光。
奉献人间施大爱，佳肴美味世留香。

（8）怀乡鸡

——芳公子

小小珍禽生湛江，肉鲜皮脆味无双。
安知家宴寻常见，亦把华筵主菜扛。

（9）三黄鸡

——梁玉娟

名鸡在粤叫怀乡，放养山林啄杂粮。
橘脚金毛黄嘴喙，酥皮脆骨少脂肪。
可甜可辣可咸卤，能焗能蒸能煮汤。
醉美人间烟火气，数天回味齿留香。

（10）怀乡鸡七绝·平水韵

——窦林华

元宝身形远古来，湛江白切酒三杯。
个中滋味言不尽，满座高朋方快哉！

（11）乡林凤舞

——淡盐

凤鸣蓊郁岁时康，翟羽翩然耀彩光。
葵果葙花皆我食，德禽身贵入华堂。

(12) 怀乡鸡

——黄中林（广西巴马）

乡愁名与合，高雅自天然。
凛凛三黄貌，优优五第筵。
雄冠红若焰，文德厚超贤。
堪赞粤西地，修成味里仙。

(13) 怀乡鸡

——洪小薇

美扬天下后，旅客慕名行。
望断南方路，心驰故国城。
亲归来共醉，喜宴笑相迎。
菜色香飘远，怀乡味梦萦。

(14) 怀乡鸡（湛江鸡）

——萧康寿

自古名鸡出湛江，从来白切世无双。
如今散养珍禽少，化作怀乡梦一窗。

(15) 怀乡鸡

——吴晓

身形体态赛黄鹂，一只良禽出粤西。
山间竹林田野养，无它筵席不成题。
肉鲜质嫩名在外，营养指标却不低。
游子他乡怀梓里，最思美味湛江鸡。

(16) 怀乡鸡（三黄鸡）

——秋波

三黄本色自天成，有凤来仪百载荣。
味压九州群蕾醉，未经百度早扬名。

(17) 湛江鸡

——程戈鸣

餐馆飘香美味驰，羊城遍地湛江鸡。
呼朋唤友联肩去，把酒称觞又朵颐。

(18) 雄鸡

——李明春

昂首挺胸气度雄，帮扶弱小显初衷。
一声大叫报天晓，每日勤功献大忠。

（19）美味湛江鸡

——黄兴才

金声百炼别怀乡，宴桌臀肥三记黄。
稍逊红烧添辣酱，惯将白切蘸沙姜。
祖传简册生盐焗，客念心灵瓦煲汤。
美食岂能无醉意，开樽专拣五川粮。

（20）咏鸡·鸡德可嘉

——潘锡强

摇冠抖彩志昂扬，报晓催人醒太阳。
赏宴奉身何所吝，赴汤蹈火剖肝肠。

（21）湛江鸡（二首）

——潘锡强

（其一）

觅蚁寻虫长荔园，湛江鸡美自天然。
道筋白切弹牙味，隔水蒸来尤嫩鲜。

（其二）

黄腿黄皮肉亦黄，水蒸鸡上满庭香。
天涯海角闻斯味，即刻垂涎品湛江。

（22）赞怀乡鸡

——潘廉

欲言五德数怀乡，体态丰腴声誉扬。
三处皆黄皮羽爪，烹之肉嫩任君尝。

（23）咏湛江鸡

——陈云峰

湛江鸡脆史名扬，骨幼皮油肉质香。
白切熬汤皆可口，味飘四海醉君皇。

（24）怀乡鸡

——陈湖义

司晨一鸣天下晓，唱顺陌路早耕田。
斑兰各异身巧小，肉幼香醇上台前。

（25）雄鸡赞

——莫真旺

勤劳双爪善扒泥，乐为人间报晓啼。
生性风流天命薄，冠红衣锦一身威。

(26) 怀乡鸡

——莫真旺

神州大地立名威，肉滑甜香食客迷。

盐焗蒸汤营养盛，健康人体气神提。

(27) 怀乡鸡（湛江鸡）

——柯金寿

美味佳肴数粤西，炆煎炖炒百般齐。

水蒸炸子和盐焗，最忆怀乡白切鸡。

(28) 诗颂怀乡鸡

——马俊余

怀乡鸡种质优良，肉滑皮香美誉扬。

宴请嘉宾常出席，无人不品愿离场。

(29) 咏怀乡鸡

——陈由权

全身毛发金黄色，百里祥鸣似凤凰。

万户千家鸡遍地，然唯怀乡美名扬。

(30) 怀乡鸡

——黄士锋

怀乡独种色黄涎，肉质含香醉帝仙。

名震粤西三万里，漫尝一口福延年。

(31) 怀乡鸡·情思

——陈观友

筵席谁为首？三黄久彰显。

游子吟远别，此物最怀乡。

(32) 怀乡鸡·晋身

——陈观友

提及三黄谁有疑？身肥肉嫩美名驰。

长经圣手添金玉，飞出怀乡天下知。

(33) 白切鸡

——陈观友

数月周游食不宜，归来复嗜携相知。

鲜香嫩滑加葱蒜，直唤美酒再一支。

(34) 赞鸡文化

——陈观友

鸡为美食古传今，一碟曾经贵似金。
文化旋开深探究，宣扬五味表乡心。

(35) 怀乡鸡

——孟祥兵（山东济宁）

南有药国宜生生，八山一水透仙风。
持信秉义福寿在，鸡王山地踱林中。
雌雄赤冠耀金光，皮瘦骨酥肉肥香。
礿礿列祖骟白条，此味谦谦最怀乡。

(36) 临江仙·喜见山鸡变凤凰

——黄维善（广东信宜）

信邑山区山绮丽，
凤凰盈野欢歌。
农家养殖满山坡。
扶贫精准，
快乐似陀螺。
仰首长天头雁引，
公司盈富为民多。
回收保价不欺讹。
双赢善举，
翘指后生哥。

注：广东盈富农业有限公司在信宜保价回收怀乡鸡，带动信宜 2 200 多个养殖户实现脱贫。

——摘自《信宜诗词》，2022 年秋季刊，信宜市诗词楹联学会编。

(37) 调寄望江南（二首）

——林崇文（香港）

信宜好，黄鸡有美名。
肉嫩骨脆香留齿，
东来老饕不置评，
联袂上兰亭。
信宜好，白鹅有美名。
个大体重产蛋富，
毛羽如雪步矫盈，
遥望点点星。

——摘自《玉都之光》，漓江出版社，阮灿主编。

（38）今日信宜

——梁启德（广东信宜）

青山着意举金盘，绿水殷勤牵富泉。
遍地果蔬描胜景，漫坡金鸡唱丰年。
名扬天下南方玉，誉满神州吨谷田。
莫说山乡长苦困，力争致富亦非凡。

——摘自《玉都之光》，漓江出版社，阮灿主编。

（39）赞池洞山地养鸡

——王国强（广东信宜）

池洞红霞闪曙光，青山满目尽鸡场。
莫嗟穷岭无芳草，一片金凤舞凤凰。

——摘自《玉都之光》，漓江出版社，阮灿主编。

（40）信宜好（方言歌词四首之一）

——陈中材（广东广州）

信宜好，信宜好，信宜山区遍地宝，弯弯绿水绕田庄，牛羊肥壮遍山岗。

鸡满坡，猪满栏，鹅鸭成群游来游去乐呀乐融融。

水电站，筑山中，绿水长流灌溉通，火光万炬山间照，犹若繁星点点呀高挂长空！

注：该方言歌词由陈中材配曲参赛，1959 年获湛江地区一等奖，广东省二等奖。

——摘自《玉都之光》，漓江出版社，阮灿主编。

（41）信宜好（三十首之四首）

——韦拔雄（广东信宜）

信宜好，山地遍鸡场。盛产远销形势好，脂丰肉质优良。名贵数“三黄”。
信宜好，动物有珍稀。雾岭时窥山甲走，层林常见啄禽飞。鲵叫似蛙啼。
信宜好，龙窖袅晴烟。风雨欲来征兆见，仙龙曾驻古相传。山色四时妍。
信宜好，揽胜太华山。盆地天池如世外，观音古寺隐云间。仙域出尘寰。

注：信宜是广东最大的“三黄”鸡基地。

——摘自《玉都之光》，漓江出版社，阮灿主编。

（42）赞信宜林地养鸡致富（七律二首）

——韦拔雄（广东信宜）

林地养鸡好主张，增加收入不寻常。
千村万户开财路，两载三年变富乡。
草舍茅棚禽鸟壮，茂林修竹凤凰翔。

物优味美招嘉客，远近闻名四海扬。
林地养鸡一创新，高山野岭饲鸡群。
益虫青草作精料，松竹绿林能致荫。
放在山中随走动，居留茅舍任栖身。
肉香味美人皆爱，各地畅销成异闻。

注：信宜在1990年开始在林地养鸡，到1993年全县林地养鸡专业户2.8万户，饲养量2 068.2万只，总收入3.39亿元。

——摘自《玉都之光》，漓江出版社，阮灿主编。

(43) 三黄鸡（古风）

——韦拔雄（广东信宜）

黄嘴黄爪黄肉鸡，黄毛黄皮黄四围。
爽滑酥香客盈室，禽中之王人称奇。

——摘自《玉都之光》，漓江出版社，阮灿主编。

(44) 怀乡鸡礼赞

——韩胜利（北京）

怀乡情

怀乡名鸡多情商，
最喜老乡见老乡。
忆起陈年芝麻事，
会心一笑意深长。

怀乡黄

怀乡外号大“色郎”，
胫羽皮肤三处黄。
追本溯源究历史，
千年信宜是故乡。

怀乡香

文人雅士品怀乡，
肉酥嫩滑入文章。
骨细皮薄溢骨气，
汤鲜浓郁味芬芳。

怀乡贵

怀乡优雅步从容，
贵气十足头高耸。
绅士摆筵待宾客，

无须煮酒论英雄。

2. 古代诗人诗作

(1)《百丈通津》

——洪泮珠（1656年，清顺治十五年进士，广东湛江人）

阵阵风清百丈长，苍茫水降白云乡。
飞沙堆碛埋归路，断石横波迎夕阳。
周道当年歌砥矢，畏途此日庆康庄，
逢人多少农家子，牛背吹笙引凤凰。

——摘自《粤西古今诗选》，广东高等教育出版社，1989年5月。

(2) 信宜风物咏二首

——李世芳（清朝，广东信宜人）

（一）

吾乡风物咏，树杪见炊烟。
鸡犬云中响，狸狌道上眠。
筑墙凭累土，编竹渡重渊，
出入争飞鸟，山民种芋田。

（二）

吾乡风物咏，异味一般般。
香稻珍珠粲，菠萝佛髻蟠。
擘麟猄作脯，鸟凤鸭为餐。
三百凭人食，千山荔子丹。

——摘自《粤西古今诗选》，广东高等教育出版社，1989年5月。

(3) 田居

——丁宗洛（清朝，湛江海康人）

田家也有小规模，随地安排足自娱。
内阻石柱外防寇，旁行篱落卫中躯。
鸡豚认主颜偏熟，酒饭留宾趣不孤。
探得庭前相对语，年来只怕史书无。

——摘自《粤西古今诗选》，广东高等教育出版社，1989年5月。

(4) 翔凤台

——陆树芷（1800年，清·嘉庆五年恩贡，信宜水口镇人）

拂衣来斯土，鸿泥迹已古。
萧然千仞翔，杳矣九苞羽。
落日照残碑，凄凄经风雨。
我陟高岗处呼，凤兮当起舞。

（5）鸡冠花

——李可钟（1804—1865，信宜东镇镇人，世代书香，13岁即考中秀才）

鸡冠本是胭脂染，剪却胭脂是雪妆。
只为五更贪报晓，至今犹带一头霜。

（6）小瀛洲

——陆赓唐（信宜水口镇人，清·嘉庆六年即1801年辛酉拔贡）。

南流之水湛而清，南浦有洲宽且平。
春波潋滟常涨绿，入望岛屿尽回萦。
倏忽浪发兼天涌，大观曷翻以“小”名？
月夜恍聆广寒奏，风雨或闻幽壑鸣。
蜃楼缥缈如在目，神山有缘一帆轻。
击楫歌呼群贤集，爰濯足兮爰濯缨。
中流赋志交殇咏，何人逸兴不纵横？
漫道此邦少学士，安见此地逊蓬瀛？
凤鸣岗矣龙吟窖，其间应有英奇生。
此也为小孰为大，人杰当与造化争。
我昔壮游登瀛处，江枫鸦噪草蔓菁。
争似双流归大海，乘风破浪万里惊！

注：小瀛洲，在信宜镇隆东、西江汇合处，怀乡鸡现保种基地附近。

四、有关怀乡鸡的书法

1. 题写怀乡鸡

五幅书法照（图3-3至图3-7）。

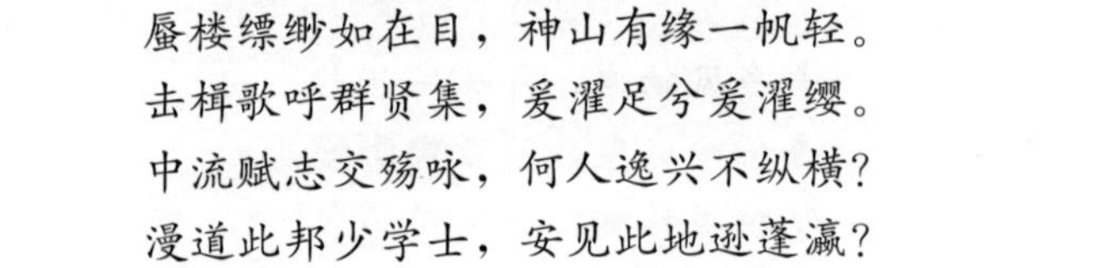

图3-3

图 3－4　蔡秀儒题

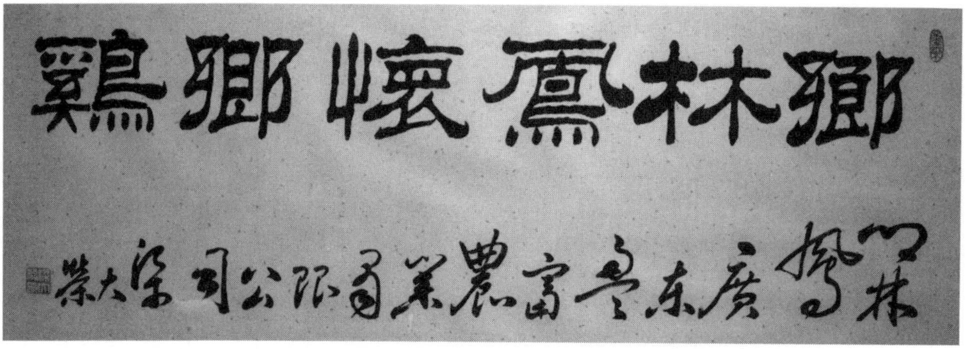

图 3－5　梁大荣题

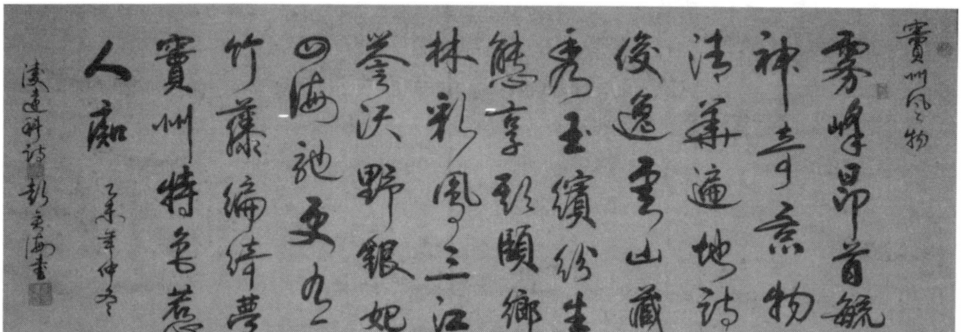

图 3－6　彭奕海题

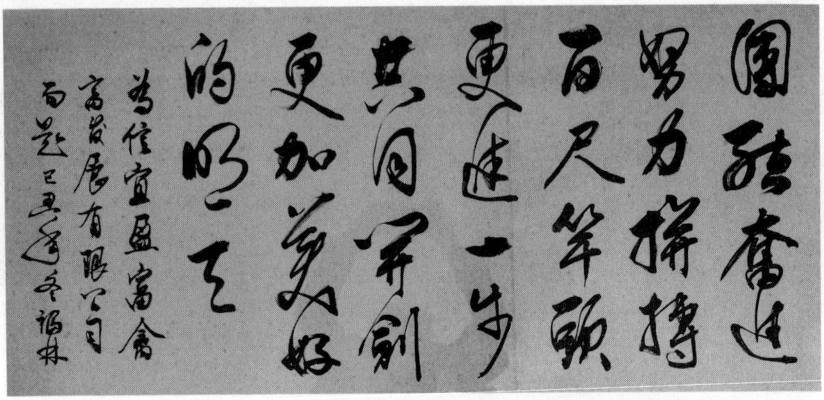

图 3－7　广东省农业农村厅原副厅长陈福林题

2. 有关怀乡鸡的诗词 9 首正楷书法

九幅书法图片（图 3－8）。

（1）

（2）

来自家鄉倍感親常肴亦可敬嘉賓
留香齒頰傳遐邇念及行人每凝神
旹在癸卯春錄陳觀友詩懷鄉鷄 邵陽王高書
(3)

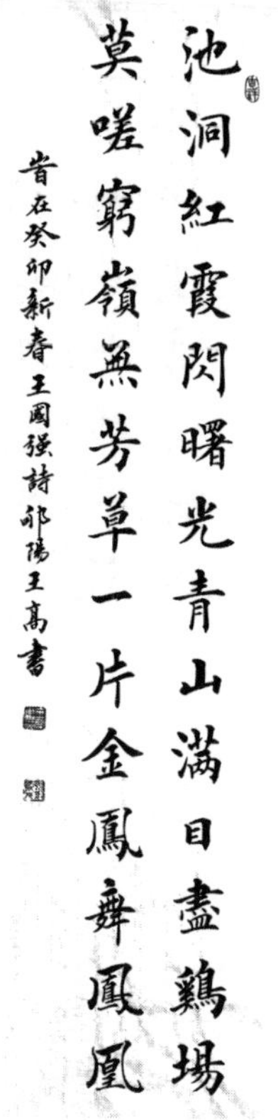
池洞紅霞閃曙光青山滿目盡鷄場
莫嗟窮嶺無芳草一片金鳳舞鳳凰
旹在癸卯新春王國强詩 邵陽王高書
(4)

軀車來到雲山麓滿
嶺鬆林葱欝欝错落
鷄棚似列星一望無
際如雲簇聯羣嬉戲
亂紛飛名種三黃科
技育年産肉鷄累千
萬主人欣話韬豐足
王國强詩一首 邵陽王高書
(5)

林地養鷄一創新高
山野嶺飼鷄群益蟲
青草作精料鬆竹綠
林能致蔭放在山中
随走動居留笋捨任
栖身肉香味美人皆
愛各地暢銷成異聞
韋拔群七律 邵陽王高書
(6)

(7)

(8)

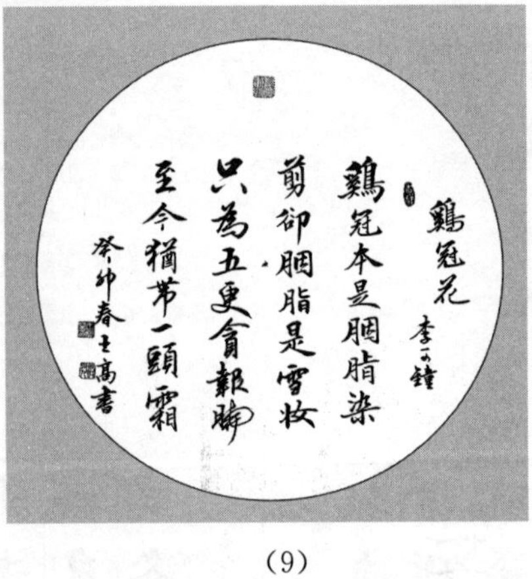

(9)

图 3-8 王高书法作品

3. 有关怀乡鸡的歌曲

(1)《怀乡鸡》词曲

——作词：杜沄；作曲：杨公平

> 怀乡鸡，怀乡鸡，来自信宜的鸡，扬名百年的湛江鸡。
> 通身金黄的品牌鸡，在山林间漫步，在旷野中嬉戏。
> 采天地灵气，聚日月精华，肉香皮脆老少咸宜。
> 怀乡鸡呀怀乡鸡，中国珍稀的鸡，科学家抢救的鸡，

怀乡鸡

1=G $\frac{2}{4}$

杜　沄　作词
杨公平　作曲

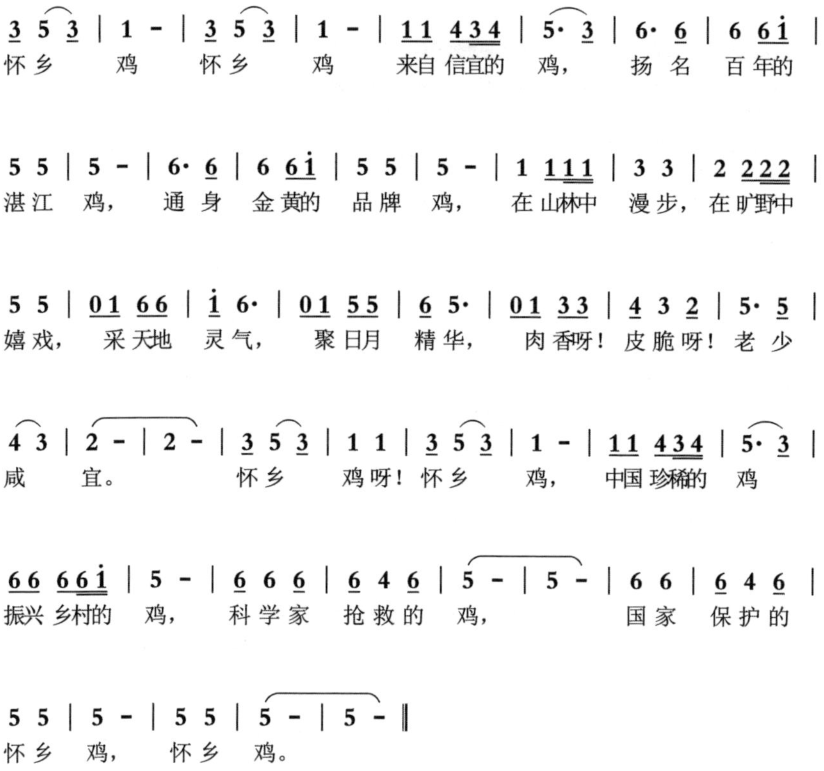

注1：怀乡鸡属国家保护品种。产于广东信宜，信宜曾归湛江管辖，所以怀乡鸡也称湛江鸡，并且扬名海内外百年！
注2：湛江市老干部大学曾远玲演唱，林远飞录制。

2024.4.14

会唱歌的鸡
（少儿版）

1=D $\frac{4}{4}$ ♩=150

作词　李建艺
作曲　吴小路

（童谣）旁白

鸡是重明鸟　看家护院大将军　　魑魅魍魉逃无踪：鸡是爱心鸟　不吃不喝孵小鸡　老舍先生有礼赞

鸡是早起鸟　闻鸡起舞不偷懒　　天天向上进步快：鸡是凤凰鸟　有仁有义有美德　且歌且舞乐安邦

喔喔喔

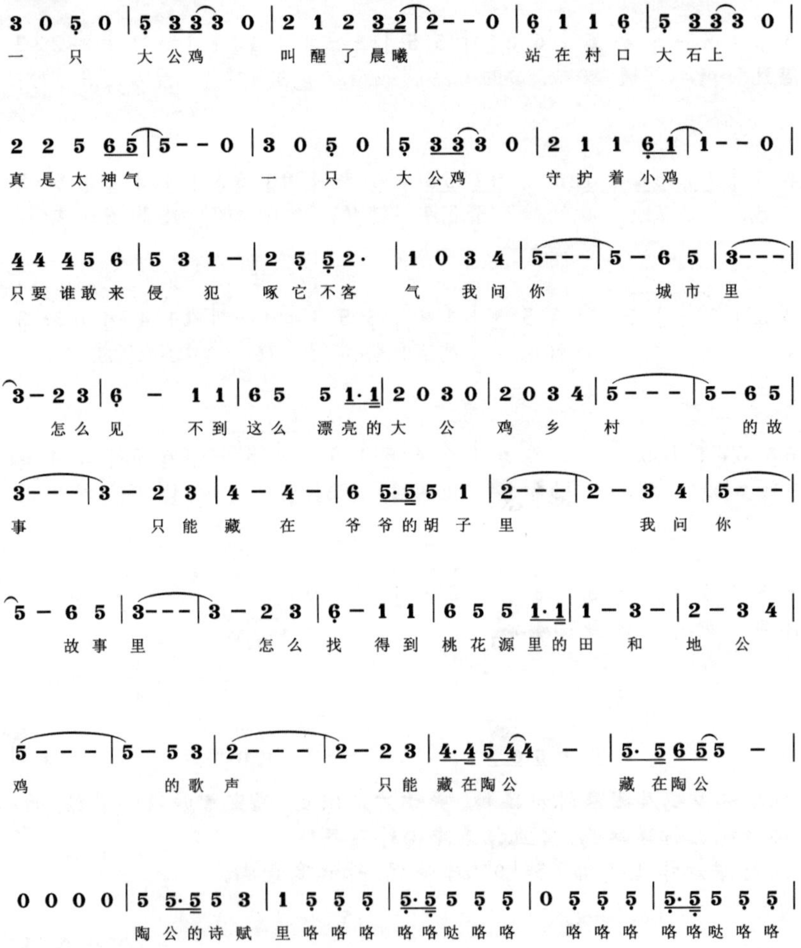

1

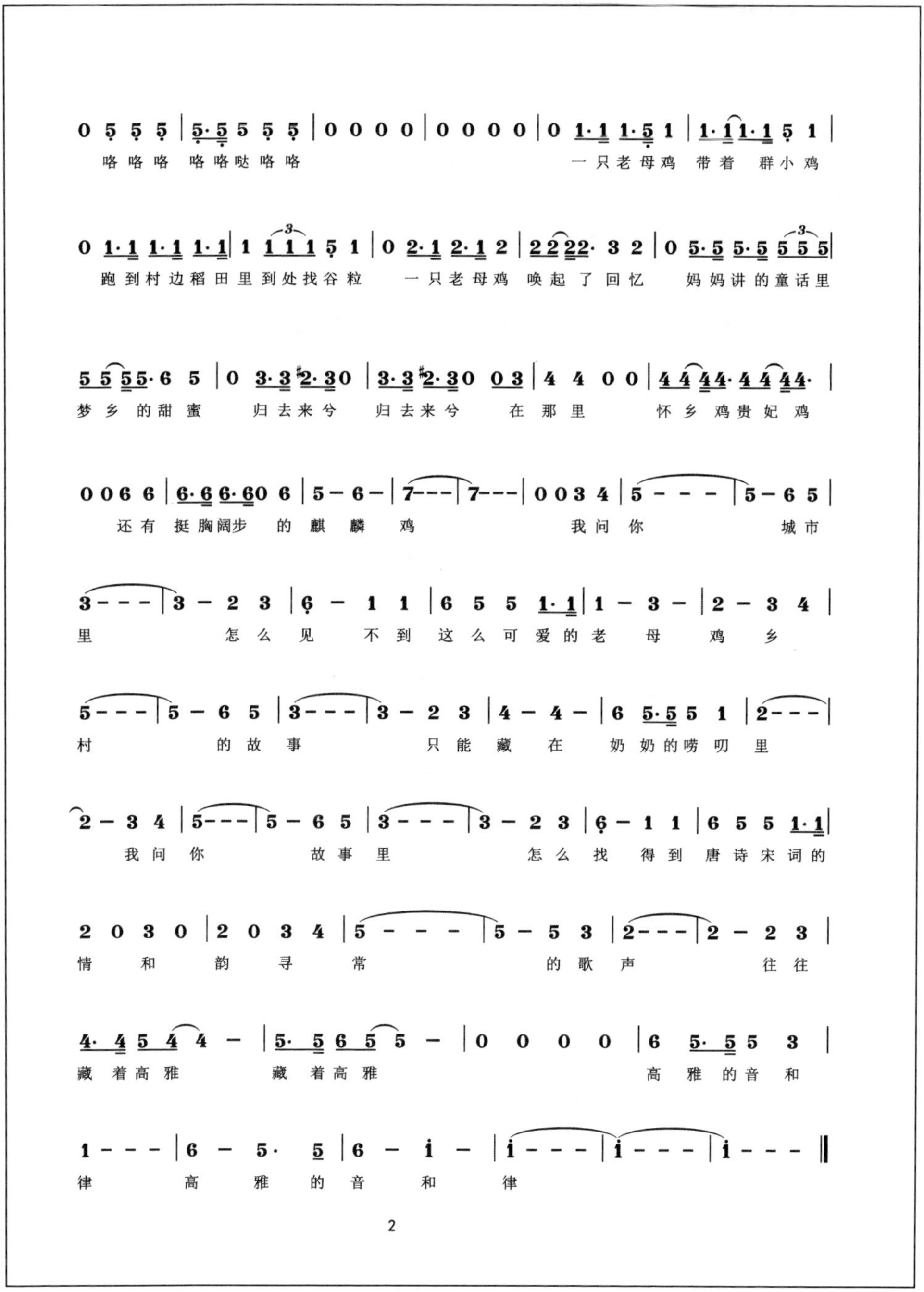
咯咯咯 咯咯哒咯咯 一只老母鸡 带着 群小鸡
跑到村边稻田里到处找谷粒 一只老母鸡 唤起了回忆 妈妈讲的童话里
梦乡的甜蜜 归去来兮 归去来兮 在那里 怀乡鸡贵妃鸡
还有 挺胸阔步 的麒麟鸡 我问你 城市
里 怎么见 不到这么可爱的老母鸡乡
村 的故事 只能藏在 奶奶的唠叨里
我问你 故事里 怎么找 得到唐诗宋词的
情 和 韵 寻 常 的歌声 往往
藏着高雅 藏着高雅 高雅的音 和
律 高 雅 的 音 和 律
2

(2)《会唱歌的鸡》(儿童版)

——作词：李建艺；作曲：吴小路

(模仿大公鸡高声鸣叫) 喔喔喔……

一只大公鸡，叫醒了晨曦，站在村口大石上，真是太神气。

一只大公鸡，守护着小鸡，只要谁敢来侵犯，啄它不客气。

我问你，城市里，怎么见不到这么漂亮的大公鸡，乡村的故事只能藏在爷爷的胡子里。

我问你，故事里，怎么找得到桃花源里的田和地，公鸡的歌声只能藏在陶公的诗赋里。

(说唱)

归去来兮，归去来兮……

喔喔喔，喔喔喔……

咦，在那里，怀乡鸡，贵妃鸡，还有挺胸阔步的麒麟鸡……

咯咯咯，咯咯咯

一只老母鸡，带着小鸡，跑到村边稻田里，到处找谷粒。

一只老母鸡，唤起了回忆，妈妈讲的童话里，梦乡的甜蜜。

我问你，城市里，怎么见不到这么可爱的老母鸡，乡村的故事只能藏在奶奶的唠叨里。

我问你，故事里，怎么找得到唐诗宋词的情和韵，平凡的歌声往往藏着高雅的音和律。

(说唱)

鸡是重明鸟，看家护院大将军，魑魅魍魉逃无踪。

鸡是爱心鸟，不吃不喝孵小鸡，老舍先生有礼赞。

鸡是早起鸟，闻鸡起舞不偷懒，天天向上进步快。

鸡是凤凰鸟，有仁有义有美德，且歌且舞乐安邦。

第四章

怀乡鸡遗传资源保护

第一节　怀乡鸡的保种

怀乡鸡，又名信宜怀乡鸡，是广东省信宜市著名的良种肉用鸡，原产于信宜市怀乡镇，具有毛黄、脚黄、皮黄的特征，故又称怀乡三黄鸡。1985 年被列入《广东省家畜家禽品种志》，2011 年被列入《中国畜禽遗传资源志·家禽志》，2014 年被列入《国家畜禽遗传资源保护名录》（中华人民共和国农业部公告第 2061 号），2015 年广东盈富农业有限公司被列为国家级怀乡鸡保种场（中华人民共和国农业部公告第 2234 号）。

一、概况

广东盈富农业有限公司成立于 2006 年，注册资本 3 426 万元，总部设在信宜市镇隆镇德乔村。公司现有员工 113 人，其中高级职称 6 人，博士学位 7 人，畜牧兽医师 6 人，技术员 13 人。该企业以广东海洋大学优质禽育种与生产技术团队作为技术依托，已连续 17 年开展产学研深度融合。自 2015 年以来每年得到国家专项保种经费（18 万～20 万元）的支持。

该企业自 2006 年成立以来一直从事怀乡鸡品种资源的保种工作，是目前唯一的国家级怀乡鸡保种场，并进行了连续 10 个世代的家系保种，同时形成了经 10 个世代观察和系谱测定的保种核心群 2 119 只母鸡和 450 只公鸡，其中 A 系、B 系和 C 系分别含 62 个、68 个和 107 个家系，共 237 个家系。

怀乡鸡的主要特点：保持中小体型的毛黄、脚黄、皮黄（或喙黄）的三黄鸡特征，体型呈元宝型，胫短而细，脚有四趾。头中等大小，单冠直立，色泽红，有 5～7 个冠齿。整体为金黄色羽毛，成年公鸡头颈羽毛金黄色，成年母鸡羽毛为全身黄色，公母鸡尾羽呈少部分黑色。

怀乡鸡的典型特征：在保种的 A、B、C 三个纯系中，C 系成年鸡颈部有一圈如项链一样的棕色羽毛，俗称项链或项圈，这是怀乡鸡其中一个纯系的典型特征，也属于抢救性保护的特征特性。

开发利用：除了建立起的保种核心群以外，同时有怀乡鸡繁育群 30 000 多只。一方面，采用本品种扩繁推广，建立起较完善的怀乡鸡从保种、扩繁、商品肉鸡饲养、屠宰加工、电商平台销售、酒店饭庄消费的较完善的产业链。另一方面，与其他品种如粤西卷羽鸡（麒麟鸡）、岭南黄鸡、贵妃鸡等品种，杂交利用生产出耐高温、长速快、肉质佳的新的配套组合——特色肉鸡配套系，正在小试应用中。

二、场区布局

保种场位于信宜市以南 15km 的镇隆镇德乔村，为相对独立封闭的场所，周围无工矿、养殖企业及农户，防疫隔离条件好。选址合乎《中华人民共和国动物防疫法》的规定，其水源清洁，达到人畜饮用标准，电力及通信条件等均有可靠保证。

场址远离交通干道，场区布局合理，按生活管理区、生产区有和隔离区布置。生产区有育雏舍、育成舍、种鸡舍，为半开放式鸡舍，配备大功率风扇及水帘降温系统，鸡群为两阶段笼养，育雏育成阶段为三层阶梯笼养，产蛋种鸡采用个体产蛋笼三层阶梯笼养。场内防疫条件良好，清洁卫生，污水处理符合环保要求。

三、技术团队

饲养及管理技术主要由广东海洋大学优质禽育种与标准化生产技术团队作为保种场的技术后盾，同时由当地畜牧兽医部门的专职兽医师进行主要疫病的监测。如表 4－1 所示。

表 4－1　怀乡鸡保种技术团队主要成员分工

姓名	性别	工作单位	职务/职称	项目分工
杜炳旺	男	广东海洋大学	教授	首席专家
梁　盛	男	信宜市动物疫病预防控制中心	高级兽医师/职业兽医师	疫病检测/生物安全
张　权	男	广东海洋大学	博士/讲师	家系选育/分子技术
陈　建	男	广东盈富农业有限公司	总经理	保种工作规划
张晓波	男	广东盈富农业有限公司	畜牧师	种鸡管理与测试

（续）

姓名	性别	工作单位	职务/职称	项目分工
刘宜林	男	广东盈富农业有限公司	畜牧师	种鸡管理与疾病防治
陈运冬	男	广东盈富农业有限公司	副总经理	保种方案实施
贾汝敏	男	广东海洋大学	教授	育种技术
马　驿	男	广东海洋大学	教授	疾病净化
王润莲	女	广东海洋大学	博士/教授	营养与饲料研究
尹福泉	男	广东海洋大学	博士/教授	环境控制
黄秀玲	女	信宜市动物疫病预防控制中心	高级兽医师/职业兽医师	疫病检测
黎　驰	男	信宜市动物疫病预防控制中心	初级兽医师/职业兽医师	疫病检测
雷晓峰	男	广东盈富农业有限公司	兽医师	疫病防控
李大旺	男	信宜市动物疫病预防控制中心	兽医师	疫病监测
刘诞青	女	信宜市动物疫病预防控制中心	初级兽医师/职业兽医师	疫病检测
何兆彬	男	信宜市动物疫病预防控制中心	初级兽医师/职业兽医师	疫病检测
景锐宁	女	广东盈富农业有限公司	技术员	数据与档案管理

四、主要规章制度

（1）种鸡饲养管理技术规程，数据采集和档案管理制度，种鸡标识制度（翅号、脚号、笼号的三号对照制），养殖档案。

（2）检疫申报制度，疫情报告制度，免疫制度，用药制度，消毒制度，无害化处理制度等。

（3）与相关单位签订的三方保种协议，以及“国家级怀乡鸡保种场”的牌匾。

五、留种

（1）家系留种。目前，公司拥有的怀乡鸡保种核心群是原产地信宜仅有的，同时形成了经 10 个世代观察和系谱测定的保种核心群 2 119 只母鸡和 450 只公鸡，由 3 个纯系组成，其中 A 系、B 系和 C 系分别含 62 个、68 个和 107 个家系，共 237 个家系。3 个纯系分别独立建系，各自逐代建立 30 个以上家系保种，并进行着保种群每一世代的全程产蛋性能和体重变化规律的性能测定记录。

（2）血样采集情况。公司已于 2022 年 5 月结合全国畜禽遗传资源普查，为国家家畜基因库提供了血样 60 份，以便建立怀乡鸡遗传资源分子身份证。

（3）目前不需要引入外来血缘，只要按家系留种随机选配的保种方案进行，不会出现近交衰退现象。

（4）保种监测。

①保种鸡个体性能记录、系谱记录准确。保种群所有个体自出雏之日起具有唯一标识，即翅号、脚号；保种群产蛋鸡个体笼养，每个公鸡笼位和母鸡笼位都有其唯一标识笼号；输精时做到每个家系更换一个采精杯、一个输精管；种蛋按家系和个体母鸡单独入孵。

②群体饲养记录。每日记录日期、日龄、存栏数、死亡数、喂料量、舍内温度、舍内湿度、光照时间、日粮营养水平等。

③个体产蛋记录。保种群所有母鸡分别进行个体产蛋记录，并统计和比较个体间、家系间、品系间 43、52 和 66 周龄的产蛋量。

④留种记录。记录出雏日期、雏鸡翅号、亲代公鸡号和母鸡号等信息，列出系谱，记录选择日期、日龄、留种方法与标准、留种前鸡数、留种鸡数等。

⑤监测记录。记录表型性状。记录各个体初生体重，6、10、12、15、17、19、21、43、52、66 周龄体重，开产体重，开产日龄，每日产蛋与否，开产、43、52、66 周龄蛋重；统计个体 43、52、66 周龄产蛋数，分别计算各家系及保种群平均开产日龄、开产体重、开产蛋重、43 周龄蛋重、43 周龄产蛋数等；记录各家系的受精率和孵化率，统计各家系及保种群平均受精率、受精蛋孵化率。

六、管理

（1）饲养情况。保种群饲养条件保持相对稳定；保种鸡不与非保种鸡同舍饲养，保种鸡舍内只存栏用于繁殖的公鸡和母鸡；保种鸡个体性能记录、系谱记录准确；保种群所有个体自出雏之日起具有唯一标识，即翅号（成年加戴脚号）；保种群产蛋鸡个体笼养，每个公鸡笼位和母鸡笼位都有其唯一标识笼号。

（2）记录与档案管理。建立保种档案，档案信息包含保种鸡饲养全过程，各项记录及统计数据按世代归档，保种群档案长期保存。

（3）人员。保种场由 4 人管理，其中场长 1 名，全面负责和协调相关工作并兼抓一线技术管理；数据采集与档案管理人员 1 名，负责每只鸡、每个纯系的各种测定数据的采集、统计与档案管理；饲养工人 2 名负责保种鸡群的日常饲养管理。

七、财政专项资金使用

财政专项资金保种费用，按资金使用的具体要求和规定专款专用，不足部分由企业自行解决，确保怀乡鸡的保种工作不受影响。

八、主要成效

1. 保种群的外貌特征

保持中小体型的毛黄、脚黄、皮黄（或喙黄）的三黄鸡特征，体型呈元宝型，胫短而细，脚有四趾。头中等大小，单冠直立，色泽红，有5～7个冠齿。

整体为金黄色羽毛，成年公鸡头颈羽毛金黄色，成年母鸡羽毛为全身黄色，公母鸡尾羽呈少部分黑色。

典型特征：在保种的A、B、C三个纯系中，C系（项链条）成年鸡颈部有一圈如项链一样的棕色羽毛，俗称项链或项圈，这是怀乡鸡其中一个系的典型特征，也属于抢救性保护的特征特性。

2. 保种规模

2013年，第一世代保种核心群共84个家系，由84只公鸡和672只母鸡组成。其中A系26个家系，由26只公鸡和208只母鸡组成；B系54个家系，由54只公鸡和432只母鸡组成；C系4个家系，4只公鸡和32只母鸡组成。

2014年，第二世代保种核心群3个纯系共计142个家系，即1 146只母鸡和142只公鸡，其中A系62个家系，由62只公鸡和496只母鸡组成。B系53个家系，由53只公鸡和424只母鸡组成。C系27个家系，由27只公鸡和226只母鸡组成。

2015年，第三世代保种核心群3个纯系共计183个家系，保种核心群母鸡1 464只，包括A系、B系和C系（项链系）3个纯系，分别含72个、65个和46个家系。

2016年，第四世代形成了经三个世代观察和系谱测定的保种核心群1 416只，包括A系、B系和C系（项链系）3个纯系，分别含64个、70个和46个家系，共180个家系．

2017年，第五世代形成了经四个世代观察和系谱测定的保种核心群1 416只，包括A系、B系和C系（项链系）3个纯系，分别为66个、59个和52个家系，共177个家系。

2018年，第六世代保种核心群3个纯系1 576只母鸡和197只公鸡，其中A系、B系和C系分别含68个、75个和54个家系。

2019年，第七世代保种核心群3个纯系1 656只母鸡和207只公鸡，其中

A系、B系和C系分别含76个、75个和56个家系。

2020年，第八世代保种核心群3个纯系1 736只母鸡和359只公鸡，用作家系组建的公鸡217只，其中A系、B系和C系分别含72个、85个和60个家系。

2021年12月，第九世代保种核心群3个纯系1 806只母鸡和302只公鸡，用作家系组建的公鸡180只，其中A系、B系和C系分别含48个、101个和31个家系。

2022年12月，第十世代保种核心群3个纯系2 119只母鸡和450只公鸡，其中A系、B系和C系分别含62个、68个和107个家系，共237个家系。

怀乡鸡各世代3个纯系的家系数如表4-2所示。

表4-2　怀乡鸡第一至十世代各纯系保种规模　（单位：只）

世代	A系		B系		C系		合计家系数	
	公	母	公	母	公	母	公	母
一	26	208	54	432	4	32	84	672
二	62	496	53	424	27	226	142	1 146
三	72	576	65	520	46	368	183	1 464
四	64	512	70	536	46	368	180	1 416
五	66	528	59	472	52	416	177	1 416
六	68	544	75	600	54	432	197	1 576
七	76	608	75	600	56	448	207	1 656
八	72	576	85	680	60	480	217	1 736
九	48	480	101	1 010	31	316	180	1 806
十	62	620	68	680	107	819	237	2 119

注：第九至第十世代家系组成按1∶10的公母比例，而第一至第八世代是按1∶8的公母比例组建家系。

3. 生产性能

自第一至第十世代怀乡鸡保种核心群A、B、C三个纯系的产蛋性能、体尺性状、产肉性能与肉品质及蛋品质列于表4-3、表4-4、表4-5、表4-6、表4-7。

表 4-3　怀乡鸡 A、B、C 三个纯系 1～10 世代产蛋性能测定

纯系	1 世代			2 世代			3 世代			4 世代			5 世代		
	A 系	B 系	C 系	A 系	B 系	C 系	A 系	B 系	C 系	A 系	B 系	C 系	A 系	B 系	C 系
开产日龄（d）	142	143	143	143	141	142	144	141	143	145	142	142	146	144	143
开产体重（g）	1 553	1 543	1 546	1 580	1 505	1 540	1 590	1 495	1 500	1 583	1 508	1 498	1 595	1 492	1 510
开产蛋重（g）	37.5	36.8	37.2	38.2	37.6	38.0	39.2	38.4	38.6	39.3	38.7	38.3	39.6	38.2	38.6
43 周龄产蛋（个）	84.8	91.3	90.4	87.3	92.5	92.0	89.6	94.7	93.3	90.6	95.7	94.2	91.3	95.2	94.7
43 周龄体重（g）	1 870	1 660	1 763	1 860	1 720	1 725	1 890	1 780	1 790	1 880	1 790	1 786	1 890	1 786	1 800
43 周龄蛋重（g）	45.7	45.3	45.8	46.2	45.4	46.6	47.1	46.6	47.3	48.0	47.7	48.1	49.0	48.4	48.6
66 周龄产蛋（个）	156.2	157.1	156.5	158.5	164.3	163.4	166.5	167.3	165.6	167.5	171.3	169.9	168.1	172.2	171.6
纯系	6 世代			7 世代			8 世代			9 世代			10 世代		
	A 系	B 系	C 系	A 系	B 系	C 系	A 系	B 系	C 系	A 系	B 系	C 系	A 系	B 系	C 系
开产日龄（d）	142	141	142	143	142	141	142	143	142	140	142	141	142	143	143
开产体重（g）	1 563	1 587	1 566	1 590	1 575	1 590	1 630	1 595	1 620	1 596	1 588	1 567	1 690	1 592	1 610
开产蛋重（g）	35.5	34.8	36.2	35.2	34.6	35.0	37.2	36.4	37.6	38.3	37.6	36.9	38.6	37.2	36.6
43 周龄产蛋（个）	85.8	94.3	92.4	89.3	93.5	94.0	90.6	93.7	94.3	91.7	95.8	95.2	90.8	95.9	96.7
43 周龄体重（g）	1 869	1 830	1 790	1 890	1 820	1 825	1 930	1 880	1 890	1 930	1 840	1 886	1 990	1 876	1 810
43 周龄蛋重（g）	46.7	47.5	46.8	47.2	46.4	47.6	47.6	48.5	47.8	47.7	48.5	48.8	48.5	48.8	47.9
66 周龄产蛋（个）	158.2	159.1	158.5	161.5	163.3	165.4	165.5	168.3	169.7	169.5	172.3	171.9	168.1	173.2	174.5

表 4-4 怀乡鸡的体尺性状（300d）

单位：cm

性别	样本数（只）	冠齿个数	冠高	体重（g）	体斜长	龙骨长	骨盆宽	胸深	胸宽	胫长	胫围
公	30	6.3±0.6	6.8±1.2	2 780±277	26.1±2.0	11.9±0.8	12.0±0.7	10.9±1.6	7.8±0.9	8.6±0.5	5.1±0.5
母	30	5.9±0.8	3.5±0.5	1 639±181	21.9±1.5	8.9±1.5	9.5±0.6	8.7±1.4	6.4±1.0	6.8±0.4	3.9±0.2

表 4-5 怀乡鸡种鸡肉用性能（300d，公母各 30 只样本）

性别	项目	活重（g）	屠体重（g）	半净膛重（g）	半净膛率（%）	全净膛重（g）	全净膛率（%）	腹脂重（g）	腹脂率（%）	皮脂厚（cm）	肌间脂肪宽（cm）	翅膀重（g）
公	平均数	2 829	2 662	2 451	92.0	2 154	80.7	175.7	2.67	0.933	2.57	1 657
	标准差	125.0	119.0	138.0	10.01	179	8.55	26.8	0.17	0.06	0.291	295
母	平均数	1 542	1 444.0	1 192	83.0	1 090.33	76.0	72.2	4.96	1.07	1.30	98.0
	标准差	86.9	117.5	93.9	9.2	98.86	6.5	5.41	0.23	0.081	0.16	6.082

性别	项目	翅膀率（%）	胸肌重（g）	胸肌率（%）	腿肌重（g）	腿肌率（%）	肌胃重（g）	肌胃率（%）	肝脏重（g）	肝重率（%）	心脏重（g）	心重率（%）
公	平均数	6.2	281.3	10.5	502.0	18.8	25.3	0.97	41.5	0.53	15.17	0.57
	标准差	0.87	35.58	1.02	67.8	1.44	2.02	0.06	6.61	0.025	1.26	0.06
母	平均数	6.8	141.3	0.098	213	0.147	18.3	1.3	35	0.24	7.5	0.5
	标准差	0.25	19.73	0.010 7	35.79	0.019 9	2.566	0.17	3.2	0.012	0.3	0.02

表 4－6　怀乡鸡种蛋品质（测定 300d 种蛋 60 枚）

蛋重/g	蛋形指数	蛋比重	蛋壳色泽	蛋壳强度（kgf）	蛋壳厚度（mm）	哈氏单位	血斑和肉斑率（%）	蛋白比率（%）	蛋黄比率（%）	蛋壳比率（%）
46.6±3.53	1.32±0.09	1.07±0.008	粉色	3.25±0.70	0.38±0.12	80.44±3.36	无	54±0.54	34.8±0.27	11.2±0.19

表 4－7　怀乡鸡肉品质（胸肌）

性别	滴水损失（%）	pH	肉色			水分（%）	粗蛋白（%）	粗脂肪（%）	灰分（%）
			红度值（a）	黄度值（b）	亮度值（L）				
公	2.6±0.2	6.3±0.2	51.3±2.3	5.6±0.4	4.2±0.5	73.3±5.8	25.2±2.8	1.07±0.37	1.4±0.18
母	4.3±0.5	6.2±0.2	52.9±2.9	6.9±0.3	6.0±0.4	72.6±7.9	24.5±2.7	1.22±0.28	1.3±0.16

4. 分子水平监测

除了在质量性状、数量性状、常规性能上做持续观察和研究外，还从分子水平上做了进一步探讨，如怀乡鸡的片羽与麒麟鸡的卷羽性状的分子机制、肌肉生长发育的分子机制等，从而为怀乡鸡品种资源种质特性的保护和品种选育提供了较翔实的理论参数和分子育种基础。

5. 知识产权成效显著

获授权发明专利 4 个。①一种鸡卷羽性状主效基因的区间位点方法及应用（ZL2017103587162）；②一种凤头五爪青胫小花冠麻羽土鸡的配套培育技术（ZL2017114218814）；③一种凤头五爪青胫小花冠黑羽土鸡的配套培育技术（ZL2017114250415）；④一种凤头五爪青胫小花冠斑羽土鸡的配套培育技术（ZL201711425093.2）。

软件著作权 8 项，即①农残检测软件（2017SR353277），软著登字第 1938561 号；②畜禽溯源疾病查询应用工具软件（2016SR327016），软著登字第 1505633 号；③三黄鸡防疫控制软件（2017SR353338），软著登字第 1938522 号；④肉鸡销售系统管理软件（2017SR353273），软著登字第 1938557 号；⑤肉鸡养殖环境温湿度控制软件（2017SR353095），软著登字第 1938379 号；⑥疾病防治工具软件（2017SR356565），软著登字第 1941849 号；⑦养殖大棚环境控制软件（2016SR325122），软著登字第 1503739 号；⑧孵化箱智能控制软件（2016SR325117），软著登字第 1503734。

九、存在的主要问题

（1）保种群的鸡白痢和禽白血病的净化率进展缓慢，尚未达到国家规定，其主要原因是保种鸡场与繁育场间相距偏近（不到500m）。

（2）怀乡鸡的进一步开发力度还不够，现已在保种的基础上，用怀乡鸡与特色品种粤西卷羽鸡（麒麟鸡）、贵妃鸡组成新的配套组合——“金菊鸡”（在市场上较受欢迎的半卷羽黄鸡）和半卷羽黑鸡“墨菊鸡”并试推广到信宜、高州、湛江、阳江等粤西一带。从而做到保种和开发利用相结合，以保种促进开发利用，以开发利用推动更好地保种。

（3）保种专项资金偏少，需适当增加。

十、下一年工作计划

（1）加强保种鸡群鸡白痢和禽白血病的净化，确保保种鸡核心群质量和抗病能力的提高，以及后代种群的健康。

（2）结合怀乡鸡产业园建设，增大怀乡鸡纯种扩繁群规模。

（3）加大怀乡鸡与其他品种杂交利用，扩大其与麒麟鸡杂交利用规模，生产出中速型抗高温特色肉鸡，比纯种怀乡鸡120日龄体重增加30%以上。

第二节　怀乡鸡的保种方案

根据农业部2014年2月公告第2061号，怀乡鸡被列入《国家畜禽遗传资源保护名录》，2015年3月，广东盈富农业有限公司正式被列为国家级怀乡鸡保种场（中华人民共和国农业部公告第2234号）。为进一步保护和合理利用该优良地方鸡品种，结合2013—2022年这10年的保种实践，现将历年坚持的保种方案介绍如下。

一、品种的基本情况

1. 原产地及分布

怀乡鸡（Huixiang Chicken），属肉用型品种，原产地为广东省信宜市怀乡镇。主要分布在广东省茂名市、湛江市等粤西地区以及广西相邻地区。

2. 体型外貌特征

怀乡鸡属中小型优质肉用鸡种，具毛黄、胫黄、皮黄的三黄特征，体型呈元宝型，胫短而细，脚有四趾。头中等大小，单冠直立，色泽红，有5～7个冠齿。

怀乡鸡整体为金黄色羽毛，成年公鸡头颈羽毛金黄色，肩背羽色深黄，前胸及腹部羽毛浅黄、蓑羽金黄，尾羽、主翼羽和覆主翼羽带黑色，公鸡的大镰羽长而弯，呈黑翠色有光泽，镶着金黄色的花边。成年母鸡羽毛为全身黄色，但主翼羽和尾羽呈少部分黑色。特别是成年鸡部分颈部有一圈如项链一样的棕色羽毛，俗称项链或项圈。雏鸡绒羽呈黄色。

3. 生产性能

怀乡鸡体型较小，成年体重公鸡 2.1～2.3kg，母鸡 1.5～1.8kg。开产日龄 150～170d，开产体重 1.4kg，66 周龄产蛋量 143 个，种蛋受精率 93.5%，受精蛋孵化率 95.3%，就巢性较强。

4. 品种数量及保存现状

采用保种场保护，广东盈富农业有限公司承担保种任务。

在上年的 3 个纯系生产性能测定的同时，在达到 43 周龄时，留种新一代的家系，同时形成了经 10 个世代观察和系谱测定的保种核心群。2023 年 4 月的留种繁殖下一代即第 11 世代。

二、实施方案

1. 实施年限

1 年。

2. 保种目标

建立长期资源保护技术方案，保持品种的特征特性不丢失。采用保种场保护。建立国家级怀乡鸡保种场 1 个，建立健全保种系谱，开展个体家系保种，所建立起的 3 个纯系保种核心群家系数量分别不少于 30 个，母鸡群数量不少于 1 600只。每个世代近交增量不增加，10 个世代近交系数不超过 0.024。

3. 品种资源需要重点保护的内容

重点保护怀乡鸡的“三黄”（黄羽、黄胫、黄皮）特征，中小体型，体态丰满，胸肌发达，胫（脚）细而短，优良的肉品质特性。

特殊性状：保护怀乡鸡的项链特征。

4. 保种方法与繁育

（1）保种方法。

保种场保护：保种场建立个体家系保种核心群和繁育群各 1 个，繁育群不进行选育，核心群世代间隔为 1 年。

个体家系（家系等量随机交配）保种：个体家系指每个家系只配有 1 只公鸡，8 只母鸡，进行个体产蛋记录，按照系谱进行继代保种。保种核心群要求 3 个纯系的每个系内的家系数量不少于 30 个，每个系母鸡不少于 300 只。

个体家系保种具体实施步骤如下：

从上一世代保种核心群中，根据系谱选留公、母鸡个体，按照一定的配比组建保种核心群家系（每个家系 1 只公鸡，8 只或 10 只母鸡），建立各世代配种方案；

组建家系并继代繁殖，在蛋壳上记录母鸡号；

收集种蛋，按照家系孵化；每个世代留种蛋分两批孵化，以保证所有母鸡都有足够的后代；雏鸡佩戴翅号，记录系谱。

采用家系等量随机留种：按照保护品种的标准和个体表型值的高低，在每个家系后代中选留种用公鸡和后备公鸡各 1 只，并多选留 2 只后备母鸡，用于组建新的家系。对个别无后裔母鸡，用同家系中的其他母鸡的后裔递补。

新世代组建家系：可按照随机选配方法进行，先将所有母鸡随机分配到各个家系；再将选留的种公鸡随机分配到以上家系中；通过对所有家系的交配个体的血缘关系进行检查，调整有血缘关系的个体，严格避免全同胞或半同胞交配。

随机选配：即某家系的公鸡随机与同羽色其他家系的全部母鸡中的 8 只或 10 只交配。边鸡保种核心群分 3 个纯系进行保种。

家系结构：以公鸡为核心组建家系，按纯系闭锁群进行家系繁育。

家系结构：以公鸡为核心组家，按纯系闭锁群进行家系繁育。

1♂×10♀（其中2♀的后代♂）→ 1♂×8♀（其他家系后代）

1♂×10♀（其中2♀的后代♂）→ 1♂×8♀（其他家系后代）

（扩群和继代留种阶段）

1 号家系♂×8♀——→1♂×8♀（其他家系后代）

2 号家系♂×8♀——→2♂×8♀（其他家系后代）

3 号家系♂×8♀——→3♂×8♀（其他家系后代）

以此类推…………

（2）繁殖程序（世代间隔 1 年）。

收集种蛋　46～48 周龄收集 20d 种蛋，分 2 批入孵，每个种蛋标记母鸡翅号。

↓

排蛋孵化　按家系归并每只母鸡所产种蛋，依次排进蛋盘，孵化，记录每只母鸡的入孵蛋数、无精蛋数、死胎蛋数。

↓

个体出雏　入孵 18d 时，将每只母鸡的活胚装进各自的育种袋。出雏时，佩戴翅号，称初生重，记录每只雏鸡的翅号、亲代公鸡与母鸡号、初生重等信息。选留所有健康雏鸡。

↓

育雏、育成　育雏至 6 周龄，每个家系选留 2～3 只母鸡的后代公鸡 6～8 只和所有母鸡。转入育成舍饲养至 18 周龄。

↓

个体产蛋观测　19 周龄转入种鸡产蛋舍（个体单笼），每个家系选留健康的、精液品质相对好的 3～5 只公鸡和所有母鸡。记录每只母鸡的开产日龄、体重、蛋重，每日产蛋与否，就巢性，43 周龄体重、蛋重。自开产之日起，全程记录各纯系群体产蛋性能。

↓

整理资料、组建家系　45～46 周龄整理资料；47 周龄用“家系等量随机选配法”，按每个家系 1 只公鸡、8 只母鸡组建家系。

↓

纯种繁殖　47 周龄按家系连续输精 2d，此后每隔 3d 输精一次。

↓

淘汰　66 周龄。

保种群全期检测节点如下：

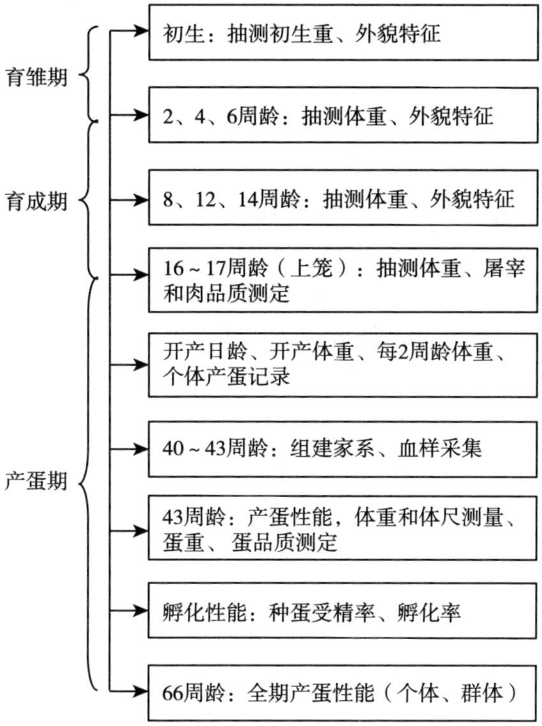

(3) 群体保种(繁育群)。从基础群或上一世代保种群中，选择符合品种标准的适配公、母鸡个体，按照一定的配比，组建保种繁育群；收集种蛋孵化继代繁殖，根据鸡群产蛋、饲养条件等具体情况确定繁殖批次；在全部后代中按照品种标准、品种特征和个体表型值留种，留种方式可以是等量的(公母保持原比例，群体规模保持不变)，也可以是不等量的(公母比例和群体规模发生变化)。

(4) 疾病净化。鸡白痢阳性检出率在3%以下，白血病阳性检出率在1%以下。

(5) 保种技术档案。保种技术档案包括：配种方案、种蛋系谱孵化表、出雏记录表、笼号与翅号对照表、饲养周报表(群体产蛋性能记录表)、雏鸡出壳称重表、体重测定记录表、体尺测定记录表、个体产蛋记录表、蛋重记录表、屠宰测定记录表、蛋品质测定记录表等。

三、保种效果监测

1. 外貌特征性状监测

怀乡鸡的“三黄”(黄羽、黄胫、黄皮)特征，中小体型，体态丰满，胸肌发达，胫细而短，以及项链特征。

2. 体尺监测

43周龄进行，测量体重、体斜长、龙骨长、胫长、胫围等相关体尺数据。

3. 生产性能监测

生长性能：包括出壳重、1～6周龄每周龄体重、8～66周龄每两周龄体重。

产肉性能：可选择上市日龄，抽测的公母鸡数量不少于30只，测定指标包括屠宰率、半净膛率、全净膛率、胸肌率、腿肌率和腹脂率等。

肉品质：包括粗蛋白、粗脂肪、粗灰分、肌内脂肪含量、肌纤维密度、肌纤维直径等。

蛋品质：测定开产蛋重、43周龄蛋品质指标(蛋重、蛋壳颜色、蛋形指数、蛋壳强度、蛋壳厚度、哈氏单位、蛋黄颜色、蛋黄比率等)，测定数量不少于30个。

繁殖性能：包括开产日龄(达5%产蛋率日龄)，开产体重，43、52、66周龄产蛋数，就巢率，种蛋受精率和入孵蛋孵化率等。

生活力：包括种鸡育雏期、育成期及产蛋期的存活率，以及商品肉鸡饲养期的成活率等。

四、开发利用

根据怀乡鸡的特点，制定长期选育开发利用计划，建立独立的开发利用群体，采用本品种扩繁推广或与其他品种如麒麟鸡（卷羽鸡）杂交利用生产出耐高温、长速快、肉质佳的新的配套组合——特色品种，通过开发利用促进怀乡鸡的品种资源保护。

五、群体有效含量、近交系数增量、平均近交系数

群体有效含量（Ne）是与实际群体有相同基因频率方差或是相同的杂合度衰减率的理想群体含量，它反映了群体遗传结构中基因的平均纯合度。在家系等量留种的条件下，群体的平均近交系数增量（$\triangle F$）$=3/32Nm+1/32Nf$，其中 Nm、Nf 分别为保种群公、母鸡的数量；又根据 $Ne=1/2\triangle F$ 的公式计算得出，在维持 100 只公鸡、800 只母鸡的情况下，有效群体含量为 480 只以上。保种群经 n 代繁育后，群体的平均近交系数（Fn）$=1-(1-\triangle F)\ n$。

第五章

怀乡鸡遗传资源研究进展

第一节　肉用性能测定与研究进展

一、怀乡鸡的生长性能及部分肉质性状测定

杜炳旺等（2010）进行了怀乡鸡的生长性能及部分肉质性状测定。

1. 摘要

鉴于国家对优良地方畜禽品种遗传资源的保护、研究及开发利用的力度不断加大，作为广东省三大名鸡之一的信宜怀乡鸡，其固有遗传特性的保护、种质特性的研究、品种的选育提纯、生产性能的测定，已迫在眉睫。因此，本试验旨在测定怀乡鸡的生长性能及肉品质部分性状，以期为怀乡鸡的资源保存利用及其产业的发展，提供具有科学价值的参数和理论依据。

本试验选用信宜怀乡鸡商品雏 120 只，分为公母 2 个处理组，每个处理组有 4 个重复，每个重复 15 只，进行了 0～16 周龄的饲养试验，旨在探讨怀乡鸡的生长性能和部分肉质性状特点。结果表明：生长性能，16 周龄体重公母鸡分别为 1 744g 和 1 590g，公母鸡间体重在 6 周龄后一直存在显著差异（$P<0.05$）；屠宰性状，16 周龄宰前体重、屠体重、全净膛重、胸肌重、腿肌重，头、脚、翅、胫长，胫围及部分器官等总体趋势是公鸡大于母鸡，差异显著（$P<0.05$），而腹脂重、肌间脂肪宽和皮下脂肪厚为母鸡大于公鸡，差异显著（$P<0.05$）；肉质性状，16 周龄胸腿肌的肉色、pH、滴水损失、水分及粗灰分含量，公母间差异不显著，胸腿肌的粗蛋白含量均是公鸡显著高于母鸡，差异显著（$P<0.05$），胸腿肌的粗脂肪含量均是母鸡显著高于公鸡，差异显著（$P<0.05$）。

2. 试验鸡群的饲养管理

试验鸡养于广东海洋大学家禽育种中心，立体笼养，饲喂相同的饲料，自由采食与饮水。饲养过程分三个阶段，0～4、5～8、9～16 周龄，日粮组成及营养水平见表 5-1。

表 5-1 日粮配方及营养水平

成分	周龄		
	0～4	4～9	9～16
玉米/%	61.13	66.84	69.89
豆粕/%	28.32	22.92	15.9
花生饼/%	6	6	10
贝壳粉/%	1.91	1.77	1.70
磷酸氢钙/%	1.03	0.86	0.9
食盐/%	0.37	0.37	0.37
预混料/%	1.24	1.24	1.24
合计	100	100	100
营养水平			
代谢能/（MJ/kg）	11.66	11.98	12.11
粗蛋白/%	19.9	18	16.98
钙/%	1	0.9	0.86
有效磷/%	0.37	0.33	0.33

注：预混料中包括多种维生素、益生素、蛋氨酸、赖氨酸等。

3. 试验结果

（1）各周龄各组合体重增长与生长速度的测定。

①各个周龄组合内体重的比较。鸡群每周龄进行个体称重，统计计算不同组合、不同性别的体重均值。见表 5-2。

表 5-2 各周龄怀乡鸡公母鸡体重

单位：g

周龄	性别		周龄	性别	
	公鸡	母鸡		公鸡	母鸡
初生重	24.17±1.81[a]	23.70±1.63[a]	7	664.47±82.81[a]	590.29±59.85[b]
1	55.18±5.47[a]	54.74±5.93[a]	8	846.91±83.89[a]	710.32±77.74[b]
2	115.36±13.61[a]	112.31±14.50[a]	9	989.52±126.13[a]	848.82±80.03[b]
3	202.80±21.40[a]	191.30±25.14[a]	10	1 173.24±137.32[a]	965.14±98.65[b]
4	289.79±32.79[a]	270.55±33.43[a]	11	1 253.33±145.85[a]	1 041.78±114.11[b]
5	404.49±43.32[a]	373.42±42.51[a]	12	1 369.85±176.12[a]	1 149.20±158.96[b]
6	551.16±53.08[a]	486.02±52.92[b]	13	1 438.84±193.87[a]	1 269.78±159.69[b]

（续）

周龄	性别		周龄	性别	
	公鸡	母鸡		公鸡	母鸡
14	1 526.14±196.16[a]	1 387.56±161.65[b]	16	1 743.69±212.64[a]	1 590.33±176.96[b]
15	1 643.73±196.99[a]	1 483.00±167.98[b]			

注：同行内不同字母表示差异显著（$P<0.05$）。

从表 5－2 可知，饲养至 16 周龄怀乡公鸡的体重已达 1 743.69g，母鸡体重为 1 590.33g。同时可见，第 6 周龄后，公母间体重一直存在显著差异，$P<0.05$。

②怀乡鸡的绝对生长速度和相对生长速度。绝对生长速度和相对生长速度能直接反映出某一时刻鸡群的生长率变化，从而更好地了解鸡种生长变化规律，以便更好地饲养与管理。其绝对生长速度和相对生长速度见表 5－3、表 5－4。

表 5－3　怀乡鸡的绝对生长率

单位：g

周龄		2	4	6	8	10	12	14	16
怀乡鸡	♂	6.52	12.46	18.67	21.13	23.31	14.04	11.16	15.54
	♀	6.33	11.30	15.39	16.02	18.20	13.15	17.03	14.48

表 5－4　怀乡鸡的相对生长率

单位：%

周龄		2	4	6	8	10	12	14	16
怀乡鸡	♂	1.307 8	0.861 1	0.621 6	0.423 1	0.323 1	0.154 6	0.107 9	0.133 1
	♀	1.303 0	0.826 6	0.569 6	0.375 0	0.304 0	0.174 1	0.187 9	0.136 2

由表 5－3 和表 5－4 可以看出，怀乡鸡生长快，2～10 周龄的生长速度不断提高，10 周龄时生长速度达到最大值，日增重公母鸡分别达到 23.31g/d 和 18.20g/d，而在 10～16 周龄公母鸡的生长速度总体呈下降趋势。

（2）怀乡鸡各周龄料重比。表 5－5 列示了不同性别间的饲料报酬比较结果。

表 5-5　同组合不同性别间比较分析结果

周龄	公鸡	母鸡	周龄	公鸡	母鸡
1	1.57	1.56	9	3.09	2.97
2	1.68	1.61	10	3.12	3.15
3	2.16	2.00	11	3.31	3.32
4	2.76	2.42	12	3.42	3.38
5	2.90	2.63	13	3.72	3.572
6	2.91	2.68	14	3.90	3.73
7	2.98	2.80	15	3.98	3.87
8	3.09	2.91	16	4.11	4.00

(3) 屠体性状的分析比较。怀乡鸡不同性别体重和屠宰性状比较见表 5-6。

表 5-6　怀乡鸡各组合内性别间体重及屠体性状

性状	公鸡	母鸡
宰前体重/g	1 554.76±98.42	1 371.65±108.53*
屠体重/g	1 383.81±96.66	1 239.14±110.71*
屠宰率/%	89.56±1.46	90.28±1.38
半净膛重/g	1 259.23±90.08	1 084.83±98.99*
半净膛率/%	81.49±1.33	79.08±3.44*
全净膛重/g	1 063.62±147.71	887.47±81.91*
全净膛率/%	68.69±6.57	64.70±3.11*
胸肌重/g	140.87±20.77	137.97±20.71
胸肌率/%	13.28±1.31	15.51±1.50*
腿肌重/g	276.42±40.63	188.30±21.03*
腿肌率/%	26.13±3.19	21.29±2.29*
翅重/g	123.60±13.69	98.72±7.25*
翅重率/%	11.73±1.32	11.19±1.07
腹脂重/g	4.62±4.09	53.30±26.30*
腹脂率/%	1.42±0.27	5.90±2.64*
头重/g	86.02±12.66	41.55±4.21*
脚重/g	67.20±8.89	41.37±2.32*

（续）

性状	公鸡	母鸡
心脏重/g	8.55±1.13	5.89±1.08*
肝脏重/g	29.29±7.14	27.88±4.89
胫长/cm	8.26±0.27	7.10±0.37*
胫围/cm	4.39±0.19	3.81±0.13*
皮下脂肪厚/cm	0.44±0.13	0.92±0.29*
肌间脂肪宽/cm	0.43±0.13	1.30±0.30*

注：同一性状公母间差异显著，以*表示（$P<0.05$）。

表5-6为怀乡鸡不同性别屠宰性状的最小二乘均值以及性别之间的比较结果，所测定的怀乡鸡各性别平均宰前体重公母鸡分别为1 545g和1 372g。平均为1 458g。宰前体重、屠体重、全净膛重、胸肌重、腿肌重、头、脚、翅及部分器官等各部位分割重总体趋势一致，即公鸡大于母鸡，性别间差异显著（$P<0.05$）。腹脂重、肌间脂肪宽和皮下脂肪厚的趋势为母鸡大于公鸡，差异显著（$P<0.05$）。胫长和胫围表现为公鸡大于母鸡，差异显著（$P<0.05$）。

（4）部分肉品质性状的比较（表5-7）。

表5-7　怀乡鸡不同性别间部分肉质性状比较

性状	胸肌		腿肌	
	公鸡	母鸡	公鸡	母鸡
滴水损失%	1.56±0.16	2.49±0.90	1.06±0.32	1.56±0.43
水分%	74.69±0.86	73.94±1.92	74.65±1.67	74.69±2.12
pH	6.28±0.23	6.20±0.22	6.32±0.13	6.13±0.15
肉色（吸光值）	0.51±0.07	0.84±0.34	……	……
粗蛋白%	92.90±1.40	88.70±0.73*	88.83±1.82	84.40±2.31*
粗脂肪%	2.77±0.97	3.59±1.30*	8.63±1.03	10.46±1.23*
粗灰分%	4.95±0.43	5.47±0.37	5.02±0.34	4.62±0.14

注：同一性状不同性别间差异显著用*表示（$P<0.05$）。

4. 结论

本试验测定了怀乡鸡公母鸡的生长性能及肉质性状特点，结果表明：

（1）生长性能。16周龄体重公母鸡分别为1 744g和1 590g。

（2）屠宰性状。16周龄宰前体重、屠体重、全净膛重、胸肌重、腿肌重，头、脚、翅、胫长、胫围及部分器官等各部位分割重总体趋势是公鸡显著大于母鸡，而腹脂重、肌间脂肪宽和皮下脂肪厚为母鸡显著大于公鸡。

（3）肉质性状。16 周龄胸腿肌的肉色、pH、滴水损失、水分及粗灰分含量，公母鸡间差异不显著，胸腿肌的粗蛋白含量均是公鸡显著高于母鸡，胸腿肌的粗脂肪含量均是母鸡显著高于公鸡。

二、怀乡鸡 12 周龄肉用性能测定及相关性分析

叶伟庆等（2013）开展了怀乡鸡 12 周龄肉用性能测定及相关性分析。

摘要：

对信宜怀乡鸡 12 周龄的体尺与屠宰性能进行测定，并对测定的指标进行相关性分析。

家禽体型外貌是在长期进化过程中遗传因素与环境相互作用的结果，体尺性状则是体型外貌的量化指标，是家禽遗传选育中重要的表型性状，与一些重要经济性状有着密切的关系。本试验结果显示：

（1）12 周龄怀乡公鸡体斜长和胫长等体尺性状均极显著高于母鸡，这表明，不同性别之间的体尺存在一定的差异，体尺性状的测定对于评价不同品种鸡的体质发育状况具有一定的参考意义。

（2）屠宰性状是反映产肉性能的重要指标，可直观地反映家禽产肉能力。屠宰率和全净膛率是衡量家禽产肉性能的主要指标，分别达到 80%和 60%以上，肉用性能即为良好。本试验显示，12 周龄怀乡公母鸡的屠宰率分别为 92.58%、91.63%，全净膛率分别为 63.78%、63.43%，怀乡鸡作为一种体形中等的黄羽肉鸡，具备了优良的肉用性能。此外，怀乡公鸡活体重、屠体重、半净膛重、腿肌重极显著高于母鸡，怀乡母鸡腹脂率、肌间脂肪宽极显著高于公鸡，腹脂重和皮下脂厚显著高于公鸡，表明怀乡公鸡的体形比母鸡大，但母鸡沉积腹脂的能力比公鸡强。

（3）本试验相关分析结果表明，12 周龄怀乡公母鸡的多数屠宰性能和体尺指标之间存在显著或极显著相关性（$P<0.05$ 或 $P<0.01$），与灵昆鸡、文昌鸡、藏鸡和萧山鸡的研究结果基本一致，表明对怀乡鸡体尺指标的测定可用来间接预测屠体性能，从而为怀乡鸡的肉用性能选育提供理论参考。

三、怀乡鸡不同品系生长曲线拟合分析

叶伟庆（2014）做了怀乡鸡不同纯系生长曲线拟合分析。

1. 摘要

信宜怀乡鸡作为列入国家畜禽遗传资源保护名录的著名品种，为了解其肉种鸡的早期生长发育规律，为其遗传资源保护和品系选育提供参考依据，使用

Logistic、Gompertz 和 Bertallanffy 3 种非线性生长模型对怀乡鸡 A、B 两个纯系母鸡 0～9 周龄早期体重生长数据进行曲线拟合和分析。3 种模型均能很好地模拟怀乡鸡生长曲线，Bertalanffy 模型的拟合 A 系母鸡生长效果最佳（R^2=0.996），其拐点为（10.165，1 047.7）；Gompertz 模型的拟合 B 系母鸡生长效果最佳（R^2=0.997），其拐点为（8.008，748.3）。3 种模型对信宜怀乡鸡生长曲线的拟合和分析是可行的，可及时掌握怀乡鸡的生长发育规律。

2. 讨论

怀乡鸡 A、B 纯系母鸡在 9 周龄前的早期生长曲线较为一致，1～4 周龄生长较为缓慢，5～9 周龄增重加快，其中周增重都保持在 60g 以上，A 系的周增重略大于 B 系，两系 7 周龄时都达到最大周增重，A 系为 158.4g，B 系为148.1g。因此，尽量利用 5～9 周龄快速生长阶段，5 周龄后注意调整怀乡鸡的饲养方案，以满足营养需要。动物生长发育受品种、饲养管理及地区环境等多种因素的影响，但其生长发育具有一定的稳定性，这就为用数学模型来描述其生长规律带来了可能。

本研究运用的 3 种模型均很好地模拟了怀乡鸡 A、B 系母鸡生长曲线，其中 Bertalanffy 模型的拟合怀乡鸡 A 系母鸡生长效果最佳，在 Bertalanffy 模型中预测怀乡鸡 A 系母鸡拐点周龄为 10.165 周，即在怀乡鸡 A 系母鸡的生长发育过程中，在 10.165 周龄时达到生长拐点，体重增长速度从越来越快变为越来越慢，这与王志跃等研究报道的新扬州鸡的拐点 10.80 周龄相一致，但拐点体重要略低于新扬州鸡（1 112.54g）。新扬州鸡是多年培育而成的蛋肉兼用型品种，而怀乡鸡 A 系母鸡与其生长拐点差不多，A 系母鸡今后可以向蛋肉兼用型的方向选育。Gompertz 模型的拟合怀乡鸡 B 系母鸡生长效果最佳，Gompertz 模型中预测 B 系母鸡拐点周龄（8.008 周龄）较魏法山报道的固始鸡（6.4 周龄）要迟，但早于邹剑敏报道的清远麻鸡（8.97 周龄）、杜德英报道的文昌鸡（9.36 周龄）和朱志明报道的藏母鸡（11.27 周龄），这与张红研究的溧阳鸡母鸡拐点周龄（8.05 周龄）几乎一致，但拐点体重存在不小差异，而溧阳鸡体型较大，属较大型肉用鸡，B 系母鸡与其生长拐点差不多，B 系母鸡具有作为中型肉用鸡的潜质，这可为怀乡鸡以后的选育方向提供了参考。

四、炎热环境下怀乡鸡与贵妃鸡生长及屠宰性能比较

吴薇薇等（2011）做了炎热环境下怀乡鸡与贵妃鸡生长及屠宰性能比较试验。

1. 摘要

本试验旨在研究炎热环境下怀乡鸡与贵妃鸡的适应性、生长性能及屠宰性

能。每品种选取 240 只，公母各 8 组，每组 15 只，共计 480 只，饲养在户外大棚层叠式育雏笼中至 17 周龄，每组宰 3 只用于屠宰测定。研究结果表明：生长性能上，怀乡鸡的公母鸡平均体重分别为 1 366.25g 和 1 157.50g，贵妃鸡公母鸡分别为 1 085.21g 和 871.25g，两种鸡同性别间差异显著（$P<0.01$）。与凉爽季节饲养环境下 16 周龄试验鸡体重相比，本试验 17 周龄怀乡鸡母鸡体重低 38%，公鸡低 28%，贵妃鸡生长速度比凉爽季节慢 7d 时间。可见炎热高温环境会对两品种鸡的生长速度和饲料报酬产生严重影响。

2. 材料与方法

（1）供试鸡种与试验设计。怀乡鸡由广东盈富农业有限公司（怀乡鸡原种场）提供；贵妃鸡系广东海洋大学的贵妃鸡商用配套系商品代。试验鸡同时收集种蛋，分别标记，同时孵化。从每个品种中选取健康公母雏鸡各 120 只，每品种公母鸡各设有 8 个重复组，每个重复 15 只，共 480 只进行饲养试验。本试验 0～6 周龄为公母鸡混合饲养，7～17 周龄为公母鸡分开饲养。

（2）试验期和饲养温度。试验期为 0～17 周龄（3 月 27 日至 7 月 23）。0～6 周龄按正常育雏温度饲养，7～17 周龄在自然高温气候（5 月 9 日至 7 月 23 日）下饲养，如表 5－8。

（3）饲养管理。试验鸡在同一饲养条件下进行笼养，饲喂相同的饲料，自由采食与饮水。饲养过程分 3 个阶段，0～4 周龄，4～9 周龄，7～17 周龄，分别饲喂雏鸡料、中鸡料、大鸡料。其中基础日粮参照《中华人民共和国专业标准》（ZB B 43005—86）肉鸡饲养标准进行配制。日粮组成及营养水平见表 5－9。

表 5－8　7～17 周龄湛江当地最高气温变化

单位：℃

周龄	天数							平均高温
	1	2	3	4	5	6	7	
7	35	36	37	35	35	35	37	35.7
8	32	33	35	37	37	36	37	35.3
9	35	32	32	36	36	33	35	34.1
10	34	33	36	33	32	34	35	33.9
11	37	35	35	33	33	35	36	34.9
12	36	36	33	33	34	34	33	34.1
13	31	31	36	36	36	33	33	33.7
14	33	35	37	37	35	33	32	34.6

（续）

周龄	天数							平均高温
	1	2	3	4	5	6	7	
15	36	36	30	30	36	37	37	34.6
16	35	35	33	33	34	36	35	34.4
17	35	35	37	37	32	32	35	34.7

表 5-9　日粮配方及营养水平

成分	周龄		
	0～4	5～9	10～17
玉米/%	61.13	66.84	69.89
豆粕/%	28.32	22.92	15.9
花生饼/%	6	6	10
贝壳粉/%	1.91	1.77	1.70
磷酸氢钙/%	1.03	0.86	0.9
食盐/%	0.37	0.37	0.37
预混料/%	1.24	1.24	1.24
合计	100	100	100
营养水平			
代谢能/（MJ/kg）	11.66	11.98	12.11
粗蛋白/%	19.9	18	16.98
钙/%	1	0.9	0.86
有效磷/%	0.37	0.33	0.33

注：预混料中包括多种维生素、益生素、部分氨基酸等。

3. 结果与分析

（1）怀乡鸡、贵妃鸡体重与生长速度比较。

表 5-10　1～5 周龄怀乡鸡和贵妃鸡体重比较

单位：g

周龄	品种	
	怀乡鸡	贵妃鸡
初生重	22.61 ± 0.41^{B}	33.23 ± 2.69^{A}
1	55.10 ± 2.23^{B}	63.98 ± 7.84^{A}

（续）

周龄	品种	
	怀乡鸡	贵妃鸡
2	104.14±4.77^{b}	108.86±6.92^{a}
3	182.51±5.96^{b}	183.61±7.59^{a}
4	274.44+9.52^{a}	264.84±9.83^{b}
5	389.35±10.17^{A}	355.66±11.22^{B}

注：同行各组合间含不同小写字母表示差异显著（$P<0.05$）；不同大写字母表示差异极显著（$P<0.01$）。

表 5-11　7～17 周龄怀乡鸡和贵妃鸡体重比较

单位：g

周龄	品种			
	怀乡鸡♀	贵妃鸡♀	怀乡鸡♂	贵妃鸡♂
7	471.38±31.89^{A}	415.60±22.61^{B}	520.57±31.19^{A}	462.15±20.37^{B}
9	568.0±24.27^{A}	516.04±40.30^{B}	689.26±28.27^{A}	600.00±35.40^{B}
11	751.25±45.68^{A}	582.55±37.97^{B}	895.46±28.62^{A}	640.07±48.04^{B}
13	951.71±40.76^{A}	765.04±64.49^{B}	1 101.52±46.94^{A}	945.62±56.16^{B}
15	1 027. ±49.90^{A}	888.03±80.97^{B}	1 172.88±37.77^{A}	1021.54±56.96^{B}
17	1 149.2±37.32^{A}	889.52±56.17^{B}	1 362.69±56.38^{A}	1 066.13±48.13^{B}

注：同行各组合间含不同小写字母表示差异显著（$P<0.05$）；不同大写字母表示差异极显著（$P<0.01$）。

从表 5-10、表 5-11 可知，怀乡鸡与贵妃鸡的初生重、1～3 周龄体重有明显差异；随着周龄增加，怀乡鸡体重迅速增加，4 周龄怀乡鸡体重已显著大于贵妃鸡体重（$P<0.05$），此后的 5～17 周龄，无论公鸡、母鸡均呈现怀乡鸡＞贵妃鸡（$P<0.01$）。

（2）怀乡鸡与贵妃鸡料重比比较。从表 5-12 可以看出，在 1～5 周龄，贵妃鸡料重比均显著高于怀乡鸡（$P<0.01$）。从表 5-13 可看出，除了 7 周龄、15 周龄怀乡鸡无论公母鸡累计料重比与贵妃鸡相比差异不显著，其余几周怀乡鸡母鸡与贵妃鸡母鸡料重比均差异显著（$P<0.05$）。17 周龄末，怀乡鸡母鸡的累积料重比为 4.34，贵妃鸡母鸡累计料重比为 4.86；怀乡鸡公鸡累计料重比达 4.09，贵妃鸡累计料重比为 4.77。

表 5-12 怀乡鸡与贵妃鸡 1～5 周龄平均累计料重比分析

周龄	品种	
	怀乡鸡	贵妃鸡
1	1.53 ± 0.08^{b}	1.67 ± 0.14^{a}
2	2.04 ± 0.06^{B}	2.43 ± 0.22^{A}
3	1.88 ± 0.25^{B}	2.01 ± 0.22^{A}
4	2.21 ± 0.23^{B}	2.55 ± 0.18^{A}
5	2.25 ± 0.33^{B}	2.68 ± 0.22^{A}

注：同行各组合间含不同小写字母表示差异显著（$P<0.05$）；不同大写字母表示差异极显著（$P<0.01$）。

表 5-13 怀乡鸡与贵妃鸡同性别间累计料重比分析

周龄	品种			
	怀乡鸡♀	贵妃鸡♀	怀乡鸡♂	贵妃鸡♂
7	3.83 ± 0.05	3.89 ± 0.18	3.32 ± 0.30	3.67 ± 0.23
9	3.01 ± 0.11^{B}	3.70 ± 0.17^{A}	2.89 ± 0.15^{B}	3.60 ± 0.11^{A}
11	3.39 ± 0.23^{b}	3.96 ± 0.09^{a}	3.32 ± 0.10^{B}	3.85 ± 0.11^{A}
13	3.60 ± 0.30^{b}	4.28 ± 0.25^{a}	3.53 ± 0.09^{B}	4.19 ± 0.22^{A}
15	5.27 ± 0.19	5.82 ± 0.42	5.23 ± 0.28	5.31 ± 0.18
17	4.34 ± 0.16^{b}	4.86 ± 0.13^{a}	4.09 ± 0.20^{b}	4.77 ± 0.38^{a}

注：同行各组合间含不同小写字母表示差异显著（$P<0.05$）；不同大写字母表示差异极显著（$P<0.01$）。

另一研究者赵志远也进行了相关试验。赵志远的试验期从 2008 年 10 月至翌年 3 月，而本试验从 2011 年 3 月至 7 月。从表 5-14、表 5-15 可知，赵志远的试验 16 周龄与本试验 17 周龄末体重相比：怀乡鸡公鸡高 28%，母鸡高 38%，尽管本试验期还多 7d，若都是同一周龄相比，其差异则更大；贵妃鸡公鸡高 2%，母鸡高了 0.49%，若都是同一周龄相比，本试验的贵妃鸡要显著低于赵志远的试验数值。可见炎热高温对怀乡鸡的影响程度比贵妃鸡更为严重。

表 5-14 本试验与赵志远试验怀乡鸡相关性能数据比较

周龄	宰前重		累计料重比	
	♀	♂	♀	♂
16（赵志远试验）	1 590.33g	1 743.69g	4.00	4.11
17（本试验）	1 149.25g	1 362.69g	4.34	4.09

表 5-15　本试验与赵志远试验贵妃鸡生产性能相关数据比较

周龄	宰前重		累计料重比	
	♀	♂	♀	♂
16（赵志远试验）	893.87g	1 087.42g	4.58	4.65
17（本试验）	889.52g	1 066.13g	4.86	4.77

（3）怀乡鸡与贵妃鸡屠体性状比较（表 5-16）。

表 5-16　怀乡鸡与贵妃鸡的屠宰性状比较

性状	怀乡鸡♀	贵妃鸡♀	怀乡鸡♂	贵妃鸡♂
宰前体重/g	1 157.50±15.74^{A}	871.25±17.27^{B}	1 366.25±26.02^{A}	1 085.21±22.11^{B}
屠体重/g	1 015.25±25.25^{A}	737.81±19.01^{B}	1 181.48±22.71^{A}	914.38±29.56^{B}
屠宰率/%	87.73±0.98^{A}	84.68±1.36^{B}	86.49±3.20	84.67±4.22
半净膛重/g	832.25±20.62^{A}	662.31±19.98^{B}	1 016.67±30.04^{A}	817.96±29.96^{B}
半净膛率/%	71.72±4.43^{b}	76.01±1.44^{a}	74.43±3.02^{b}	75.46±3.04^{a}
全净膛重/g	671.69±21.37^{A}	566.00±19.10^{B}	823.19±30.30^{A}	687.38±36.07^{B}
全净膛率/%	57.89±3.51^{B}	63.81±1.53^{A}	60.27±2.38^{B}	63.42±2.93^{A}
胸肌重/g	46.69±6.40	42.06±2.46	50.36±5.30^{a}	45.56±3.58^{b}
胸肌率/%	13.91±1.22	15.16±1.24	12.22±1.02^{B}	13.25±0.74^{A}
腿肌重/g	68.88±7.34^{A}	54.69±2.19^{B}	106.13±5.24^{A}	73.81±5.20^{B}
腿肌率/%	20.52±0.87	19.67±0.89	25.78±1.82^{a}	21.47±1.85^{b}
腹脂重/g	36.81±0.14^{A}	11.63±0.93^{B}	11.56±1.47	10.21±1.25
腹脂率/%	5.06±1.56^{A}	2.04±0.67^{B}	2.79±0.18^{A}	1.45±0.69^{B}
皮脂厚/cm	0.673±0.07	0.654±0.02	0.639±0.06^{A}	0.436±0.05^{B}
肌间脂肪宽/cm	0.613±0.09^{B}	0.776±0.04^{A}	0.489±0.07^{B}	0.805±0.08^{A}

注：同行各组合间含不同小写字母表示差异显著（$P<0.05$）；不同大写字母表示差异极显著（$P<0.01$）。

4. 结论

本研究结果表明，17 周龄怀乡鸡的公母鸡平均体重分别为 1 366.25g 和 1 157.50g，贵妃鸡公、母鸡分别为 1 085.21g 和 871.25g。与凉爽季节饲养环境下16周龄试验鸡体重相比，本试验17周龄怀乡鸡母鸡体重低38%，公鸡低28%，贵妃鸡母鸡低0.49%，公鸡低2%，贵妃鸡生长速度比凉爽季节慢一周时间。可见炎热高温环境对两品种鸡的生长速度和饲料报酬产生严重影响。

五、怀乡鸡和麒麟鸡的肌纤维及脂肪细胞生长特性比较研究

李世鹏等（2015）对怀乡鸡和麒麟鸡的肌纤维及脂肪细胞生长特性做了比较研究。肌纤维是影响鸡肉嫩度的重要因素之一，其组织学特性与肌肉品质特别是食用品质（嫩度、风味、多汁性）性状密切相关，在某种程度上决定了肌肉特性，其中肌纤维直径和密度能直观地反映肌纤维特性，进而反映肌肉品质的优劣。肌纤维越细，肉质也越嫩，肌纤维越粗，肉质越差；肌纤维密度愈大，肌纤维愈细，肉质愈细嫩。脂肪细胞生长特性也具有重要意义，其体积大小与脂肪沉积的规律有密切关系。

本试验分别对怀乡鸡和麒麟鸡肌纤维特性进行比较研究，从肌纤维角度来反映怀乡鸡和麒麟鸡肉质嫩度，为肉品质特性研究提供科学依据；并通过研究这两种鸡脂肪细胞体积大小和增长规律来反映脂肪沉积的差异。

1. 摘要

本试验选用怀乡鸡和麒麟鸡两种优质肉鸡在同样条件下饲养，分别对12、14、16周龄的怀乡鸡和麒麟鸡的肌纤维特性和脂肪细胞生长特性进行对比研究。结果表明：第一是肌纤维直径。①12周龄：母麒麟鸡腿肌（15.80μm）小于母怀乡鸡（18.17μm）（$P<0.01$）、公怀乡鸡胸肌（14.04μm）小于公麒麟鸡（19.55μm）（$P<0.01$）。②14周龄：母麒麟鸡胸肌（13.04μm）小于母怀乡鸡（18.08μm）（$P<0.01$）、公麒麟鸡腿肌（15.84μm）小于公怀乡鸡（18.26μm）（$P<0.01$）。③16周龄：母怀乡鸡腿肌（16.17μm）小于母麒麟鸡（18.30μm）（$P<0.01$）、母怀乡鸡胸肌（14.84μm）小于母麒麟鸡（16.30μm）（$P<0.05$）。第二是肌纤维密度。①12周龄：母怀乡鸡腿肌（2 287.99根/mm^2）大于母麒麟鸡（1 946.73根/mm^2）（$P<0.01$）、公麒麟鸡胸肌（2 621.06根/mm^2）大于公怀乡鸡（2 085.26根/mm^2）（$P<0.01$）。②14周龄：母麒麟鸡腿肌（2 114.22根/mm^2）大于母怀乡鸡（1 723.24根/mm^2）（$P<0.01$）。③16周龄：母麒麟鸡胸肌（2 828.62根/mm^2）大于母怀乡鸡（2 278.34根/mm^2）（$P<0.05$）、公怀乡鸡腿肌（2 954.12根/mm^2）大于公麒麟鸡（2 273.51根/mm^2）（$P<0.05$）。第三是随着肌纤维的生长，肌肉间结缔组织与脂肪组织的增加，肌纤维直径越小，肌纤维密度不一定越大。第四是12～16周龄母怀乡鸡和母麒麟鸡的脂肪细胞体积呈一直增大的趋势，而公怀乡鸡和公麒麟鸡呈“上升-下降”的趋势。12、14、16周龄母怀乡

鸡的脂肪细胞体积（$9.52\times10^{-6}mm^3$、$11.29\times10^{-6}mm^3$、$13.68\times10^{-6}mm^3$）都比母麒麟鸡（$3.86\times10^{-6}mm^3$、$5.05\times10^{-6}mm^3$、$10.84\times10^{-6}mm^3$）的大，差异都极显著（$P<0.01$）；14 周龄公怀乡鸡（$9.15\times10^{-6}mm^3$）比公麒麟鸡（$7.66\times10^{-6}mm^3$）的大，差异显著（$P<0.05$）。

2. 结论

（1）从肌纤维直径角度。①12 周龄：母麒麟鸡腿肌优于母怀乡鸡，公怀乡鸡胸肌优于公麒麟鸡。②14 周龄：母麒麟鸡胸肌优于母怀乡鸡，公麒麟鸡腿肌优于公怀乡鸡。③16 周龄：母怀乡鸡腿肌优于母麒麟鸡、母怀乡鸡胸肌优于母麒麟鸡。

（2）从肌纤维密度角度。①12 周龄：母怀乡鸡腿肌优于母麒麟鸡，公麒麟鸡胸肌优于公怀乡鸡。②14 周龄：母麒麟鸡腿肌优于母怀乡鸡。③16 周龄：母麒麟鸡胸肌优于母怀乡鸡，公怀乡鸡腿肌优于公麒麟鸡。

（3）随着肌纤维的生长，肌肉间结缔组织与脂肪组织增加，肌纤维直径越小，肌纤维密度不一定越大。

（4）12～16 周龄母怀乡鸡和母麒麟鸡的脂肪细胞体积呈一直增大的趋势，而公怀乡鸡和公麒麟鸡呈“上升-下降”的趋势。母怀乡鸡的脂肪沉积能力比母麒麟鸡强。

六、怀乡鸡与贵妃鸡杂交效果观察研究

赵志远（2010）开展了怀乡鸡与贵妃鸡杂交效果观察的研究。

众所周知，我国绝大多数优良地方鸡种之所以肉质香美，滑嫩可口，其主要原因就是其肌间脂肪丰富，但皮下脂肪较厚，腹脂率较高，如怀乡鸡就是典型代表。这一点又不太符合现代人崇尚高蛋白低脂肪的消费观念和市场需求。鉴于此，如何能找出一个结合点，使其口感好而脂肪少，既能保持地方鸡种的肉质风味，又能克服地方鸡种皮脂厚而腹脂率高的严重不足。而贵妃鸡属于瘦肉型珍禽，其皮下脂肪、腹部脂肪、肌间脂肪的含量相对较低。这一难得的特性虽然符合现代人的健康消费理念（高蛋白低脂肪食品），但却在一定程度上影响了口感和风味，对于很讲究口感和鸡味的我国长江以南的广大消费者而言，确实是一个非解决不可的难题。

因此，本试验依据现代遗传育种理论，结合传统的育种手段，选择广东省优良地方鸡种——信宜怀乡鸡作父本，贵妃鸡作母本进行杂交，通过观察杂交 F_1 代及其亲本的生产性能、屠宰性能、肌肉品质，比较不同组合间的异同点，以便为我国优良地方鸡种的保存研究和开发利用，为满足现代人的消费愿望和市场需求，选育出更为理想的新型优质鸡配套组合提供参考。

1. 摘要

本研究以怀乡鸡和贵妃鸡为素材，组成3个配套组合，即贵妃鸡（♂）×贵妃鸡（♀），怀乡鸡（♂）×怀乡鸡（♀），怀乡鸡（♂）×贵妃鸡（♀），旨在观察比较其子一代的生产性能、屠宰性能和部分肉品质的差异性。试验选取3个组合的F_1代1日龄雏鸡各120只（公母各半），每个组合公母鸡各设有4个重复，每个重复15只，共360只，饲养至16周龄。结果表明：

（1）生产性能。3个组合16周龄体重由大到小依次为怀乡鸡（公1 743g、母1 590g）＞杂交鸡（公1 492g、母1 242g）＞贵妃鸡（公1 087g、母893g），同性别间差异显著（$P<0.05$）。料重比由大到小依次为贵妃鸡（公4.65、母4.58）＞杂交鸡（公4.37、母4.07）＞怀乡鸡（公4.11、母4.00），差异显著（$P<0.05$）。

（2）屠宰性能。3个组合公母鸡屠宰性状的绝对重量都是怀乡鸡最大，杂交鸡次之，贵妃鸡最小，差异显著（$P<0.05$）；3个组合母鸡的腹脂率由大到小依次为怀乡鸡（5.90%）＞杂交鸡（5.22%）＞贵妃鸡（1.44%），差异显著（$P<0.05$）；3个组合母鸡肌间脂肪宽和皮下脂肪厚分别为怀乡鸡（1.30cm、0.92cm）、杂交鸡（1.06cm、0.57cm）、贵妃鸡（0.73cm、0.78cm），差异均显著（$P<0.05$）。

（3）肌肉品质。组合间比较，怀乡鸡胸肌肌内脂肪含量（3.59%）和蛋白质含量（88.78%）与贵妃鸡胸肌肌内脂肪含量（2.83%）和蛋白质含量（91.83%）有显著差异（$P<0.05$），其他肉质性状差异均不显著（$P>0.05$）。组合内性别间比较，母鸡胸肌肌内脂肪含量均显著高于公鸡（$P<0.05$），但粗蛋白含量显著低于公鸡，其他指标均差异不显著（$P>0.05$）。

2. 研究内容

（1）各组合生长性能、饲料报酬、屠宰性能及肌肉品质；

（2）比较各组合屠宰性能的差异，主要是腹脂重、皮下脂肪厚和肌间脂肪宽3个脂肪性状的指标；

（3）各组合的肉质指标，包括各组合内及性别间肉品质的差异，主要是肌内脂肪含量的比较。

3. 材料与方法

怀乡鸡由广东盈富农业有限公司（怀乡鸡原种场）提供；贵妃鸡由广东海洋大学家禽育种中心提供；试验鸡同时收集种蛋，分别标记，同时孵化。孵化出的雏鸡，经翻肛鉴定公母，然后从每个组合后代中选取健康的公母雏鸡各60只，每个组合公母鸡各设有4个重复，每个重复15只，共计360只。试验期为1～112日龄。其饲料营养标准如表5-17。

表 5－17　基础日粮组成及营养水平

营养成分	0～4 周龄	4～9 周龄	9～16 周龄
玉米/%	61.13	66.84	69.89
豆粕/%	28.32	22.92	15.9
花生饼/%	6	6	10
贝壳粉/%	1.91	1.77	1.70
磷酸氢钙/%	1.03	0.86	0.9
食盐/%	0.37	0.37	0.37
预混料/%	1.24	1.24	1.24
合计	100	100	100
营养水平			
代谢能/（MJ/kg）	11.66	11.98	12.11
粗蛋白/%	19.9	18	16.98
钙/%	1	0.9	0.86
有效磷/%	0.37	0.33	0.33

4. 结果与分析

（1）怀乡鸡、贵妃鸡及杂交 F_1 代的体重与生长速度比较。从表 5－18、表 5－19 可知，三个鸡群的公、母鸡初生重已表现出明显的差异，即杂交鸡最高，与贵妃鸡差异不显著（$P>0.05$），两者均显著高于怀乡鸡（$P<0.05$）。但随着周龄的增加，体重迅速增加，在第 3（公鸡）、2（母鸡）周龄时，怀乡鸡的体重由出壳重最低变为期末最高且与贵妃鸡的体重差异显著（$P<0.05$）；在 3 周龄之后，三个鸡群的体重比较都呈现出显著性差异（$P<0.05$），一直到 16 周龄，其体重由大到小依次为怀乡鸡（公 1 743.69g、母 1 590.33g）＞杂交鸡（公 1 492.78g、母 1 242.32g）＞贵妃鸡（公 1 087.42 g、母 893.87g）。整个生长期三种鸡比较，公母鸡均以怀乡鸡生长最快。

表 5－18　各周龄不同组合公鸡体重比较

单位：g

周龄	品种		
	怀乡鸡♂	杂交鸡♂	贵妃鸡♂
初生重	24.17±1.81[a]	27.14±2.47[b]	26.80±2.29[b]
1	55.18±5.47[a]	60.47±6.51[b]	58.96±6.67[b]

（续）

周龄	品种		
	怀乡鸡♂	杂交鸡♂	贵妃鸡♂
2	115.36±13.61[a]	110.89±15.33[a]	104.79±13.10[b]
3	202.80±21.40[a]	187.68±30.74[b]	165.16±19.02[c]
4	289.79±32.79[a]	241.87±37.10[b]	222.21±29.93[c]
5	404.49±43.32[a]	361.86±54.50[b]	297.51±44.28[c]
6	551.16±53.08[a]	447.36±60.16[b]	359.97±49.88[c]
7	664.47±82.81[a]	587.66±71.32[b]	433.11±60.12[c]
8	846.91±83.89[a]	729.51±75.57[b]	541.23±77.56[c]
9	989.52±126.13[a]	866.23±93.74[b]	621.55±85.21[c]
10	1 173.24±137.32[a]	1 018.88±123.83[b]	711.03±118.60[c]
11	1 253.33±145.85[a]	1 077.22±144.13[b]	738.14±126.72[c]
12	1 369.85±176.12[a]	1 172.62±157.36[b]	817.17±139.88[c]
13	1 438.84±193.87[a]	1 260.80±166.64[b]	881.37±136.74[c]
14	1 526.14±196.16[a]	1 336.72±168.54[b]	952.67±138.57[c]
15	1 643.73±196.99[a]	1 428.49±169.49[b]	1 043.94±139.88[c]
16	1 743.69±212.64[a]	1 492.78±196.15[b]	1 087.42±155.38[c]

注：同行各组合间含不同字母表示差异显著（$P<0.05$）。

表 5－19　各周龄不同组合母鸡体重比较

单位：g

周龄	品种		
	怀乡鸡♀	杂交鸡♀	贵妃鸡♀
初生重	23.70±1.63[a]	27.22±2.43[b]	26.87±2.07[b]
1	54.74±5.93[a]	59.47±6.57[b]	55.62±6.31[a]
2	112.31±14.50[a]	107.27±14.29[b]	94.46±11.16[c]
3	191.30±25.14[a]	170.77±25.61[b]	152.80±17.04[c]
4	270.55±33.43[a]	227.58±41.67[b]	205.99±23.67[c]
5	373.42±42.51[a]	318.94±59.54[b]	271.01±30.68[c]
6	486.02±52.92[a]	404.75±70.80[b]	327.86±38.53[c]
7	590.29±59.85[a]	487.45±92.56[b]	401.10±40.29[c]
8	710.32±77.74[a]	588.76±101.36[b]	480.76±47.59[c]
9	848.82±80.03[a]	713.08±108.77[b]	492.29±65.78[c]

（续）

周龄	品种		
	怀乡鸡♀	杂交鸡♀	贵妃鸡♀
10	965.14±98.65[a]	880.78±112.45[b]	579.00±74.65[c]
11	1 041.78±114.11[a]	911.53±123.99[b]	624.37±78.87[c]
12	1 149.20±158.96[a]	1 007.26±133.29[b]	695.36±80.13[c]
13	1 269.78±159.69[a]	1 054.58±148.42[b]	745.71±81.80[c]
14	1 387.56±161.65[a]	1 136.52±162.88[b]	814.95±83.88[c]
15	1 483.00±167.98[a]	1 176.36±186.92[b]	855.12±86.49[c]
16	1 590.33±176.96[a]	1 242.32±198.28[b]	893.87±91.04[c]

注：同行各组合间含不同字母表示差异显著（$P<0.05$）。

（2）怀乡鸡、贵妃鸡及杂交 F_1 代的饲料报酬比较。由表 5－20 可以看出，3 种鸡的公鸡在 1～4 周龄的料重比没有显著性差异（$P>0.05$），而在 6～10 周龄，怀乡鸡公鸡的料重比与其他两种公鸡相比差异显著（$P<0.05$）；在饲养至 16 周龄时，怀乡鸡公鸡的累积料重比最小为 4.11，杂交公鸡的料重比为 4.37，贵妃鸡公鸡的料重比最大，为 4.65，且三者比较差异显著（$P<0.05$）。

3 种母鸡的料重比除在 1 周龄时没有显著性差异外，在其他周龄三者的料重比均存在一定的差异，且部分差异显著。在 8～16 周龄，贵妃鸡的料重比最大，且与其他两种母鸡相比有显著性差异（$P<0.05$），同时在整个饲养期，杂交母鸡的累积料重比介于两个亲本之间，并接近怀乡鸡（父本），三者全期的累积料重比分别为 4.58（贵妃鸡母鸡）＞4.07（杂交鸡母鸡）＞4.00（怀乡鸡母鸡）。

表 5－20　不同组合同性别间料重比分析结果

周龄	品种					
	怀乡鸡♂	杂交 F_1♂	贵妃鸡♂	怀乡鸡♀	杂交 F_1♀	贵妃鸡♀
1	1.57±0.18	1.56±0.09	1.57±0.08	1.56±0.11	1.51±0.16	1.65±0.02
2	1.68±0.01	1.76±0.07	1.80±0.01	1.61±0.02[c]	1.88±0.02[b]	1.79±0.05[a]
3	2.16±0.02	2.17±0.02	2.21±0.02	2.00±0.16[c]	2.26±0.03[a]	2.35±0.02[a]
4	2.76±0.06	2.81±0.11	2.56±0.12	2.42±0.13[c]	2.59±0.01[a]	2.72±0.06[a]
5	2.90±0.02[b]	3.19±0.07[a]	3.10±0.11	2.63±0.16[c]	2.76±0.04[a]	3.02±0.03[a]
6	2.91±0.04[c]	3.61±0.03[b]	3.38±0.07[a]	2.68±0.11[c]	2.84±0.11[a]	3.10±0.03[a]

（续）

周龄	品种					
	怀乡鸡♂	杂交 F_1♂	贵妃鸡♂	怀乡鸡♀	杂交 F_1♀	贵妃鸡♀
7	2.98 ± 0.02^c	3.62 ± 0.04^b	3.51 ± 0.01^a	2.80 ± 0.17^c	3.04 ± 0.02^a	3.28 ± 0.02^a
8	3.09 ± 0.04^b	3.65 ± 0.02^a	3.59 ± 0.04^a	2.91 ± 0.12^c	3.07 ± 0.07^c	3.52 ± 0.03^a
9	3.09 ± 0.01^b	3.71 ± 0.13^a	3.83 ± 0.01^a	2.97 ± 0.14^c	3.13 ± 0.08^c	3.62 ± 0.04^a
10	3.12 ± 0.01^b	3.71 ± 0.11^a	3.84 ± 0.05^a	3.15 ± 0.02^c	3.16 ± 0.15^c	3.74 ± 0.11^a
11	3.31 ± 0.01^c	3.78 ± 0.02^b	3.94 ± 0.02^a	3.32 ± 0.07^c	3.29 ± 0.02^c	3.92 ± 0.10^a
12	3.42 ± 0.04^c	3.92 ± 0.02^b	4.09 ± 0.08^a	3.38 ± 0.10^c	3.38 ± 0.09^c	4.00 ± 0.05^a
13	3.72 ± 0.04^c	4.05 ± 0.07^b	4.25 ± 0.01^a	3.57 ± 0.02^c	3.58 ± 0.05^c	4.18 ± 0.12^a
14	3.90 ± 0.03^c	4.18 ± 0.11^b	4.42 ± 0.06^a	3.73 ± 0.11^c	3.77 ± 0.02^c	4.35 ± 0.03^a
15	3.98 ± 0.02^c	4.29 ± 0.04^b	4.50 ± 0.02^a	3.87 ± 0.13^c	3.96 ± 0.05^c	4.52 ± 0.10^a
16	4.11 ± 0.06^c	4.37 ± 0.04^b	4.65 ± 0.04^a	4.00 ± 0.02^c	4.07 ± 0.13^c	4.58 ± 0.07^a

注：同行各组合间含不同字母表示差异显著（$P<0.05$）。

（3）怀乡鸡、贵妃鸡及杂交 F_1 代屠体性状比较。由表 5－21 和表 5－22 可知，3 种鸡相比，公母鸡各自的平均屠体重、半净膛重、全净膛重、胸肌重、腿肌重等各部分分割重（除公鸡腹脂重）都是怀乡鸡最大，杂交鸡次之，贵妃鸡最小。杂交公鸡的腹脂重最大且与贵妃鸡公鸡的腹脂重有显著性差异（$P<0.05$），而怀乡鸡公鸡与其他两种公鸡相比则差异不显著（$P>0.05$），其余各部分组合间差异显著（$P<0.05$）；3 个母鸡组合则在腿肌重、头重、脚重、心脏重及肝脏重都是怀乡母鸡与其他两种母鸡差异显著（$P<0.05$），而贵妃鸡母鸡与杂交母鸡之间差异不显著（$P>0.05$），其余各部分 3 个母鸡组合间都差异显著（$P<0.05$）。

而 3 个组合公母鸡各自的屠宰率、半净膛率、全净膛率、胸肌率、腿肌率等各部分比率的差异并没有表现出相应的一致性，但 3 个组间部分性状也出现了显著性差异（$P<0.05$）。

3 种公鸡的胸宽和胫围表现为怀乡鸡最大，杂交鸡次之，贵妃鸡最小，且三者之间差异显著（$P<0.05$）。3 种公鸡中杂交公鸡的胫长值最大，且与贵妃公鸡差异显著（$P<0.05$），与怀乡鸡公鸡则差异不显著（$P>0.05$）。

3 种母鸡的胸宽、胫长和胫围均表现为怀乡鸡最大，贵妃鸡最小，杂交鸡介于二者之间，且怀乡鸡母鸡与其他两种母鸡相比差异显著（$P<0.05$）。

表 5-21　三个组合公鸡的屠宰性状

性状	怀乡鸡♂	贵妃鸡♂	杂交鸡♂
宰前体重/g	1 544.76±98.42[a]	1 018.62±61.00[b]	1 311.75±81.07[c]
屠体重/g	1 383.81±96.66[a]	904.60±56.87[b]	1 159.97±67.14[c]
屠宰率/%	89.56±1.46[a]	88.80±1.31	88.47±2.06[c]
半净膛重/g	1 259.22±90.08[a]	795.20±55.50[b]	1 055.15±71.55[c]
半净膛率/%	81.49±1.33[a]	78.05±2.43[b]	80.43±1.68[ac]
全净膛重/g	1 063.62±147.71[a]	663.59±54.16[b]	877.48±63.05[c]
全净膛率/%	68.69±6.57[a]	65.09±2.47[b]	66.87±1.76
胸肌重/g	140.87±20.77[a]	98.50±5.76[b]	124.12±60.83[c]
胸肌率/%	13.28±1.31[a]	14.83±1.91[b]	14.13±1.77
腿肌重/g	276.42±40.63[a]	147.77±16.21[b]	215.28±31.56[c]
腿肌率/%	26.13±3.19[a]	22.34±2.46[b]	24.54±3.30[ac]
翅重/g	123.60±13.69[a]	87.91±8.51[b]	105.76±11.52[c]
翅重率/%	11.73±1.32[a]	13.28±1.07[b]	12.08±1.36[ac]
腹脂重/g	4.62±4.09	3.80±3.14[b]	6.95±5.04[c]
腹脂率/%	0.42±0.27[a]	0.58±0.47[b]	0.57±0.54[bc]
皮脂厚/cm	0.44±0.16[a]	0.54±0.17[b]	0.56±0.12[bc]
肌间脂宽/cm	0.43±0.13[a]	0.68±0.15[b]	0.58±0.17[c]
头重/g	86.02±12.67[a]	39.26±3.11[b]	61.83±7.17[c]
脚重/g	67.20±8.89[a]	38.70±3.31[b]	51.66±5.24[c]
心脏重/g	8.55±1.12[a]	5.40±0.94[b]	7.32±1.94[c]
肝脏重/g	29.29±7.14[a]	22.38±2.87[b]	27.47±4.18[ac]
胸角度/°	55.83±4.72[a]	40.84±3.59[b]	45.00±3.34[c]
胫长/cm	8.26±0.27[a]	7.93±0.40[b]	8.54±0.69[ac]
胫围/cm	4.39±0.19[a]	3.58±0.18[b]	4.01±0.17[c]

注：同行各组合间含不同字母表示差异显著（$P<0.05$）。

表 5-22　三个组合母鸡的屠宰性状

性状	怀乡鸡♀	贵妃鸡♀	杂交鸡♀
宰前体重/g	1 371.65±108.53[a]	827.23±77.13[b]	983.79±123.11[c]
屠体重/g	1 239.14±110.71[a]	723.86±72.48[b]	869.97±110.78[c]
屠宰率/%	90.28±1.38[a]	87.46±1.39[b]	88.40±0.95[c]

（续）

性状	怀乡鸡♀	贵妃鸡♀	杂交鸡♀
半净膛重/g	1 084.83±98.99[a]	638.01±56.63[b]	785.95±99.58[c]
半净膛率/%	79.08±3.44[a]	77.17±1.60[b]	79.93±3.02[ac]
全净膛重/g	887.47±81.91[a]	529.63±45.74[b]	650.48±84.97[c]
全净膛率/%	64.70±3.11	64.08±1.78[b]	66.14±2.77[c]
胸肌重/g	137.97±20.71[a]	87.96±13.00[b]	104.40±15.59[c]
胸肌率/%	15.51±1.50	16.64±2.20	16.11±1.87
腿肌重/g	188.30±21.03[a]	110.84±12.70[b]	124.71±29.60[bc]
腿肌率/%	21.29±2.29[a]	20.97±2.07[ab]	19.02±2.50[c]
翅重/g	98.72±7.25[a]	67.59±6.13[b]	76.30±13.17[c]
翅重率/%	11.19±1.07[a]	12.80±1.09[b]	11.74±1.33[ac]
腹脂重/g	53.30±26.30[a]	7.63±4.93[b]	33.61±16.37[c]
腹脂率/%	5.90±26.41[a]	1.44±8.99[b]	5.22±2.49[ac]
皮脂厚/cm	0.92±0.29[a]	0.57±0.26[b]	0.78±0.20[c]
肌间脂肪宽/cm	1.30±0.30[a]	0.73±0.14[b]	1.06±0.29[c]
头重/g	41.55±4.21[a]	29.27±2.76[b]	31.00±5.44[bc]
脚重/g	41.37±2.32[a]	27.33±2.71[b]	28.10±9.74[bc]
心脏重/g	5.89±1.08[a]	3.72±1.27[b]	3.85±1.19[bc]
肝脏重/g	27.88±4.89[a]	19.85±3.32[b]	18.79±3.56[bc]
胸角度/°	55.16±4.07[a]	42.84±5.75[b]	53.44±5.29[ac]
胫长/cm	7.10±0.37[a]	6.46±0.25[b]	6.54±0.91[bc]
胫围/cm	3.81±0.13[a]	3.15±0.11[b]	3.51±0.25[c]

注：同行各组合间不含相同字母表示差异显著（$P<0.05$）。

（4）怀乡鸡、贵妃鸡及杂交 F_1 代部分肉品质性状比较。

①肌肉营养成分含量。由表 5-23 和表 5-24 可知，各组合平均胸肌水分含量为 69.00%～74.65%，总体平均值为 73.29%。各组合平均腿肌水分含量为 74.65%～76.17%，总体平均值为 75.13%。3 个组合平均胸腿肌水分含量及同组合内性别间差异都不显著（$P>0.05$）。

所测的粗蛋白含量，经总体分析，各组合平均胸肌粗蛋白含量为 88.70%～93.67%，总体均值为 91.52%。各组合平均腿肌粗蛋白含量为 84.40%～87.99%，总体均值为 87.10%。3 个组合公鸡之间的平均胸腿肌粗蛋白含量均没有显著性差异（$P>0.05$）。3 个组合母鸡平均胸腿肌粗蛋白含量都是贵妃鸡最高，杂交鸡次之，怀乡鸡最低，且经方差分析显示，怀乡鸡平均胸肌粗蛋白含量明显低于贵妃鸡（$P<0.05$），而杂交鸡与其亲本胸肌平均粗蛋白含量差异不显著（$P>0.05$）；而3个组合母鸡之间平均腿肌粗蛋白含量则没有达到显著水平（$P>0.05$）。3个组合平均胸肌粗蛋白含量同组合内性别间差异均显著（$P<0.05$），同组合性别间怀乡鸡公母鸡的平均腿肌粗蛋白含量差异显著（$P<0.05$），其他两种组合则没有达到显著水平（$P>0.05$）。

对测定的粗灰分数据进行分析，各组合的平均胸肌粗灰分值为4.43%～5.47%，总体平均值为4.95%。各组合的平均腿肌粗灰分含量为4.39%～5.02%，总体均值为4.66%。3个组合平均胸肌粗灰分和平均腿肌粗灰分的含量在3个组合间及同组合内性别间比较差异均不显著（$P>0.05$）。

表5－23　三个组合公鸡同部位肉质比较

性状	胸肌			腿肌		
	怀乡鸡	贵妃鸡	杂交鸡	怀乡鸡	贵妃鸡	杂交鸡
滴水损失率/%	1.56±0.16	1.52±0.27	1.46±0.38	1.06±0.32	1.40±0.19	1.50±0.43
水分/%	74.69±0.86	69.03±1.07	74.65±1.06	74.65±1.67	75.29±1.07	76.17±1.32
pH	6.28±0.23	6.25±0.13	6.28±0.17	6.32±0.13	6.20±0.16	6.28±0.25
肉色/（A）	0.51±0.07[a]	0.72±0.07[b]	0.68±0.10[b]			
粗蛋白/%	92.90±1.40	93.67±0.80	92.94±1.69	86.83±1.82	87.84±1.30	87.99±3.10
粗脂肪/%	2.77±0.97	2.38±0.61	2.64±1.02	8.63±1.03	7.44±1.46	8.05±0.74
粗灰分/%	4.95±0.43	4.43±0.31	5.00±0.75	5.02±0.34[a]	4.39±0.35[b]	4.86±0.42

注：同行各组合间同部位含不同字母表示差异显著（$P<0.05$）。

表5－24　三个组合母鸡同部位肉质比较

性状	胸肌			腿肌		
	怀乡鸡	贵妃鸡	杂交鸡	怀乡鸡	贵妃鸡	杂交鸡
水分/%	73.94±1.92	73.81±0.63	73.59±1.71	74.69±2.12	75.11±0.93	74.86±1.04
pH	6.20±0.22	6.23±0.13	6.23±0.10	6.13±0.15	6.20±0.18	6.23±0.22
肉色/（A）	0.84±0.34	0.860±0.14	0.754±0.08			
粗蛋白/%	88.78±0.73[a]	91.82±0.95[b]	89.07±0.56	84.40±2.31	87.33±1.96	86.21±3.07
粗脂肪/%	3.59±1.30[a]	2.83±0.82[b]	3.54±1.12	10.46±1.23[a]	8.12±0.38[b]	9.28±2.20
粗灰分/%	5.47±0.37	4.84±0.38	4.98±0.16	4.62±0.14	4.47±0.27	4.60±1.43

注：同行各组合间同部位含不同字母表示差异显著（$P<0.05$）。

②肌肉pH、滴水损失率、肉色。所有样本胸腿肌pH的变化范围很小，总体样本均在6.20左右。

所测3个组合样本均值的胸肌滴水损失率和腿肌滴水损失率的变化范围较小，胸肌滴水损失率为1.46%～2.49%，总体平均值为1.90%；腿肌滴水损失率为1.06%～1.57%，其总体均值为1.41%。3个组合及同组合内性别间的pH和滴水损失率均差异不显著（$P>0.05$）。3个组合公鸡的肉色吸光值以贵妃鸡最高，怀乡鸡最小，杂交鸡介于二者之间，且怀乡公鸡的肉色吸光值与其他两种公鸡差异显著（$P<0.05$）。但3个组合母鸡的肉色吸光值三者之间没有达到显著水平（$P>0.05$）。3个组合胸肌性别间比较显示，公母鸡间的肉色吸光值差异不显著（$P>0.05$）。

③肌内脂肪（IMF）含量。由所测样本可知，组合内性别间胸肌的平均IMF含量公鸡为2.38%～2.80%，母鸡为2.83%～3.67%；组合内性别间腿肌的平均IMF含量公鸡为7.44%～8.63%，母鸡为8.12%～10.46%；由此可见，胸腿肌间IMF含量存在较大的差异，怀乡鸡IMF含量腿肌∶胸肌＝3.63∶1；贵妃鸡腿肌∶胸肌＝2.69∶1；杂交鸡腿肌∶胸肌＝2.60∶1。

胸腿肌平均IMF含量最高的是怀乡鸡，杂交鸡次之，贵妃鸡最低，但经过多重比较结果显示，3种公鸡胸腿肌的平均IMF含量则没有达到显著水平（$P>0.05$）；胸腿肌平均IMF含量都是怀乡鸡最高，贵妃鸡最低，杂交鸡介于二者之间。且经过多重比较结果显示，怀乡鸡胸腿肌IMF含量都明显高于贵妃鸡（$P<0.05$），而杂交鸡胸腿肌的平均IMF含量则与其他两种母鸡差异不显著（$P>0.05$）。

（5）杂种优势分析。

表5-25　屠体性状的杂种优势

性状	双亲均值	后代均值	杂种优势	杂种优势率/%
宰前体重/g	1 193.07	1 214.19	21.12	1.77
屠体重/g	1 062.85	1 073.12	10.27	0.97
屠宰率/%	89.03	88.48	−0.55	−0.62
半净膛重/g	944.32	973.13	28.81	3.05
半净膛率/%	78.95	80.43	1.48	1.87
全净膛重/g	786.08	812.49	26.41	3.36
全净膛率/%	65.64	66.89	1.25	1.90
胸肌重/g	116.33	121.22	4.89	4.20
胸肌率/%	15.07	15.06	−0.01	−0.07

（续）

性状	双亲均值	后代均值	杂种优势	杂种优势率/%
腿肌重/g	180.83	182.66	1.83	1.01
腿肌率/%	22.66	22.14	−0.52	−2.30
翅膀重/g	94.46	95.36	0.9	0.95
翅重率/%	12.25	11.69	−0.56	−0.05
腹脂重/g	17.34	22.61	5.27	30.39
腹脂率/%	2.09	3.09	1	47.85
皮下脂肪厚/mm	0.62	0.68	0.06	9.68
肌间脂肪宽/mm	0.79	0.82	0.03	3.80
头重/g	49.03	47.27	−1.76	−3.59
脚重/g	43.65	41.31	−2.34	−5.36
心脏重/g	5.89	5.69	−0.2	−3.30
肝脏重/g	24.85	23.97	−0.88	−3.54
胸角度/°	48.67	48.77	0.1	0.21
胫长/cm	7.44	7.18	−0.26	−3.50
胫围/cm	3.73	3.52	−0.21	−5.63

由表 5－25 可见，在所有的屠体性状中，几个脂肪性状的杂种优势率较高，其中腹脂重和腹脂率的杂种优势率最高，分别达到 30.39%和 47.85%，皮下脂肪厚的杂种优势率为 9.68%，肌间脂肪宽的杂种优势较低仅为 3.80%。其他性状由于遗传力较高，所以杂种优势较低；且部分分离器官表现出了一定的杂种劣势。

由表 5－26 可知，胸肌 IMF 含量有较高的杂种优势，优势率为 6.92%，腿肌 IMF 则有一定的杂种劣势（−0.08%）。胸肌的粗蛋白表现出一定的杂种劣势（−0.85%），腿肌粗蛋白含量基本没有表现出杂种优势。所测的肉质指标中胸肌水分都表现出了一定的杂种优势，优势率为 0.93%，腿肌水分的杂种优势较低，仅为 0.47%，杂种优势不是很明显。另外胸腿肌的粗灰分都表现出了一定的杂种优势。其他性状都未表现出明显的杂种优势。

表 5-26 肉品质性状的杂种优势

性状	胸肌				腿肌			
	双亲均值	后代均值	杂种优势	杂种优势率/%	双亲均值	后代均值	杂种优势	杂种优势率/%
滴水损失率/%	1.88	1.89	0.01	0.01	1.41	1.42	0.01	0.71
水分/%	73.13	73.8	0.68	0.93	74.95	75.4	0.45	0.47
pH	6.24	6.25	0.01	0.16	6.21	6.25	0.04	0.64
肉色	0.73	0.72	−0.01	−1.37				
粗蛋白/%	91.79	91.01	−0.78	−0.85	87.10	87.08	−0.02	0.00
IMF/%	2.89	3.09	0.2	6.92	8.66	8.59	−0.07	−0.08
粗灰分/%	4.92	5	0.08	1.63	4.63	4.7	0.07	1.51

（6）胸肌肌内脂肪（IMF）含量与屠体性状的相关性分析。经过对各组合样本的测定与分析，由表 5-27 可以看出，胸肌 IMF 含量与屠体性状的相关性因组合不同而产生差异，没有一致的趋势。怀乡鸡和杂交鸡的腹脂重、皮下脂肪厚、肌间脂肪宽与胸肌 IMF 含量呈现中等程度的正相关，贵妃鸡的皮下脂肪厚和肌间脂肪宽与胸肌 IMF 含量也有一定的正相关。杂交鸡的宰前体重、屠体重、半净膛重、胸肌重和腿肌重与胸肌 IMF 含量表现出中等程度的负相关。其他屠体性状与胸肌 IMF 含量的相关性因组合的差异而呈现不一致的相关性。

表 5-27 胸肌 IMF 含量与屠体性状的表型相关

性状	怀乡鸡	贵妃鸡	杂交鸡
宰前体重/g	−0.11	0.07	−0.23*
屠体重/g	−0.08	0.05	−0.21
半净膛重/g	−0.16	0.07	0.23*
全净膛重/g	−0.17	0.05	−0.19
胸肌重/g	0.08	0.04	−0.08
腿肌重/g	0.00	0.07	−0.17

（续）

性状	怀乡鸡	贵妃鸡	杂交鸡
翅膀重/g	−0.29*	−0.07	−0.23*
腹脂重/g	0.47**	0.25	0.27**
皮下脂肪厚/cm	0.48**	0.31*	0.22*
肌间脂肪宽/cm	0.56**	0.36*	0.35**
头重/g	−0.45**	0.06	−0.30**
脚重/g	−0.47**	0.01	−0.27**
心脏重/g	−0.25	0.08	−0.18
肝脏重/g	0.30	−0.07	−0.28**

注：* 代表差异显著（$P<0.05$）；** 代表差异极显著（$P<0.01$）。

5. 结论

本研究以怀乡鸡和贵妃鸡为素材，组成三个配套组合，观察比较了子一代的生产性能、屠宰性能和肌肉品质，初步得出以下结论：

（1）三个组合的生产性能。16 周龄体重分别为怀乡鸡 1 667g，杂交鸡 1 367g，贵妃鸡 990g；料重比分别为怀乡鸡 4.06，杂交鸡 4.22，贵妃鸡 4.62。

（2）三个组合的屠宰性能。各屠宰性状的绝对重量都是怀乡鸡最大，杂交鸡次之，贵妃鸡最小；三个组合母鸡的腹脂率由大到小为怀乡鸡 5.90%＞杂交鸡 5.22%＞贵妃鸡 1.44%；三个组合母鸡肌间脂肪宽分别为怀乡鸡 1.30cm，杂交鸡 1.06cm，贵妃鸡 0.73cm。

（3）三个组合的肌肉品质。怀乡鸡胸肌肌内脂肪（3.18%）和蛋白质含量（90.84%）与贵妃鸡胸肌肌内脂肪（2.61%）和蛋白质含量（92.75%）有显著差异；组合内性别间比较，母鸡胸肌肌内脂肪显著高于公鸡，公鸡胸肌内粗蛋白含量显著高于母鸡。

七、怀乡鸡体重和体尺性状指标的相关分析及聚类分析

叶伟庆等（2016）对怀乡鸡体重和体尺性状指标进行了相关分析及聚类分析。

1. 摘要

利用相关分析和聚类分析对 12 周龄信宜怀乡鸡的体重、体尺性状进行统

计分析，旨在为信宜怀乡鸡肉用性能的选育提供参考依据。结果表明：公鸡体重与体斜长、龙骨长、胫长呈显著或极显著正相关，相关程度最大的是体斜长（r=0.996）；而母鸡的体重与胫长、体斜长、龙骨长、胸深呈显著或极显著正相关，相关程度最大的是胫长（r=0.990）。怀乡公、母鸡的体尺性状与体重间的相关关系存在差异。体型性状的聚类分析显示，怀乡公鸡可以聚成4类，母鸡则聚成3类。怀乡公鸡体重与体尺性状相对重要的代表性状为体斜长、龙骨长、体重和胸宽；母鸡为体重、体斜长和龙骨长。

聚类分析可将众多具有复杂关系的体型性状归结为几个综合性指标，又不使所含信息丧失太多，目前在动物的选育、分类和鉴定上得到越来越广泛的应用，刘丽娟等将聚类分析用于初生仔马鹿体型选择，努尔比亚等将其运用于中国美利奴羊的综合选育，张毅等将聚类分析应用于确定猪的选育指标。本试验对12周龄怀乡鸡的体重和体尺性状进行相关分析和聚类分析，旨在选出一些信息量大、综合性好、具有代表性的体型性状指标，客观反映个体生产性能和特性，为怀乡鸡的肉用性能选育提供参考依据。

2. 材料和方法

（1）试验动物及饲养管理。信宜怀乡鸡苗228只，公母各半，出雏时进行个体编号，采用网上笼养，同一条件下三层笼养，饲喂相同日粮，试验日粮为金钱（湛江）有限公司生产的全价配合饲料，所用日粮营养水平如下：0～6周龄代谢能和粗蛋白含量分别为11.66MJ/kg和19.9%，7～12周龄分别为11.98MJ/kg和18.0%，自由饮水，常规免疫程序进行免疫，实施科学的饲养管理。

（2）体尺测定项目及方法。将试验鸡饲养至12周龄时，停食12h，主要体重和体尺指标参照杨宁主编的《家禽生产学》规定的方法测定，即体重（X_1）、体斜长（X_2）、龙骨长（X_3）、胸深（X_4）、胸宽（X_5）、胫长（X_6）、胫围（X_7）。活体重用电子台秤称重，各项体尺用游标卡尺测量。

3. 结果与分析

（1）体重及体尺指标。12周龄怀乡鸡体重及体尺指标测定结果见表5-28，怀乡公鸡的体重、胸宽、胫长、胫围4个体尺性状变异系数较大，分别为8.51%、11.04%、5.56%、7.53%，其他体尺性状变异系数均小于5%。母鸡体重及各体尺指标变异系数均小于5%，群体均匀度较高。这表明怀乡公鸡体重与体型还具有较大的遗传改进潜力，其产肉性能还会有一定程度的提高。单因素方差分析发现，怀乡公鸡的体重、体斜长、胫长极显著高于母鸡（$P<0.01$），胫围显著高于母鸡（$P<0.05$）。

表 5-28　信宜怀乡鸡体重与体尺的表型参数

项目	怀乡公鸡		怀乡母鸡	
	平均值±标准差	变异系数/%	平均值±标准差	变异系数/%
体重 X_1/g	990.82±54.13^{A}	8.51	814.72±69.39^{B}	5.46
体斜长 X_2/cm	20.75±0.52^{A}	4.41	18.82±0.83^{B}	2.51
龙骨长 X_3/cm	8.75±0.43	3.27	8.72±0.28	5.01
胸深 X_4/cm	7.82±0.17	3.37	7.81±0.26	2.21
胸宽 X_5/cm	3.32±0.17	11.04	3.32±0.36	5.28
胫长 X_6/cm	7.58±0.12^{A}	5.56	6.68±0.37^{B}	1.59
胫围 X_7/cm	4.31±0.18^{a}	7.53	3.83±0.28^{b}	4.31

注：同行肩注小写字母不同表示差异显著（$P<0.05$），大写字母不同表示差异极显著（$P<0.01$）。

（2）体重与体尺指标间的相关分析。由表 5-29 可见，在怀乡公鸡体重与体尺性状的相关性比较中，怀乡公鸡体重与体斜长呈极显著正相关（$P<0.01$），与龙骨长、胫长呈显著正相关（$P<0.05$）；体斜长与龙骨长、胫长呈显著正相关（$P<0.05$）；龙骨长与胫长呈极显著正相关（$P<0.01$）。怀乡母鸡体重与胫长呈极显著正相关（$P<0.01$），与体斜长、龙骨长、胸深呈显著正相关（$P<0.05$）；体斜长与龙骨长、胫长呈显著正相关（$P<0.05$）；龙骨长与胸深呈极显著正相关（$P<0.01$），与胫长呈显著正相关（$P<0.05$）。

表 5-29　信宜怀乡鸡体重与体尺的相关系数矩阵

项目	X_1	X_2	X_3	X_4	X_5	X_6	X_7
X_1	1	0.996**	0.956*	0.948	−0.457	0.983*	−0.501
X_2	0.881*	1	0.971*	0.918	−0.481	0.989*	−0.429
X_3	0.944*	0.892*	1	0.844	−0.662	0.993**	−0.243
X_4	0.899*	0.820	0.981**	1	−0.377	0.901	−0.721
X_5	0.342	−0.057	0.378	0.502	1	−0.605	−0.244

（续）

项目	X_1	X_2	X_3	X_4	X_5	X_6	X_7
X_6	0.990**	0.916*	0.920*	0.850	0.207	1	−0.356
X_7	0.214	0.567	0.300	0.313	−0.401	0.249	1

注：矩阵右上方为公鸡的相关系数，左下方为母鸡的相关系数。数据肩标* 表示差异显著（$P<0.05$），肩标** 表示差异极显著（$P<0.01$）。

（3）聚类分析。分别以怀乡公母鸡的各个体型性状间的简单相关系数的绝对值作为聚类指标，用系统聚类法中的类平均法对 7 个体型性状进行聚类分析，并构建聚类树状。以性状相关系数的显著性作为分类标准，怀乡公鸡可以聚成 4 类，Ⅰ类：体斜长，胫围；Ⅱ类：龙骨长，胸深；Ⅲ类：体重，胫长；Ⅳ类：胸宽。母鸡则可以聚成 3 类，Ⅰ类：体重，胸深，胸宽，胫长；Ⅱ类：体斜长，胫围；Ⅲ类：龙骨长。

由聚类结果分析可知，怀乡鸡不同性别的体型性状聚类结果不相同，故对于不同的性别应有不同的体型性状测量指标。

为了给怀乡鸡制定体型测量指标提供参考依据，通过计算怀乡公母鸡每一个体尺性状与它同类其他性状的平均相关指数，以相关指数最大的性状作为此类的典型性状。这样在制定测量性状时，就可以将典型性状作为该类的代表性状进行测量，其他性状可以不测。根据各相关指数的大小，怀乡公鸡体重与体尺性状相对重要的代表性状为体斜长、龙骨长、体重和胸宽；母鸡的为体重、体斜长和龙骨长。

4. 讨论与结论

信宜怀乡鸡作为中型肉用家禽，体重及各体尺指标是其主要经济性状，也是衡量生长发育程度及群体均匀度的一个重要指标。通过本次试验可知，12 周龄怀乡公母鸡体重和胸宽两个体型性状的变异系数均较大，个体间差异大，这与陈锐对略阳乌鸡的研究结果基本一致。表明在今后怀乡鸡选育过程中，体重和胸宽这两个性状可以作为体型选育的主要指标，通过适当强度的体型选择，进一步提高怀乡鸡的产肉性能。

体重和体尺性状是家禽遗传选育中重要的表型性状，利用禽类体重与体尺之间的相关关系，可以加快禽类新品种的选育进程。12 周龄怀乡公、母鸡间体重及大多数体尺的差异均呈显著或极显著。怀乡鸡体重与大部分体尺性状间均存在不同程度正相关关系，其中怀乡公鸡体重与体斜长间的相关程度最大，而母鸡体重与胫长间的相关程度最大，这一点与张力等对福建德化黑鸡的研究结果基本一致。怀乡鸡体尺性状对体重的影响及体尺性状间的相关关系随性别的不同而异。

本试验将聚类分析应用于信宜怀乡鸡体型性状分析，用以确定怀乡鸡体型选育指标。从怀乡鸡体型性状聚类图可知，怀乡公鸡可以聚成 4 类，各类相对重要的代表性状为体重、体斜长、龙骨长和胸宽，其中胸宽单独成一类，与其他体尺性状差别较大，需要在选育中予以独立考虑。怀乡母鸡则聚成 3 类，分别为体重、体斜长和龙骨长，其中龙骨长单独成一类。怀乡鸡性别不同，需要独立考虑的体尺指标也不同，所以，在选择选育性状时应尽量侧重这些性状，同时兼顾其他性状，才能对怀乡鸡整体的肉用性能起到良好的改良作用。

第二节　产蛋性能测定与研究进展

一、怀乡鸡 A、B 系产蛋性能比较分析

杜炳旺等（2014）开展了最初建立的怀乡鸡两个种群即 2 个系产蛋性能的比较分析。

1. 摘要

本试验通过对怀乡鸡种鸡 A、B 两个系母鸡从开产至 52 周龄的产蛋率、蛋重、种蛋合格率进行比较分析，揭示其产蛋规律，为怀乡鸡的育种工作及配套系研究提供理论依据。结果表明：A、B 两系的开产日龄分别为 141.74d±8.13d 和 143.28d±4.56d；A、B 两系产蛋率总体良好，产蛋率维持在 50%以上均为 24 周，维持在 60%以上 A 系有 14 周，B 系 9 周，43 周龄 A 系平均每只母鸡累计产蛋数为 92.96 枚，B 系为 93.85 枚，52 周龄平均每只母鸡累计产蛋数 A 系为 123.60 枚，B 系为 120.48 枚；A 系蛋重要略重于 B 系，其中第 27、33 周龄 A 系蛋重要显著高于 B 系（$P<0.05$），第 28、31、44 周龄 A 系蛋重要极显著高于 B 系（$P<0.01$）。

2. 试验材料

以饲养于广东盈富农业有限公司怀乡鸡原种场的 A、B 两个系怀乡鸡种鸡为试验材料，A 系、B 系分别由 265 只和 592 只母鸡，均为三阶梯笼养，每天光照 16h，自由采食和饮水，正常饲养管理，常规免疫程序免疫。

3. 讨论与小结

（1）产蛋率和产蛋曲线。种鸡产蛋率是反映种鸡繁殖性能最重要的指标之一。产蛋率受多种因素影响，主要有品种、环境、季节、饲养管理、疾病等，本试验怀乡鸡 A、B 两系产蛋率维持在 50%以上均为 24 周，产蛋率维持在 60%以上 A 系有 14 周，B 系 9 周，就 60%以上持续周数而言，怀乡鸡 A 系要

优于B系。作为肉用种鸡其产蛋率要高于宁都黄鸡50%以上的产蛋率能维持4~8周，低于文昌鸡60%以上的产蛋率能维持15~18周。怀乡鸡A、B两系总体产蛋性能良好，但还有很大的提升空间。

（2）产蛋性状。开产日龄是优质型土鸡品种类型的早熟性度量指标，怀乡鸡A、B两个系种鸡开产日龄分别为141.74d±8.13d和143.28d±4.56d，两者几乎同时开产，与广西黄鸡的148d较为接近，略早于固始鸡的157d和新扬州鸡的182.7d。开产日龄主要受品种和饲养管理两方面影响，就品种而言，怀乡鸡开产日龄较早。

怀乡鸡蛋重随着产蛋周龄的增加而增加，A系蛋重总体要略高于B系。总体蛋重偏小，A、B系52周龄最大蛋重分别为48.87g±1.19g和48.90g±1.09g，44周龄平均蛋重A系为48.13g±2.12g，B系为46.90g±1.82g，与我国11个地方鸡种的平均蛋重47.94g±6.63g相近，但小于国外的白壳鸡蛋（56.24g）和褐壳鸡蛋（64.15g）。关于怀乡鸡蛋重对繁殖性能的影响还将进一步研究。

怀乡鸡A、B两系均具有较强的就巢性，造成怀乡鸡种蛋数量偏少，成本增加。研究怀乡鸡的就巢性特点和生物机制，通过环境控制降低就巢比例，并利用DNA标记进行辅助选择，才能彻底根除就巢的发生。

二、怀乡鸡C系第一、二世代产蛋性能测定分析

李珊珊等（2015）开展了怀乡鸡C系第一、二世代产蛋性能测定分析。

1. 摘要

本试验以广东盈富农业有限公司信宜怀乡鸡原种场所饲养的怀乡鸡C系一世代、二世代母鸡的23~52周龄的生产性能为依据，对其产蛋率、产蛋量、蛋重及产蛋期体重变化等产蛋性能进行分析，研究不同周龄种鸡产蛋性能的变化规律，为怀乡鸡的育种工作及生产提供理论依据。结果表明：C系一世代母鸡产蛋率维持在50%以上有26周，维持在60%以上有18周，维持在70%以上有5周，C系二世代母鸡产蛋率维持在50%以上有26周，维持在60%以上有14周，维持在70%以上有4周，由此可见怀乡鸡C系产蛋量较高，产蛋性能好；52周龄C系一、二世代平均每只母鸡累计产蛋数分别为127.4枚和127.51枚。

2. 饲养管理及日粮组成

为三层阶梯个体单笼饲养，每天光照16h，自由采食和饮水，正常饲养管理，常规免疫程序免疫。

3. 小结

种鸡产蛋率是反映种鸡繁殖性能最重要的指标之一。产蛋率受多种因素影响，主要有品种、环境、季节、饲养管理、疾病等，本试验怀乡鸡C系一世代产蛋率维持在50%以上有26周，维持在60%以上的有18周，维持在70%以上有5周，C系二世代产蛋率维持在50%以上有26周，维持在60%以上的有14周，维持在70%以上有4周，C系两世代产蛋率良好，差异较小。就60%以上持续周数而言，怀乡鸡C系一世代产蛋率与二世代相当。作为肉用种鸡，其两世代产蛋率均高于宁都黄鸡50%以上的产蛋率能维持4～8周。接近于文昌鸡60%以上的产蛋率能维持15～18周。怀乡鸡C系总体产蛋性能良好，但还有很大的提升空间。

三、怀乡鸡A系第三世代产蛋性能测定与分析

明世清等（2016）开展了怀乡鸡A系第三世代产蛋性能测定与分析。

1. 摘要

本试验通过对怀乡鸡A系第三世代产蛋性能的测定及分析，揭示其产蛋规律，以期为怀乡鸡的育种工作及配套系研究提供理论依据。对23～52周龄母鸡的产蛋率、产蛋量、只均产蛋数、蛋重、种蛋合格率等产蛋性能进行研究，统计分析表明：怀乡鸡从开始产蛋到43和52周龄只均产蛋量分别为89.3枚和120.4枚；产蛋高峰为28周龄，产蛋率69.14%，55%以上的产蛋率能维持17周，维持在60%以上有13周；蛋重随着周龄的增加而增大，43周和52周龄蛋重分别为47.68g和48.28g。

2. 试验鸡群与测定项目

以饲养于广东盈富农业有限公司怀乡鸡原种场的A系第三世代怀乡鸡种鸡（115只公鸡和637只母鸡）为试验材料，采用三层阶梯笼养方式，每天光照16h，自由采食和饮水，常规免疫程序免疫，试验期为23～52周龄。试验期间每天记录试验鸡群的产蛋情况，每周随机抽取60枚新鲜鸡蛋称重记录，统计出23～52周龄每周的存栏数、产蛋数、产蛋率、只均产蛋数、蛋重等产蛋性能。

3. 结果与分析

（1）怀乡鸡A系第三世代各周龄产蛋率和只均产蛋数。怀乡鸡A系第三世代从23～28周龄产蛋率呈上升趋势，处于产蛋高峰期阶段，28～36周龄产蛋率下降，36～43周龄总体呈上升趋势；43周龄之后缓慢下降，至52周龄下降至39.6%。怀乡鸡A系第三世代最高产蛋率为28周龄的69.1%，产蛋率维持在60%以上有13周，维持在50%以上有25周。怀乡鸡A系第三世代29

周龄只均产蛋数最高平均每周每只达到 4.82 枚，43 周龄只均累计产蛋数为 89.28 枚，52 周龄只均累计产蛋数为 120.39 枚。

（2）怀乡鸡 A 系第三世代各周龄平均蛋重变化。在 19～52 周龄中，随着周龄的增加，怀乡鸡 A 系第三世代平均蛋重也在不断上升，19～35 周龄整体增重趋势较快，蛋重增加了 10.15g（由 28.5g 增至 48.3g），35～52 周龄蛋重趋于稳定。

4. 小结

怀乡鸡 A 系第三世代高峰产蛋率是 69.1%，出现在 28 周龄，43 周和 52 周龄累计产蛋数为每只 89.28 枚和 120.39 枚，43 周和 52 周龄蛋重分别为 47.68g 和 48.28g。

四、怀乡鸡 C 系第三、四世代 23～52 周龄产蛋性能分析

辛俊杰等（2016）对怀乡鸡 C 系第三、四世代 23～52 周龄产蛋性能进行了分析。

1. 摘要

本文旨在通过分析怀乡鸡 C 系第三、四世代的产蛋率、只均累计产蛋数及蛋重等，对其产蛋性能进行综合比较分析。本次试验使用了怀乡鸡 C 系第三世代母鸡 323 只；C 系第四世代母鸡 720 只。测定时间为 23～52 周龄，共 30 周。结果表明：第三世代的产蛋高峰期为 28 周龄，产蛋率为 76.61%，高于 70%的有 6 周，高于 60%的有 12 周，高于 50%的有 23 周，在 43 周龄时的只均累计产蛋数为 85.93 个，蛋重为 48.38g±1.09g；第四世代的产蛋高峰期为 32 周龄，产蛋率为 84.40%，高于 80%的有 6 周，高于 70%的有 11 周，高于 60%的有 23 周，高于 50%的有 26 周，43 周龄只均累计产蛋数为 93.44 个，蛋重为 47.17g±1.25g。结论是：虽然两个世代的产蛋性能各有优势，但综合比较后，C 系第四世代的产蛋性能优于第三世代。

2. 材料与方法

试验动物为怀乡鸡 C 系第三世代和第四世代母鸡，分别为 323 只和 720 只。统计怀乡鸡母鸡从 23 周龄到 52 周龄的产蛋数、存栏数、产蛋率、只均周产蛋个数、只均累计产蛋个数和蛋重。饲养方式为三阶梯笼养，每日光照为 16h，自由饮水、自由采食，常规免疫程序进行免疫。

3. 结果与分析

（1）怀乡鸡 C 系第三、四世代各周龄产蛋率。由表 5-30 可以看出，C 系第三世代怀乡鸡在 28 周龄时产蛋率达到高峰，为 76.61%，其中，产蛋率达到 70%以上的有 6 周，产蛋率达到 60%以上的有 12 周，产蛋率达到 50%以上

的有 23 周；C 系第四世代怀乡鸡在 32 周龄时产蛋率达到高峰，为 84.40%，其中，产蛋率达到 80%以上的共有 6 周，产蛋率在 70%以上的有 11 周，产蛋率在 60%以上的有 23 周，产蛋率在 50%以上的有 26 周。

表 5－30　怀乡鸡 C 系第三、四世代不同周龄产蛋性能

周龄	产蛋率/%		周龄	产蛋率/%	
	第三世代	第四世代		第三世代	第四世代
23	15.50	13.52	38	48.71	52.37
24	37.00	20.73	39	42.74	60.45
25	67.40	29.97	40	48.85	57.82
26	73.70	47.81	41	50.59	55.80
27	75.62	70.37	42	50.84	60.24
28	76.61	78.99	43	50.31	61.54
29	73.24	82.21	44	50.71	62.90
30	71.78	83.36	45	50.29	62.49
31	69.85	84.27	46	60.40	63.02
32	70.01	84.40	47	59.22	64.25
33	68.38	81.65	48	53.07	68.45
34	65.84	81.76	49	52.82	70.72
35	61.01	78.34	50	50.34	67.59
36	57.41	73.18	51	49.40	69.23
37	52.37	68.49	52	49.32	66.81

（2）怀乡鸡 C 系第三、第四世代各周龄只均产蛋数。由表 5－31 可以看出，第三世代怀乡鸡的存活率下降趋势基本不大，而第四世代的存活率主要在两个时期下降剧烈，在 25 周龄时存活率下降了 10.56%，在 38 周龄时下降了 18.33%；在 43 周龄时，第三世代怀乡鸡的只均累计产蛋数为 85.93 枚，第四世代怀乡鸡的只均累计产蛋数为 93.44 枚，在 52 周龄时第三世代和第四世代分别为 119.21 枚和 135.09 枚。

表 5-31 怀乡鸡C系第三、四世代均只累计产蛋数

周龄	只均累计产蛋数/枚		周龄	只均累计产蛋数/枚	
	第三世代	第四世代		第三世代	第四世代
23	1.08	1.53	38	68.90	72.73
24	3.67	2.98	39	71.89	76.96
25	8.39	5.07	40	75.31	81.01
26	13.54	8.42	41	78.85	84.91
27	18.84	13.34	42	82.41	89.13
28	24.20	18.87	43	85.93	93.44
29	29.33	24.63	44	89.48	97.84
30	34.35	30.46	45	93.00	102.21
31	39.24	36.36	46	97.22	106.63
32	44.14	42.27	47	101.36	111.12
33	48.93	47.98	48	105.08	115.89
34	53.54	53.71	49	108.77	120.84
35	57.81	59.19	50	112.30	125.57
36	61.83	64.32	51	115.76	130.41
37	65.49	69.11	52	119.21	135.09

(3) 怀乡鸡C系第三、四世代各周龄平均蛋重及蛋重对比。由表5-32可以看出，C系第三世代怀乡鸡的平均蛋重高于第四世代，直到27周龄时，第四世代的平均蛋重开始高于第三世代。

表 5-32 怀乡鸡C系第三、四世代各周龄平均蛋重

周龄	平均蛋重/g	
	第三世代	第四世代
23	28.93 ± 1.53^{A}	22.85 ± 1.64^{B}
25	33.47 ± 2.12^{A}	26.57 ± 1.61^{B}
27	34.25 ± 1.31	34.83 ± 2.45
29	36.25 ± 1.34^{A}	38.77 ± 4.06^{B}
31	38.70 ± 1.12^{A}	40.07 ± 1.33^{B}
33	39.60 ± 2.72	40.07 ± 1.41
35	39.62 ± 1.69^{A}	48.80 ± 1.09^{B}

（续）

周龄	平均蛋重/g	
	第三世代	第四世代
37	38.60±1.69^{A}	48.68±1.19^{B}
39	48.28±1.60	48.12±0.85
41	48.03±1.76	47.80±0.88
43	48.38±1.09^{A}	47.17±1.25^{B}
45	47.88±1.50	48.10±0.86
47	47.90±1.27	47.82±1.26
49	47.53±1.33	47.50±0.97
52	47.37±1.33^{A}	48.17±0.87^{B}

注：同列数据肩标字母不同者表示差异极显著（$P<0.01$）。

4. 小结

此次试验表明，怀乡鸡在地方品种中具有较为优秀的产蛋性能，作为优秀地方品种，仍然具有较大的选育空间，选育过程中可参考此次实验数据，结合选育目标，适当调整选育工作，缩短选育周期，加快选育进程。

五、怀乡鸡 A、B 系第四世代产蛋性能比较与分析

温红脂等（2016）进行了怀乡鸡 A、B 系第四世代产蛋性能的比较与分析。

1. 摘要

本文旨在通过分析怀乡鸡 A、B 系第四世代的产蛋率、只均累计产蛋数、蛋重等来评估其产蛋性能，从而对 A、B 系的产蛋性能进行综合比较，为怀乡鸡种质资源的评价、保护和利用提供依据。结果表明：怀乡鸡 A、B 系第四世代均在 21 周开产，A 系产蛋率在 31 周时达到最高值 82.33%，B 系产蛋率在 30 周时达到最高值 83.53%；产蛋率维持在 50%以上的 A 系有 26 周，B 系有 20 周。A、B 两系产蛋率总体良好，但 A 系在 21～52 周龄的平均产蛋率高于 B 系 2.95%。43 周龄时，A、B 两系只均累计产蛋数分别为 92.41 枚和 91.47 枚；52 周龄时，A、B 系只均累计产蛋数分别为 129.78 枚和 122.88 枚，A 系略多于 B 系。A、B 系的蛋重均随周龄的增加而增加，且在第 35 周达到最大值，分别为 49.20g±0.92g 和 48.78g±1.17g，A 系总体平均蛋重略低于 B 系。综合各项指标比较，本试验得出的结论是：怀乡鸡 A、B 系第四世代作为

地方优质鸡种产蛋性能良好，有较大的选育改良空间，A 系的产蛋率、只均累计产蛋数均比 B 系高，选育过程中可综合参考本次试验结果，进一步提高选育效率，达到理想的选育效果。

2. 试验鸡群与测定项目

本试验采用的试验动物为 A、B 系第四世代怀乡鸡种鸡，A 系由 217 只公鸡、570 只母鸡组成，B 系由 208 只公鸡、680 只母鸡组成。这批鸡饲养于广东盈富农业有限公司怀乡鸡原种场，使用三阶梯式笼养，每天给予光照 16h，自由饮水和采食，正常饲养管理，常规免疫程序免疫。试验期间每天记录怀乡鸡 A、B 系从开产到 52 周龄存栏数、产蛋数并每两周随机抽取 60 个新鲜鸡蛋记录蛋重，分别计算其只均累计产蛋数。

3. 试验结果

（1）怀乡鸡 A、B 系第四世代各周龄产蛋数、产蛋率和只均累计产蛋数。由

表 5-33　怀乡鸡 A、B 系不同周龄产蛋数、产蛋率和只均累计产蛋数的比较

周数	总蛋数/枚		产蛋率/%		只均累计产蛋数/枚	
	A 系	B 系	A 系	B 系	A 系	B 系
21	111	102	2.78	2.14	0.19	0.15
22	373	382	9.35	8.03	0.84	0.71
23	687	865	17.22	18.17	2.05	1.98
24	1 195	1 310	29.95	27.52	4.15	3.91
25	1 957	1 928	49.18	40.63	7.59	6.75
26	2 260	2 779	56.84	58.64	11.57	10.86
27	2 844	3 369	71.53	73.13	16.57	15.98
28	3 138	3 571	78.92	78.57	22.10	21.48
29	3 222	3 678	81.04	81.43	27.77	27.18
30	3 207	3 754	80.66	83.53	33.42	33.02
31	3 257	3 648	82.33	81.87	39.18	38.75
32	3 216	3 497	81.69	78.83	44.90	44.27
33	3 024	3 454	77.10	78.18	50.30	49.74
34	3 036	3 330	77.75	75.73	55.74	55.05
35	2 692	3 236	69.61	73.88	60.61	60.22
36	2 550	3 150	66.38	72.18	65.26	65.27
37	2 364	2 918	61.84	67.22	69.59	69.98

（续）

周数	总蛋数/枚		产蛋率/%		均只累计产蛋数/枚	
	A系	B系	A系	B系	A系	B系
38	2 088	2 387	59.46	64.18	73.73	74.40
39	1 768	1 792	56.16	59.12	77.66	78.54
40	1 620	1 550	51.78	51.14	81.29	82.12
41	1 606	1 397	51.60	46.18	84.90	85.35
42	1 641	1 329	53.08	44.18	88.61	88.45
43	1 672	1 376	54.20	45.93	92.41	91.47
44	1 798	1 385	58.55	46.49	96.51	94.73
45	1 913	1 373	62.66	46.53	100.89	97.98
46	1 921	1 370	63.48	46.89	105.34	101.27
47	1 907	1 417	63.37	49.00	109.77	104.70
48	1 953	1 348	68.00	50.89	114.56	108.24
49	1 537	1 325	57.98	53.35	118.62	111.98
50	1 498	1 284	56.73	52.08	122.59	115.62
51	1 404	1 275	53.39	51.99	126.33	119.26
52	1 289	1 259	49.24	51.65	129.78	122.88

表5－33可知，怀乡鸡A、B系均在21周龄开产，开产当周，A系产蛋率为2.78%，B系产蛋率为2.14%；开产后，A系产蛋率在31周时达到最高值82.33%，B系产蛋率在30周时达到最高值83.53%；产蛋率维持在50%以上的A系有26周，B系有20周；产蛋率维持在60%以上的A系有15周，B系有12周；产蛋率维持在80%以上的A系有4周，B系有3周。A、B两系产蛋率的变化规律都是开产后持续升高至产蛋高峰期，然后下降一段时间后又上升至二次小高峰，A系波动较大，B系波动较小，两系最后均有逐渐下降的趋势。

由表5－33可知，A、B系的只均累计产蛋数都是稳步增加的，在43周前基本一致，但在43周龄后A系只均累计产蛋数增加的速度比B系快。52周龄时，母鸡只均累计产蛋数A系为129.78枚，B系为122.88枚。

（2）怀乡鸡A、B系第四世代产蛋期不同周龄平均蛋重。由表5－34可知，

表 5-34 怀乡鸡 A、B 系第四世代产蛋期不同周龄平均蛋重

周龄	A 系平均蛋重/g	B 系平均蛋重/g
22	24.02±1.36	23.63±1.33
24	32.05±2.52	32.82±1.84
26	34.78±1.71[a]	37.42±2.05[b]
28	38.93±1.84	38.62±1.65
30	39.43±4.83[a]	39.98±0.98[b]
32	39.80±1.07	39.97±0.94
35	49.20±0.92[a]	48.78±1.17[b]
37	48.60±2.68	48.87±1.07
39	47.72±1.09	47.73±0.92
42	47.65±1.04	47.62±0.94
44	47.60±1.06	47.57±1.00
46	48.08±1.09	48.05±0.91
48	47.50±2.53	47.70±0.94

怀乡鸡 A、B 两系的蛋重均随周龄的增加而增加，A、B 两系蛋重在第 22～26 周龄增加速度均较快，在第 26～32 周龄增重不明显，第32～35周龄增重明显，A、B 系均在 35 周龄达到峰值，分别为 49.20±0.92g 和 48.78±1.17g；在第 35 周龄后蛋重趋于稳定，均在 47～49g 之间浮动。

4. 小结

（1）怀乡鸡 A 系第四世代的产蛋率、只均累计产蛋数均比 B 系高，所以 A 系更适合用于改良种鸡产蛋率、只均累计产蛋数的选育素材。

（2）怀乡鸡 B 系第四世代的总体平均蛋重比 A 系高，所以 B 系更适合作用于改良种鸡蛋重的选育素材。

六、怀乡鸡 A 系第四世代生长曲线拟合分析

王知彬（2018）进行了怀乡鸡 A 系第四世代生长曲线拟合分析。

1. 摘要

为探讨信宜怀乡鸡 A 系第四世代体重增长规律，同时也为加强饲养管理和提高生长性能提供科学参考，本次研究使用 Logitic，Gompertz 和 vov Bertallanffy 3 种非线性生长模型对信宜怀乡鸡 A 系第四世代公母鸡出壳到 48 周

龄体重数据进行曲线拟合与分析。每周龄随机抽取 30 只公鸡和 30 只母鸡，测定体重，并记录整理，计算平均体重、相对生长速度和绝对生长速度。结果发现：公鸡生长速度明显快于母鸡，公鸡的发育高峰要早于母鸡。3 种模型对信宜怀乡鸡生长曲线的拟合和分析是可行的，都能很好地模拟怀乡鸡生长曲线，拟合度都在 0.937 以上，其中以 vov Bertalariffy 模型的拟合生长效果最佳（公鸡 $R^2=0.964$、母鸡 $R^2=0.974$）。对 vov Bertalariffy 模型的拟合数据进行分析，其公鸡极限体重（公鸡：1 937.129g、母鸡：1 816.069g）、拐点体重（公鸡：573.964g、母鸡：538.095g）、拐点周龄（公鸡：6.414 周、母鸡：7.38 周）都比母鸡高和早。vov Bertalariffy 模型对信宜怀乡鸡 A 系第四世代的生长效果拟合最佳，可用于怀乡鸡保种群体重增长规律的估计和预测。

2. 讨论

生长曲线拟合模型分析的实质是把各个不同时期体重资料提供的信息综合为少数几个参数。本研究使用的 Logistic、Gompertz、von Bertalanffy 模型是拟合畜禽生长过程的模型。结果显示 3 种模型都能很好地模拟信宜怀乡鸡 A 系第四世代公母鸡生长曲线，拟合度都达到了 0.937 以上。从 3 种模型相比较来看，von Bertalanffy 模型要比其他两种模型更加适合（公鸡：$R^2=0.964$；母鸡：$R^2=0.974$），结果和叶伟庆研究的信宜怀乡鸡不同系生长曲线拟合分析中信宜怀乡鸡 A 系公母鸡结果一样，vov Bertalanffy 模型的生长曲线拟合是最适合的。这一结果也与王志跃等对新扬州鸡、李俊营等对淮南麻黄鸡、杨燕等对京海黄鸡、张力等对闽南火鸡的研究结果一致，而与朱志明等对藏鸡、包艳波等对大骨鸡、张华杰等对吉林地方黑鸡、汪峰等对太湖鸡、魏彩霞等对灵昆鸡的研究结果有差别，后者认为 Logistic 或 Gompertz 模型能够更好地拟合所研究的鸡的品种。这可能是家禽品种不同或测量生长周期长短不同所致，因而不同品种或不同生长阶段的家禽应采用适宜模型来拟合其生长曲线。

从信宜怀乡鸡 A 系第四世代不同性别来看，母鸡的生长曲线拟合都要优于公鸡，这与李跃等对济宁鸡和莱芜鸡、付睿琦等对北京油鸡的研究结果一致。在这次研究中拟合最佳的 vov Bertalanffy 模型中，极限体重（公鸡：1 937.129g，母鸡：1 816.069g）、拐点周龄（公鸡：6.414 周，母鸡：7.38 周）、拐点体重（公鸡：573.964g，母鸡：538.095g），公鸡的模拟数值除了拐点周龄小于母鸡，其他数值都是高于母鸡。拐点前的生长速度是最快的，拐点后的生长速度迅速下降。在实际生产中，拐点前的管理很重要，影响着鸡群的生长发育和后期管理的难度，良好的管理可以深度激发品种的潜力。

研究表明，vov Bertalanffy 模型到达拐点的时间比其他两种模型要迟，这表明 vov Bertalanffy 模型似乎更适用于增重相对较迟缓的品种。同时 3 种模型的瞬时生长速率k并没有多大的区别。vov Bertalanffy模型最适合拟合信宜怀乡鸡A系第四世代。可以得出信宜怀乡鸡A系第四世代是属于增重比较迟缓的品种，所以更要注重饲养管理，调整日粮配方以求最佳的生长速度。

3. 结论

本研究采用Gompertz、Logistic和von Bertalanffy 3种模型对信宜怀乡鸡A系第四代生长曲线进行拟合，von Bertalanffy模型拟合值最高（公鸡为0.964、母鸡为0.974），极限体重、拐点体重、拐点周龄、相对生长率和相对成熟率拟合值与实际值最接近，von Bertalanffy模型的拟合效果最佳，可以用于信宜怀乡鸡生长发育规律的预测，为以后的选育提供参考。

七、怀乡鸡A、B、C系第五世代产蛋性能比较与分析

谭晓婷（2018）开展了怀乡鸡A、B、C系第五世代产蛋性能比较与分析。

1. 摘要

本文旨在通过分析怀乡鸡A、B、C系第五世代的产蛋率、入舍鸡产蛋数、存活率和蛋重等，对其产蛋性能进行综合性比较评估，为信宜怀乡鸡的保种和育种提供参考依据。A系、B系、C系观察期共42周，其中A系390只母鸡，B系480只母鸡，C系360只母鸡。结果表明：A、B、C系开产日龄（5%产蛋率）分别为139.50±1.29d、139.87±1.58d、140.26±1.37d；A系、C系在25周龄时共同达到产蛋率最高值，分别是64.99%、60.34%，而B系在31周龄时才达到产蛋率高峰值58.63%；产蛋率维持在50%以上的A系有21周，B系有22周，C系有18周。产蛋率达到60%以上的，A系有11周，C系只有1周，而B系产蛋率未达到过60%以上；43周龄入舍鸡产蛋数A、B、C系分别为87.62±1.07枚、83.37±1.94枚、79.71±2.13枚。分析后得出结论：第五世代怀乡鸡的开产日龄普遍提前，A系的开产日龄、产蛋率、入舍鸡产蛋数等指标显著高于B、C系。

2. 试验动物与日粮组成

试验动物为怀乡鸡A系、B系、C系第五世代母鸡，分别为390只、480只、360只。日粮组成和营养成分如表5-35。饲养方式采用三层阶梯笼养，每日进行光照16h，自由采食与饮水，按常规免疫程序进行免疫。

表5-35　怀乡鸡产蛋鸡21～63周龄的日粮组成和营养成分

日粮组成	比例	营养水平	比例
豆粕/%	21.00	代谢能/（MJ/kg）	11.51
玉米/%	63.00	粗蛋白/%	15.23

（续）

日粮组成	比例	营养水平	比例
贝壳粉/%	8.00	钙/%	3.10
花生饼/%	3.00	有效磷/%	0.45
预混料/%	5.00	赖氨酸/%	0.97
食盐/%（外加）	0.33	蛋氨酸/%	0.25
合计	100		

3. 试验结果

（1）怀乡鸡A、B、C系第五世代相关产蛋性能指标（表5-36）。从表5-36可知，A系的开产日龄最早，与B系接近，高于C系，但B系开产体重最大，开产蛋重最小，A系开产蛋重最大，C系开产体重最小；产蛋率达到50%时，A系日龄远早于B、C系，A系体重、蛋重均是三个系中最小。可以看出，从开产到产蛋率达50%，A系的日龄均是最早，初始体重、蛋重也都相对较高，但蛋增重慢，即产蛋快、多但小，B系产蛋慢、少但较大，C系产蛋最少最慢且较小，但母鸡体重增加最快。

表5-36　怀乡鸡A、B、C系第五世代相关产蛋性能指标

指标	A系	B系	C系
开产日龄/d（5%产蛋率）	139.50±1.29[a]	139.87±1.58	140.26±1.37[b]
开产体重/g	1 374.33±66.06[a]	1 394.80±58.32[b]	1 332.63±58.22[c]
开产蛋重/g	32.04±1.79	31.67±1.35	31.83±1.76
产蛋率达50%时日龄/d	157.52±1.87[a]	164.31±2.16[b]	162.25±1.43[c]
产蛋率达50%时体重/g	1 442.48±153.99[a]	1 537.67±195.24[b]	1 692±157.29[c]
产蛋率达50%时蛋重/g	34.89±1.76[a]	36.03±5.31[b]	34.38±1.42[c]
43周龄入舍鸡产蛋数/枚	87.62	83.37	79.71
43周龄平均蛋重/g	47.58±1.32[a]	47.15±1.52[a]	45.32±2.22[b]

注：同行数据肩标字母不同者表示差异极显著（$P<0.01$）。

（2）怀乡鸡A、B、C系第五世代各周龄产蛋率（表5-37）。由表5-37可

表 5-37　怀乡鸡 A、B、C 系第五世代各周龄产蛋率

单位：%

周龄	A 系	B 系	C 系
21	12.76	11.01	11.50
22	36.41	31.50	28.57
23	51.30	42.64	42.53
24	56.44	51.86	54.00
25	64.99	55.87	60.34
26	56.47	53.59	59.33
27	54.74	47.27	55.74
28	60.54	56.06	56.03
29	61.00	58.54	52.26
30	61.63	58.03	53.44
31	63.11	58.63	53.83
32	64.49	57.21	52.09
33	60.34	53.89	51.56
34	59.81	54.60	51.24
35	60.86	54.80	52.50
36	60.04	53.49	53.36
37	60.50	53.63	52.33
38	61.00	54.64	53.14
39	46.77	54.40	46.87
40	49.24	55.81	51.03
41	51.40	57.63	50.34
42	48.13	57.83	48.63
43	50.53	57.93	48.89
44	53.07	57.94	38.97
45	50.69	58.56	40.71
46	50.74	56.96	43.17
47	49.16	49.93	49.16
48	44.73	40.73	43.53
49	49.33	40.74	45.87
50	49.83	42.03	48.03

（续）

周龄	A系	B系	C系
51	48.67	42.83	48.14
52	46.60	42.99	42.51
53	48.27	43.44	48.23
54	46.90	43.10	47.63
55	44.36	42.07	41.70
56	39.54	36.63	37.34
57	43.34	41.77	40.70
58	42.52	46.60	39.83
59	36.60	40.06	42.46
60	35.89	40.23	49.61
61	34.90	40.16	50.13
62	36.07	39.47	42.66
63	33.84	19.63	28.97

知，怀乡鸡A、B、C系第五世代均在21周龄达到11%以上的产蛋率，A系、C系在25周龄时均达到产蛋率最高值，分别是64.99%、60.34%，而B系在31周龄时才达到产蛋率高峰值58.63%，B系的产蛋率最高值远低于A系。产蛋率维持在50%以上的时间，A系有21周，B系有22周，C系有18周。产蛋率达到60%以上的时间，A系有11周，C系只有1周，而B系产蛋率未达到过60%以上。

3个系第五世代怀乡鸡均在21～25周龄时产蛋率急剧上升，26、27周龄均有小幅度下降；23～38周龄，A系处于产蛋高峰期共15周，28～38周龄产蛋率基本维持在60%上下，39周龄时产蛋率降至46.77%，随后上下波动，整体呈下降趋势，63周龄时降到开产以来最低产蛋率33.84%；24～46周龄，B系处于产蛋高峰期共22周，产蛋率基本维持在50%以上，之后基本呈下降趋势，在63周降至19.63%；24～41周龄，C系处于产蛋高峰期共17周，之后一直上下波动，在61周龄时达到产蛋率小高峰50.13%，63周龄时降至28.97%。

（3）怀乡鸡A、B、C系第五世代各周龄存活率和入舍鸡产蛋数（表5-38）。

表 5-38 怀乡鸡 A、B、C 系第五世代存活率和入舍鸡产蛋数

周龄	存活率/%			入舍鸡产蛋数/枚		
	A系	B系	C系	A系	B系	C系
21	100.00	100.00	100.00	0.89	0.77	0.81
22	99.49	99.79	99.72	3.44	2.97	2.80
23	98.46	99.17	97.78	7.03	5.96	5.78
24	98.21	99.17	97.22	10.98	9.59	9.56
25	98.21	99.17	97.22	15.53	13.50	13.78
26	97.95	98.75	96.67	19.48	17.26	17.94
27	97.44	98.13	96.39	23.21	20.57	21.84
28	97.44	97.92	96.11	27.44	24.48	25.76
29	96.92	97.71	95.83	31.71	28.58	29.42
30	96.67	97.71	95.83	36.03	32.64	33.16
31	96.67	97.29	95.28	40.44	36.75	36.93
32	96.41	97.29	95.28	44.96	40.75	40.57
33	96.15	97.08	95.00	49.18	44.52	44.18
34	96.15	97.08	94.72	53.37	48.34	47.77
35	95.90	96.88	94.44	57.68	52.18	51.44
36	95.64	96.88	94.44	61.89	55.92	55.18
37	95.13	96.88	94.44	66.13	59.68	58.78
38	94.87	96.46	94.44	70.40	63.50	62.50
39	94.87	96.25	94.44	73.67	67.31	65.78
40	94.36	93.75	94.44	77.11	71.21	69.35
41	92.31	91.67	93.89	80.71	75.27	72.88
42	91.79	91.25	93.33	84.08	79.32	76.29
43	91.28	91.04	93.33	87.62	83.37	79.71
44	91.28	90.83	93.06	91.33	87.43	82.43
45	90.00	88.54	89.44	94.88	91.52	85.28
46	88.97	87.92	88.89	98.43	95.51	88.30
47	88.72	87.50	88.89	101.84	99.00	91.74
48	87.95	87.29	88.89	104.97	101.84	94.79
49	87.44	86.88	88.33	108.42	104.69	98.00
50	86.92	86.25	87.78	111.91	107.63	101.36

（续）

周龄	存活率/%			入舍鸡产蛋数/枚		
	A系	B系	C系	A系	B系	C系
51	86.92	82.08	86.11	115.32	110.63	104.73
52	86.41	81.67	85.56	118.58	113.64	107.70
53	86.15	81.46	85.28	121.96	116.67	111.08
54	85.90	81.04	84.72	125.24	119.69	114.41
55	85.38	78.96	84.44	128.34	122.64	117.33
56	84.87	78.54	83.89	131.11	125.20	119.95
57	84.36	77.92	83.33	134.14	128.13	122.80
58	83.59	77.92	83.06	136.69	130.92	125.19
59	83.59	77.71	83.06	139.28	133.72	128.14
60	83.59	77.08	82.78	141.80	136.54	131.60
61	83.59	77.08	82.78	144.24	139.35	135.11
62	83.59	77.08	82.78	146.76	142.10	138.32
63	83.59	76.88	82.22	149.13	143.64	140.35

由表 5-38 可以看出，21～63 周龄 A、B、C 3 个系的存活率都很高，呈平缓下降趋势，除 B 系 50～51 周龄时下降了 4.17%，C 系 44～45 周龄时下降了 3.62%，3 个系每两周间的存活率下降幅度均保持在 3%以内；到 63 周龄时，3 个系中 A 系存活率最高，为 83.59%，B 系存活率 76.88%，为最低，C 系为 82.22%；在 43 周龄时，A 系的入舍鸡产蛋数为 87.62 枚，B 系为 83.37 枚，C 系为 79.71 枚，到 63 周龄时 A、B、C 系入舍鸡产蛋数分别为 149.13 枚、143.64 个和 140.35 枚。

（4）怀乡鸡 A、B、C 系第五世代各周龄平均蛋重（表 5-39）。

表 5-39　怀乡鸡 A、B、C 系第五世代产蛋期不同周龄平均蛋重

周龄	A 系平均蛋重/g	B 系平均蛋重/g	C 系平均蛋重/g
23	32.93 ± 1.76^{a}	31.92 ± 1.36^{b}	32.38 ± 1.68
24	42.13 ± 1.40^{a}	42.13 ± 1.42^{a}	41.31 ± 1.22^{b}
26	44.63 ± 1.67^{a}	43.72 ± 1.94^{b}	42.52 ± 1.38^{c}
28	45.12 ± 1.79	44.60 ± 1.74	44.68 ± 1.68
30	45.38 ± 2.31	46.22 ± 1.35	45.33 ± 1.95

（续）

周龄	A系平均蛋重/g	B系平均蛋重/g	C系平均蛋重/g
32	45.85±2.74	45.22±3.40	45.18±2.45
34	48.43±1.18[a]	45.18±2.14[b]	41.92±1.57[c]
36	48.23±1.33[a]	47.07±1.53[b]	42.15±1.29[c]
38	47.52±1.27[a]	47.45±1.70[a]	46.65±1.27[b]
40	47.23±1.29	47.28±1.25[a]	46.63±1.39[b]
42	46.85±1.30	46.42±1.84	46.30±1.29
44	47.58±1.32[a]	47.15±1.52[a]	45.32±2.22[b]
46	48.57±0.91[a]	47.27±1.09[b]	47.07±1.13[b]
48	48.33±0.93[a]	48.03±0.97[a]	46.98±1.11[b]

由表5-39可以看到，A系的平均蛋重基本一直略高于其他两个系，除了34周龄时，A系平均蛋重达到48.43g±1.18g，B系为45.18g±2.14g，C系只有41.92g±1.57g，36周龄时A系平均蛋重达到48.23g±1.33g，B系为47.07g±1.53g，C系为42.15g±1.29g，这两个记录期达到3个系之间平均蛋重差距最大（$P<0.01$）；23周龄时A系平均蛋重为32.93g±1.76g，B系为31.92g±1.36g，C系为32.38g±1.68g；44周龄平均蛋重，A、B、C系分别为47.58、47.15和45.32g；到48周龄时，A、B、C系平均蛋重分别达到48.33g±0.93g，48.03g±0.97g，46.98g±1.11g，分别比23周龄开产时的蛋重分别增加15.4g、16.11g、14.6g，其中B系平均蛋重增加最多。

八、怀乡鸡产蛋性能评估及其性状间的相关分析

叶伟庆等（2017）对怀乡鸡产蛋性能进行了评估及其性状间的相关分析。

1. 摘要

通过评估怀乡鸡产蛋性能及其产蛋性状间的相关性，为怀乡鸡的品种资源保护利用及产业开发提供科学依据。本研究以怀乡鸡A、B和C 3个系的18周龄种鸡为试验材料，评估从开产到62周龄的产蛋性能，并分析其产蛋性状间的相关性。结果表明：怀乡鸡C系开产日龄显著晚于怀乡鸡A、B系（$P<0.05$，下同）；A、B和C系的43周龄累计产蛋量分别为84.8、91.1和90.4枚，62周龄累计产蛋量分别为146.2、152.1和153.5枚。怀乡鸡A、B和C 3个系前期产蛋趋势基本一致，均在开产后第12或13周达产蛋高峰；A系最

高产蛋率出现在 34 周龄，达 70.5%；B 系出现在 33 周龄，达 77.0%，C 系出现在 34 周龄，达 79.1%。产蛋性状的相关性分析表明，开产日龄与 43 周龄累计产蛋量呈显著负相关，与开产第 2、3 个月产蛋量呈极显著负相关（$P<0.01$，下同），与 62 周龄累计产蛋量呈显著正相关；43 周龄累计产蛋量与开产第 2、3、4、5、6 个月产蛋量呈极显著或显著正相关。

结论：怀乡鸡新品系产蛋性能尚有较大的选育改良空间，在其选育过程中除了要选择适当的开产日龄外，还要综合参考 43 周龄和 62 周龄累计产蛋量指标，进一步提高目标性状选育效率，缩短选育周期，加快选育进程。

2. 试验材料

试验在广东盈富农业有限公司信宜怀乡鸡原种场进行，以该场的怀乡鸡 A、B 和 C 3 个系的 18 周龄种鸡为研究对象。种鸡均采用三阶梯笼养，自然通风，每天光照 16h，自由采食、饮水。其日粮组成及营养水平见表 5－40。测定怀乡鸡 A、B 和 C 3 个系的个体开产日龄、开产体重和开产蛋重，然后按群体测定从开产到 62 周龄每周的产蛋率、43 周龄累计产蛋量、62 周龄累计产蛋量、300 日龄平均体重、300 日龄平均蛋重、开产当月产蛋量，开产第 2、3、4、5、6 个月的产蛋量。

表 5－40　怀乡种鸡的饲料配方及营养水平

日粮组成		营养水平	
玉米/%	63.00	代谢能/（MJ/kg）	11.51
豆粕/%	21.00	粗蛋白/%	15.23
花生饼/%	3.00	钙/%	3.10
贝壳粉/%	8.00	有效磷/%	0.45
预混料/%	5.00	赖氨酸/%	0.97
食盐/%（外加）	0.33	蛋氨酸/%	0.25

3. 结果与分析

（1）怀乡鸡 3 个系产蛋性能比较

从表 5－41 可以看出，怀乡鸡 C 系开产日龄显著晚于怀乡鸡 A、B 系（$P<0.05$，下同）；开产体重和蛋重以怀乡鸡 A 系略高于 B、C 系，但差异不显著（$P>0.05$，下同）；300 日龄体重则以 A 系极显著高于 B、C 系（$P<0.01$，下同）；在开产第 2、3、4、5 个月产蛋量方面，均以 B 系略高于 A、C 系，但差异不显著。

表 5-41　怀乡鸡 3 个系产蛋性能比较

指标	A 系	B 系	C 系
开产日龄/d	141.4±9.6c	143.3±4.5b	147.3±13.7a
开产体重/g	1 563.3±167.6	1 513.3±186.1	1 546.6±173.1
开产蛋重/g	37.5±3.7	36.8±2.6	37.2±1.3
43 周龄累计产蛋量/枚	84.8	91.1	90.4
300 日龄体重/g	1 870.0±71.4aA	1 660.0±103.7cC	1 763.4±67.2bB
300 日龄蛋重/g	45.67±2.8	45.33±2.6	45.77±1.3
62 周龄累计产蛋量/枚	146.2	152.1	153.5
开产月产蛋量/枚	8.0±3.9	7.4±4.5	7.5±3.9
开产第 2 个月产蛋量/枚	16.1±6.8	16.3±7.5	14.5±7.7
开产第 3 个月产蛋量/枚	18.4±5.5	18.8±8.4	18.2±5.1
开产第 4 个月产蛋量/枚	17.7±5.2	18.5±6.5	18.3±5.4
开产第 5 个月产蛋量/枚	18.1±5.4	19.8±7.6	19.6±4.0
开产第 6 个月产蛋量/枚	14.4±5.3	14.8±6.8	15.8±5.7

注：同行数据后不同小写字母表示差异显著（$P<0.05$），不同大写字母表示差异极显著（$P<0.01$）。

（2）怀乡鸡 3 个系周产蛋率比较

从表 5-42 可以看出，产蛋率维持在 60.00%以上 A 系有 14 周，B 系有 9 周，C 系有 18 周；产蛋率维持在 50.00%以上 A 系有 23 周，B 系 24 周，C 系有 25 周。其中，A 系最高产蛋率出现在 34 周龄，达 70.5%；B 系出现在 33 周龄，达 77.0%，C 系出现在 34 周龄，达 79.1%。

怀乡鸡 A、B 和 C 3 个系前期产蛋趋势基本一致，均在开产后第 12 或 13 周达产蛋高峰；产蛋中期 A、B 和 C 3 个系产蛋略有波动，但均能连续在 10～14 周内将产蛋率维持在 60.00%以上；产蛋后期 A、B 和 C 3 个系产蛋率明显下降，其中以 B 系的产蛋率下降最快，A 和 C 两系产蛋率下降趋势较一致，呈平稳下降，48 周龄时产蛋率仍高于 50.00%。

表 5-42　怀乡鸡 3 个系周产蛋率比较

周龄	产蛋率/%			周龄	产蛋率/%		
	A 系	B 系	C 系		A 系	B 系	C 系
21	28.6	42.5	43.32	42	67.2	50.3	62.31
22	36.9	48.6	44.24	43	56.6	52.7	76.69
23	48.0	54.8	48.71	44	48.8	53.0	65.63
24	50.8	56.9	50.29	45	54.1	53.0	68.90
25	50.0	53.7	48.57	46	55.0	53.3	65.31
26	56.2	55.1	50.43	47	49.6	42.6	54.43
27	56.8	54.9	53.00	48	54.5	38.9	53.01
28	61.3	59.7	60.36	49	41.9	37.5	51.60
29	62.6	59.0	63.57	50	45.4	36.5	49.44
30	62.5	59.0	65.14	51	44.0	37.4	49.97
31	61.5	66.0	64.86	52	45.4	36.0	43.40
32	60.2	69.0	59.71	53	42.8	36.6	41.2
33	66.4	77.0	67.14	54	36.22	31.4	34.2
34	70.5	67.0	79.14	55	37.2	29.8	37.6
35	67.0	69.0	64.57	56	38.1	32.9	45.1
36	60.4	62.0	62.71	57	32.8	36.3	42.8
37	65.4	65.0	66.71	58	30.4	28.7	41.2
38	68.6	65.0	75.29	59	31.9	30.3	43.9
39	62.4	61.0	76.29	60	35.2	30.3	45.1
40	57.9	58.0	66.14	61	23.9	24.2	29.1
41	66.8	55.9	68.16	62	15.6	12.9	17.5

(3) 产蛋性状的相关性分析

从表 5-43 可以看出，开产日龄与 43 周龄累计产蛋量呈显著负相关，与开产第 2、3 个月产蛋量呈极显著负相关，与 62 周龄累计产蛋量呈显著正相关；43 周龄累计产蛋量与开产第 2、3、4、5、6 个月产蛋量呈极显著或显著正相关；此外，开产第 2 个月产蛋量与开产第 3 个月产蛋量，开产第 3 个月产蛋量与开产第 4 个月产蛋量，开产第 4 个月产蛋量与开产第 5、6 个月产蛋量，开产第 5 个月产蛋量与开产第 6 个月产蛋量均呈极显著正相关。

表 5-43　怀乡鸡产蛋性能间的相关性分析

性状	A	B	C	D	E	F	G	H	I	J	K
A		0.061	−0.045	−0.104*	0.998*	0.006	−0.448**	−0.263**	0.135	0.176	0.138
B			−0.011	0.112	−0.064	−0.239	0.096	−0.207	0.070	0.242	−0.288
C				−.0 130	−0.170	−0.102	0.066	−0.046	0.010	0.091	−0.015
D					0.625	0.073	0.237*	0.390**	0.397**	0.380**	0.263**
E						−0.582	−0.938	−0.568	0.509	0.620	1.000*
F							0.004	−0.072	−0.063	0.038	−0.006
G								0.536**	0.146	0.001	0.085
H									0.373**	0.191*	0.241*
I										0.548**	0.395**
J											0.515**
K											

* 表示差异显著（$P<0.05$），** 表示差异极显著（$P<0.01$）。A：开产日龄；B：开产体重；C：开产蛋重；D：43 周龄累计产蛋量；E：62 周龄累计产蛋量；F：开产月产蛋量；G：开产第 2 个月产蛋量；H：开产第 3 个月产蛋量；I：开产第 4 个月产蛋量；J：开产第 5 个月产蛋量；K：开产第 6 个月产蛋量。

4. 讨论

产蛋性能评估是优质鸡选育工作的重要组成部分，其中开产日龄又是评价优质鸡产蛋性能的重要指标（赵小玲等，2004）。本研究结果显示，怀乡鸡 A、B 两个系种鸡的开产日龄（141.4d 和 143.3d）接近，且显著早于 C 系种鸡（147.3d）。本研究结果与张国杭（2009）报道的广西黄鸡开产日龄 148d 较接近，但略早于王克华等（2010）报道的如皋黄鸡（154d）和兰茜等（2010）报道的二郎山山地鸡二世代 SD03 系（166.5d）。种鸡开产日龄主要受其品种和饲养管理两大因素影响，就地方优质鸡品种而言，怀乡鸡属于开产日龄较早的品种。

采用 43 周龄累计产蛋量作为种鸡选留标准，其能有效反映鸡品种的早熟性、产蛋性能和产蛋强度等性状。怀乡鸡 A、B 和 C 3 个系的 43 周龄累计产蛋量分别为 84.8、91.1 和 90.4 枚，与彭星等（2013）报道的二郎山山地鸡二世代 SD03 系的 89.7 枚较接近，而高于黎寿丰等（2004）报道的邵伯草鸡母系（S_2 系）的 84.9 个。本研究的产蛋性状相关分析结果也表明，43 周龄累计产蛋量除了与开产日龄呈显著负相关外，还分别与开产第 2、3、4、5、6 个月产蛋量呈极显著或显著正相关，进一步论证了43周龄累计产蛋量是评估种鸡产蛋性能的关键指标，对怀乡鸡种鸡早期选择具有重要参考价值。

种鸡产蛋率也是反映种鸡繁殖性能的最重要指标之一。本研究中，产蛋率维持在60.00%以上A系有14周，B系有9周，C系有18周；产蛋率维持在50.00%以上A系有23周，B系有24周，C系有25周，其产蛋率高于谌澄光等（2002）报道的宁都黄鸡能维持50.00%以上产蛋率4～8周，但低于于吉英等（2007）报道的文昌鸡能维持60.00%以上产蛋率15～18周。怀乡鸡3个系的早期产蛋趋势基本一致，均在开产后第12或13周达产蛋高峰，但中后期产蛋率呈波动式下降，3个系产蛋整齐度相对较差。

对繁殖性状进行相关性分析有助于提高选育目标性状的效率，加快品种选育进程。本研究结果表明，开产日龄分别与开产第2、3个月产蛋量及43周龄累计产蛋量呈极显著或显著负相关，与赵小玲等（2003）、倪巍等（1996）的研究结果一致，说明开产日龄直接影响怀乡鸡早期产蛋性能，开产日龄早的产蛋数较开产日龄迟得多。此外，怀乡鸡的开产日龄与62周龄累计产蛋量呈显著正相关，可能是开产日龄影响了怀乡鸡产蛋高峰的持续时间，从而影响其整体产蛋效果。因此，在怀乡鸡的选育过程中除了要选择适当的开产日龄外，还要综合参考43周龄和62周龄累计产蛋量指标，全面反映出怀乡鸡产蛋性状间的相关性，选育出优质品种。

5. 结论

怀乡鸡产蛋性能尚有较大的选育改良空间，在其选育过程中除了要选择适当的开产日龄外，还要综合参考43周龄和62周龄累计产蛋量指标，进一步提高目标性状选育效率，缩短选育周期，加快选育进程。

第三节　营养需要研究进展

一、饲粮非植酸磷水平对0～4周龄怀乡鸡趾骨特性及内脏器官发育的影响

梁翠萍等（2019）开展了饲粮非植酸磷水平对0～4周龄怀乡鸡趾骨特性及内脏器官发育的影响试验研究。

本研究旨在研究饲粮非植酸磷（NPP）水平对0～4周龄怀乡鸡的趾骨特性及内脏器官发育状况的影响，采用二次曲线法、线性折线法、二次折线法三种趋势分析模型，筛选出能反映0～4周龄怀乡鸡饲粮中非植酸磷营养需要量的敏感指标，以此确定0～4周龄怀乡鸡饲粮非植酸磷的适宜水平。选取同批出生、体况良好的1日龄怀乡鸡300只，随机分成5个处理组，每个处理组6

个重复，每个重复 10 只鸡。各处理组分别饲喂非植酸磷含量为 0.32%、0.39%、0.46%、0.53%、0.60%的玉米-豆粕型基础饲粮，试验持续期 28d。结果表明：(1) 饲粮非植酸磷水平对怀乡鸡的趾骨脱脂风干重、趾骨脱脂钙含量、趾骨灰分钙含量、趾骨脱脂磷含量、趾骨灰分磷含量有显著影响（$P<0.05$），其最佳拟合曲线分别为二次曲线（$R^2=80.22\%$）、线性折线（$R^2=69.19\%$）、线性折线（$R^2=69.78\%$）、线性折线（$R^2=68.70\%$）、线性折线（$R^2=69.02\%$），拟合结果可用于评价怀乡鸡饲粮非植酸磷的适宜水平。(2) 饲粮非植酸磷水平对怀乡鸡的心脏指数有显著影响（$P<0.05$），其线性折线（$R^2=57.59\%$）模型的拟合结果可用于评价怀乡鸡饲粮非植酸磷的适宜水平。建议 0～4 周龄怀乡鸡饲粮中 NPP 的适宜水平为 0.46%～0.50%，满足骨骼发育的需要量为 0.46%。

二、0～4 周龄怀乡鸡饲粮中非植酸磷的适宜水平

陈静文等（2019）研究了 0～4 周龄怀乡鸡饲粮中非植酸磷的适宜水平。

1. 摘要

本试验旨在通过研究饲粮非植酸磷（NPP）水平对 0～4 周龄怀乡鸡生长性能、胫骨特性、钙与磷代谢率及血清生化指标的影响，确定其饲粮中 NPP 的适宜水平。采用单因子完全随机设计，选用健康、体重相近的 1 日龄怀乡鸡 300 只，随机分为 5 组，每组 6 个重复，每个重复 10 只鸡。5 组试鸡分别饲喂 NPP 水平为 0.32%、0.39%、0.46%、0.53%、0.60%的玉米-豆粕型试验饲粮，试验期 28d。结果显示：

(1) 饲粮 NPP 水平对怀乡鸡的平均日采食量没有显著影响（$P>0.05$），但对末重、平均日增重和料重比有显著影响（$P<0.05$），其与饲粮 NPP 水平的最佳拟合曲线分别为二次折线（$R^2=0.852\ 0$）、线性折线（$R^2=0.854\ 1$）和二次曲线（$R^2=0.900\ 1$）。

(2) 饲粮 NPP 水平对怀乡鸡的胫骨抗压强度及灰分、钙含量有显著影响（$P<0.05$），其与饲粮 NPP 水平的最佳拟合曲线分别为二次曲线（$R^2=0.887\ 2$）、二次折线（$R^2=0.904\ 3$）、线性折线（$R^2=0.900\ 7$）。

(3) 怀乡鸡的粗灰分、钙、磷代谢率随饲粮 NPP 水平的增加而发生显著变化（$P<0.05$），其与饲粮 NPP 水平的最佳拟合曲线分别为线性折线（$R^2=0.964\ 3$）、线性折线（$R^2=876\ 2$）、二次曲线（$R^2=0.941\ 1$）。

(4) 饲粮 NPP 水平对怀乡鸡的血清磷含量有显著影响（$P<0.05$），其与饲粮 NPP 水平的最佳拟合曲线为线性折线（$R^2=0.946\ 3$）。

综上可知，料重比、胫骨灰分和钙含量、粗灰分和磷代谢率及血清磷含量

可敏感反映0～4周龄怀乡鸡体内磷营养状况，通过这6个敏感指标的拟合方程求得饲粮NPP适宜水平分别为0.47%、0.46%、0.46%、0.46%、0.49%、0.45%，因此建议0～4周龄怀乡鸡饲粮中NPP的适宜水平为0.45%～0.49%，仅满足怀乡鸡生长的NPP需要量为0.39%，而满足其骨骼发育的NPP需要量为0.46%。

2. 结论

（1）料重比、胫骨灰分含量、胫骨钙含量、粗灰分代谢率、磷代谢率、血清磷含量可敏感反映怀乡鸡体内磷的营养状况，并可用于准确评价NPP的需要量。

（2）综合上述6个敏感指标的拟合方程结果，得出0～4周龄怀乡鸡饲粮中NPP的适宜水平为0.45%～0.49%。仅满足0～4周龄怀乡鸡生长的NPP需要量为0.39%，而满足其骨骼发育的NPP需要量为0.46%。

三、不同非植酸磷水平日粮对1～28日龄怀乡鸡体尺性状和胴体品质的影响

梁翠萍（2018）研究了不同非植酸磷水平日粮对1～28日龄怀乡鸡体尺性状和胴体品质的影响。

1. 摘要

本研究旨在探讨不同非植酸磷水平日粮对1～28日龄怀乡鸡体尺性状和胴体品质的影响，筛选出能反映1～28日龄怀乡鸡非植酸磷需要量的敏感指标，以确定1～28日龄怀乡鸡饲粮中适宜的非植酸磷水平。选取身体健康、体重相近的1日龄怀乡鸡240只，随机分成5个处理组，每个处理组4个重复，每个重复公母鸡各6只。试验采用玉米-豆粕型基础饲粮，各组日粮中非植酸磷含量分别为0.32%、0.39%、0.46%、0.53%和0.60%；除非植酸磷水平外，其他营养素水平相同，试验持续28d，采用二次曲线模型确定1～28日龄怀乡鸡日粮中非植酸磷的适宜水平。结果表明：饲粮非植酸磷水平对1～28日龄怀乡鸡的龙骨长、骨盆宽、胫长、胫围以及腿肌粗蛋白含量均有显著影响（$P<0.05$），均可作为评价1～28日龄怀乡鸡非植酸磷需要量的敏感指标，综合各个敏感指标的二次曲线模型结果，建议1～28日龄怀乡鸡非植酸磷的需要量为0.49%。

2. 结论

（1）不同非植酸磷水平日粮对1～28日龄怀乡鸡的龙骨长、骨盆宽、胫长、胫围和腿肌粗蛋白含量均有显著影响，均能反映怀乡鸡体内磷营养状况，并可用以判定其非植酸磷需要量的敏感指标。

(2) 不同非植酸磷水平日粮对1～28日龄怀乡鸡的体斜长、胸深、胸宽、活体重、屠体重、胸肌粗蛋白含量、腿肌鲜重以及胸肌和腿肌的干物质、粗脂肪、粗灰分含量均无影响。

(3) 建议1～28日龄怀乡鸡的非植酸磷水平为0.49%。

四、饲粮钙水平对5～8周龄怀乡鸡体尺性状及屠宰性能的影响

梁翠萍等（2019）做了饲粮钙水平对5～8周龄怀乡鸡体尺性状及屠宰性能影响的试验。

关于怀乡鸡的研究报道主要是一些种质特性及杂交利用研究分析，营养需要的研究很少。怀乡鸡缺乏系统的营养需要数据资料，配制日粮主要参考我国黄羽肉鸡饲养标准甚至快大型肉鸡的营养标准，使其生长和肉品质受到很大影响。

本试验研究饲粮钙水平对5～8周龄怀乡鸡体尺性状及屠宰性能的影响，筛选反映怀乡鸡饲粮钙营养水平的敏感指标，以确定该阶段怀乡鸡饲粮中钙的适宜水平。选取160只健康、体重相近的4周龄怀乡鸡，随机分成5个处理组，每个处理组4个重复，每个重复8只鸡，公母各半。试验采用玉米-豆粕型基础饲粮，各组钙含量分别为0.75%、0.85%、0.95%、1.05%和1.15%；除钙水平外，其他营养成分含量一致，试验持续28d。结果表明：饲粮钙水平对5～8周龄怀乡鸡的骨盆宽、胸深和胸肌率有显著影响（$P<0.05$），但对其他体尺指标及屠宰性能指标均无显著影响（$P>0.05$）；随着饲粮钙水平的增加，骨盆宽、胸深和胸肌率的最佳拟合曲线分别呈二次曲线、二次折线和二次曲线变化，据此得出5～8周龄怀乡鸡饲粮钙的适宜水平为0.81%～1.00%。

五、日粮添加维生素E和有机硒对42日龄怀乡鸡血清抗氧化指标的影响

杨芸瑜等（2018）开展了日粮添加维生素E和有机硒对42日龄怀乡鸡血清抗氧化指标的影响试验。

1. 摘要

本研究旨在研究日粮中添加不同浓度及配比维生素E和有机硒对42日龄信宜怀乡鸡血清抗氧化指标的影响。采取双因子完全随机试验设计，设3个维生素E添加水平（0、50、100IU/kg）和3个硒（Se）添加水平（0、0.15、0.30mg/kg），选择144只1日龄健康怀乡鸡空腹称重，随机分为9组，分别为维生素E 0 IU/kg和硒0mg/kg组、维生素E 0 IU/kg和硒0.15mg/kg组、维生素E 0 IU/kg和硒0.30mg/kg组、维生素E 50 IU/kg和硒0mg/kg组、

维生素E 100 IU/kg和硒0mg/kg组、维生素E 50 IU/kg和硒0.15mg/kg组、维生素E 100 IU/kg和硒0.15mg/kg组、维生素E 50 IU/kg和硒0.30mg/kg组以及维生素E 100 IU/kg和硒0.30mg/kg组，每组设4个重复，每个重复4只。试验周期为42d。42d时进行翼下静脉采血，测定血液中超氧化物歧化酶（SOD）、谷胱甘肽过氧化物酶（GSH－Px）、丙二醛（MDA）及总抗氧化能力（T－AOC）指标。结果表明：

（1）日粮中添加维生素E可显著上调42日龄怀乡鸡血清中谷胱甘肽过氧化物酶（GSH－Px）的活性及总抗氧化能力（T－AOC）水平（$P<0.05$），可显著降低42日龄怀乡鸡血清中丙二醛（MDA）的含量（$P<0.05$）。

（2）日粮中添加有机硒可显著提高42日龄怀乡鸡血清中总抗氧化能力（T－AOC）（$P<0.05$）。

（3）维生素E及有机硒对42日龄怀乡鸡血清中超氧化物歧化酶（SOD）的活性有显著交互作用（$P<0.05$），联合添加时（组6、8及9）对血清中MDA浓度的降低效果较好，联合添加组（组6、7、8及9）的血清T－AOC水平均显著高于对照组（$P<0.05$），且组9（维生素E＝100IU/kg，硒＝0.30mg/kg）效果最佳。

2. 讨论

维生素E可以缓解动物的应激，提高机体的免疫功能，清除机体内活性自由基，发挥抗氧化作用，改善生长性能，提高繁殖性能，保护动物机体不受损伤，维持动物机体的正常代谢和生理功能。家畜的肌肉营养不良、肝坏死，家禽的脑软化和渗出性素质都是体内缺乏维生素E所引起的典型症状。维生素E在动物体内的存在形式是α-生育酚。作为亲脂性化合物，它积累在脂蛋白、细胞膜和脂肪沉积物中。维生素E作为脂质膜的组成成分，可以有效抑制脂质过氧化，起到保护细胞膜的作用。

硒是动物机体必需的一种微量元素。硒有无机硒和有机硒之分，有机硒主要是硒通过生物转化与氨基酸结合形成，在动物体内以多种硒蛋白的形式参与许多代谢过程。硒能够清理体内多种氧化物质，具有抗氧化、保护细胞膜的作用并可提高机体的免疫功能。动物体内典型的硒缺乏症有肌肉营养不良（白肌病）、哺乳动物肝坏死、家禽的渗出性素质和胰腺纤维化，硒缺乏还会导致生长缓慢、繁殖性能低下等。

本试验研究了在日粮中添加不同浓度及配比的维生素E和有机硒对42日龄怀乡鸡血清中抗氧化指标的影响，为进一步揭示维生素E和有机硒协同抗氧化机理提供理论依据，同时为怀乡鸡养殖过程中维生素E和硒的添加量及配比提供参考。

3. 结论

日粮中添加维生素E可显著上调42日龄怀乡鸡血清中谷胱甘肽过氧化物酶的活性及总抗氧化能力水平（$P<0.05$），可显著降低42日龄怀乡鸡血清中丙二醛的含量（$P<0.05$）；日粮中添加有机硒可显著提高42日龄怀乡鸡血清中总抗氧化能力（$P<0.05$）；且维生素E及有机硒对42日龄怀乡鸡血清中超氧化物歧化酶的活性有显著交互作用（$P<0.05$），联合添加时血清中丙二醛浓度降低效果较好，联合添加组血清总抗氧化能力水平均显著高于对照组（$P<0.05$）。综上所述，42日龄信宜怀乡鸡日粮中维生素E和有机硒最佳添加量分别为100IU/kg和0.30mg/kg。

六、添加低分子壳聚糖对怀乡鸡生长、屠宰性能及肉品质的影响

王润莲等（2019）研究了添加低分子壳聚糖对怀乡鸡生长、屠宰性能及肉品质的影响。

1. 目的

壳聚糖是天然存在的带有正电荷的碱性多糖，具有降脂、降胆固醇、抗菌、免疫调节等多种生物学活性。随着壳聚糖加工技术的进展，进一步研究发现，壳聚糖的脱乙酰度和相对分子质量对降脂活性有明显的影响，脱乙酰度越高，降脂效应越明显；就壳聚糖的分子大小而言，有研究表明，相对于大分子壳聚糖，一些小分子壳聚糖的降脂效应更为明显，有些小分子（相对分子质量小于5 000）壳聚糖可被吸收进入动物的体组织对组织脂肪代谢产生影响。动物的肉品质与体内脂肪组织和含量有关，由此推测，低分子壳聚糖可能通过调节动物体脂代谢进一步调节胴体性能和肉品质。本试验拟探讨不同水平的低分子壳聚糖（相对分子质量小于5 000）对怀乡鸡生长、胴体性能及肉品质的影响，以确定其适宜添加水平。

2. 摘要

为研究低分子壳聚糖对肉鸡生产性能及脂质代谢的影响，将300只42日龄怀乡鸡随机分成5组，每组6个重复，每个重复10只，分别饲喂基础日粮及基础日粮中添加0.20%、0.40%、0.60%、0.80%低分子（相对分子质量小于5 000）壳聚糖的日粮，试验期42d。每周称重并统计采食量，试验期末从每个重复选取1只接近平均体重的鸡测定屠宰性能指标及肉品质。结果表明：

（1）添加低分子壳聚糖对生长性能没有显著影响（$P>0.05$）。

（2）屠宰率、半净膛率、全净膛率、胸肌率、腿肌率组间差异不显著（$P>0.05$），但添加壳聚糖可显著降低怀乡鸡的肝脂率和腹脂率（$P<0.05$），

随着壳聚糖添加量的增加，肝脂率和腹脂率均呈折线下降变化，其最佳降脂效应的添加水平分别为0.66%、0.56%。

（3）各项胸肌肉品质指标组间均差异不显著（$P>0.05$），但添加壳聚糖有降低胸肌滴水损失的趋势（$P<0.1$），趋势分析呈折线变化，其最佳效应的添加水平为0.53%。综上，添加低分子壳聚糖对怀乡鸡的生长没有影响，但能显著降低肝脂和腹脂沉积，有改善肉品质的趋势，其适宜添加水平为0.58%。

3. 结论

添加0.2%～0.8%低分子壳聚糖（相对分子质量小于5 000）对怀乡鸡的生长没有影响，可显著降低肝脂和腹脂沉积，其他屠体性能不受影响，有改善肉品质的趋势，其适宜添加水平为0.58%。

七、粉末型天然叶黄素对怀乡鸡蛋黄着色效果的研究

曹子文等（2020）做了粉末型天然叶黄素对怀乡鸡蛋黄着色效果的试验。

1. 目的

叶黄素作为类胡萝卜素的一种，同其他类胡萝卜素一样，有着很强的抗氧化作用。动物体内如果形成了活性较高且具有损伤作用的自由基后，它们就会靠近并破坏细胞的一些重要组分，如核酸、脂质、蛋白质等。而叶黄素由于其分子结构中有多个共轭双键，可以很好地抑制氧自由基和单线态氧，从而阻止其破坏正常的细胞，增强免疫系统的免疫能力，并且有抗衰老的作用。有研究表明，由于叶黄素的抗氧化作用，使其同时可以很好地保护皮肤，因此，叶黄素除了在食品行业有重要作用外，在化妆品和护肤品行业同样有其一席之地。叶黄素的颜色鲜黄，不溶于水，易溶于乙醇、油脂，是一种效果不错的着色剂。

本研究将深入探索粉末型叶黄素对怀乡鸡蛋黄颜色着色效果的影响，为其在家禽生产上作为色素添加剂的应用提供依据。

2. 摘要

为研究粉末型天然叶黄素对怀乡鸡鸡蛋蛋黄颜色的影响，选用相同日龄的健康怀乡鸡288只，随机分为1个对照组和3个试验组，每组9个重复，每个重复8只鸡。其中在基础日粮的基础上分别添加20mg/kg、24mg/kg、28mg/kg叶黄素作为试验组1、试验组2、试验组3。试验期14d，分别测定第3、5、7、11和14d鸡蛋蛋黄*RCF*值和L^*、a^*、b^*值。*RCF*值为罗氏比色扇测定的数值，*RCF*值越大，蛋黄颜色越深；L^*、a^*、b^*值则为色差仪测定的数值，通过这三个数值可以在CIE色空间坐标图中准确确定某一个颜色。试验

结果表明，第 3 天试验组 2 的 RCF 值显著高于对照组（$P<0.05$），第 5 天开始，各试验组的 RCF 值均显著高于对照组（$P<0.05$），各试验组间的 RCF 值差异不显著（$P>0.05$）。试验组 1 和 3 在第 5、7、11 和 14 天的 RCF 值均显著高于第 3d RCF 值（$P<0.05$）；试验组 2 在第 5 和 11 天显著差异（$P<0.05$），其余天数间差异不显著（$P>0.05$）。L^* 值在第 3d 时，试验组 3 要显著低于对照组和试验组 1（$P<0.05$），第 7d 时，试验组 2、4 显著低于对照组（$P<0.05$）；a^* 值在第 7d 及以后，试验组 3 相比对照组都有显著增高（$P<0.05$）；b^* 值在第 3d 时，试验组 3 要显著低于对照组和试验组 1（$P<0.05$），第 7d 时，试验组 2、3 要显著低于对照组（$P<0.05$），其他天数中各组数据均差异不显著（$P>0.05$）。与对照组相比，各个试验组的色差值在 3.20～7.58 之间。在饲料中添加叶黄素之后，粉壳蛋鸡产蛋率、鸡蛋品质指标（蛋重、蛋形指数、蛋壳厚度、蛋壳强度、蛋黄重以及哈氏单位）在各组之间均差异不显著（$P>0.05$）。日粮中添加天然叶黄素可显著提高蛋黄 RCF 值（$P<0.05$）；天然叶黄素含量对蛋黄 L^*、a^*、b^* 值影响显著（$P<0.05$）；叶黄素对粉壳蛋鸡生产性能无显著影响（$P>0.05$）。

八、怀乡鸡、贵妃鸡及其杂交 F_1 营养物质代谢利用的比较与分析

赵树荣等（2011）进行了怀乡鸡贵妃鸡及其杂交 F_1 营养物质代谢利用的比较与分析。

1. 摘要

本试验通过对贵妃鸡、怀乡鸡及其杂交 F_1 这三种鸡的代谢试验，分析和比较不同鸡种对营养物质的代谢利用情况。试验选用 70 日龄的贵妃鸡、怀乡鸡及怀乡鸡公×贵妃鸡母的杂交 F_1（全为母鸡）各 12 只，每种鸡 4 个重复，每个重复 3 只鸡，试验期为 7d，测其干物质（DM）、粗蛋白（CP）、粗脂肪（EE）、粗灰分（ASH）、钙（CA）、磷（P）等营养物质含量。结果表明：不同鸡种对营养物质的代谢利用有一定的差别，①三个不同鸡种对 DM、CP、EE、ASH、CA、P 的摄入量均为怀乡鸡>贵妃鸡>杂交 F_1（$P<0.05$）。②这三种鸡对 DM、ASH、CA、P 的排出量均为怀乡鸡>贵妃鸡>杂交 F_1，且怀乡鸡与另外两种鸡之间差异显著（$P<0.05$）；CP 排出量为怀乡鸡>杂交 F_1>贵妃鸡，怀乡鸡与另外两种鸡之间差异显著（$P<0.05$）；EE 排出量为贵妃鸡>怀乡鸡>杂交 F_1，差异不显著（$P>0.05$）。③贵妃鸡与怀乡鸡之间 EE 消化率差异显著（$P<0.05$），但杂交 F_1 与其他两种鸡差异不显著（$P>0.05$）；CP 消化率为贵妃鸡>怀乡鸡>杂交 F_1；DM、ASH、CA 消化率呈现杂交 F_1>贵妃鸡>怀乡鸡的规律，P 消化率为怀乡鸡>贵妃鸡>杂交 F_1。

2. 结论

不同鸡种对干物质的摄入量和干物质排出量有显著差异，且均为怀乡鸡>贵妃鸡>杂交 F_1；但干物质的消化率差别不大，贵妃鸡、怀乡鸡、杂交 F_1 分别为 75.27%、74.82%、75.38%。不同鸡种对粗蛋白的摄入量有显著差异，怀乡鸡>贵妃鸡>杂交 F_1，依次分别为 109.70g、74.12g、65.12g；对粗蛋白排出量，怀乡鸡>杂交 F_1>贵妃鸡，且怀乡鸡与其他两种之间均存在显著差异，依次分别为 44.67g、29.58g、28.55g；粗蛋白的消化率差异不显著。不同鸡种对粗脂肪的摄入量有显著差异，怀乡鸡>贵妃鸡>杂交 F_1，依次分别为 11.48g、7.75g、6.81g；对粗脂肪的排出量，三种鸡之间差异不显著；粗脂肪的消化率，怀乡鸡（71.22%）显著高于贵妃鸡（35.62%），杂交 F_1（53.23%）介于其亲本之间。不同鸡种对粗灰分的摄入量有显著差异，怀乡鸡>贵妃鸡>杂交 F_1，依次分别为 111.66g、75.45g、66.28g；对粗灰分排出量，怀乡鸡>杂交 F_1>贵妃鸡，且怀乡鸡与其他两种之间均存在显著差异，依次分别为 60.89g、37.22g、32.04g；但三种鸡的粗灰分消化率差异不显著。不同鸡种对钙和磷的摄入量有显著差异，对钙和磷的排出量均为怀乡鸡>贵妃鸡>杂交 F_1，且怀乡鸡与其他两种鸡差异显著，但钙和磷的消化率三种鸡之间差异不显著。

九、怀乡鸡和麒麟鸡 16 周龄血液抗氧化指标分析

黎欣欣等（2022）做了怀乡鸡和麒麟鸡 16 周龄血液抗氧化指标分析试验。

1. 目的

抗氧化指标是反映畜禽身体健康与否的重要标志。现代化集约化生产、饲粮更换与污染、鸡舍温度与通风条件、强制换羽、运输转群等多种因素极易导致动物机体的氧化剂和抗氧化剂之间的平衡被破坏，快速生长的黄羽肉鸡体内的生物抗氧化系统比较脆弱，从而影响动物的生产性能和健康。谷胱甘肽过氧化物酶能够利用还原型谷胱甘肽，清除掉各种过氧化物质及其有害代谢产物，中断自由基链反应。谷胱甘肽过氧化物酶活性高低是机体抗氧化水平的重要标志。总抗氧能力（T-AOC）是反映机体抗氧化系统功能状态的一个综合性指标，其数值代表了整个动物机体中和活性氧的潜在能力。抗氧化系统的抗氧化防御机制体现在一方面直接清除自由基保护机体，另一方面能让与产生活性氧有关的金属离子结合蛋白质抑制活性氧的生成，防止氧自由基的蓄积。

本研究以怀乡鸡、麒麟鸡为研究对象，研究机体的抗氧化水平，将有助于进一步了解怀乡鸡和麒麟鸡的抗氧化特性，对两个种地方品种鸡的饲养管理与疾病防控具有一定的参考意义，为研究怀乡鸡和麒麟鸡的遗传特点和差异性奠定基础，利于品种保护、开发和利用。

2. 摘要

试验旨在探讨两种不同地方品种怀乡鸡和麒麟鸡抗氧化性能的差异。本试验随机选取16周龄怀乡公鸡、怀乡母鸡、黄麒麟母鸡、白麒麟母鸡和黑麒麟母鸡各30只，采用肝素钠抗凝管采集鸡静脉血液，－20℃保存。检测谷胱甘肽（GSH）、谷胱甘肽过氧化物酶（GSH－Px）和总抗氧化能力（T－AOC）等抗氧化指标。试验结果显示：16周龄时，怀乡公鸡GSH含量显著高于怀乡母鸡（$P<0.05$），黄、黑、白麒麟母鸡间GSH含量差异不显著（$P>0.05$）；16周龄时，怀乡母鸡GSH－Px含量显著高于怀乡公鸡（$P<0.05$），黄、黑、白麒麟母鸡间GSH－Px含量差异显著（$P<0.05$）；16周龄时，怀乡母鸡T－AOC水平显著高于怀乡公鸡（$P<0.05$），而白麒麟母鸡与黄麒麟母鸡T－AOC水平均显著高于黑麒麟母鸡（$P<0.05$）。试验结果表明：16周龄时，怀乡母鸡抗氧化能力水平高于怀乡公鸡，并且怀乡母鸡抗氧化能力水平高于黄、黑、白麒麟母鸡，可为地方品种鸡资源利用提供一定参考。

十、不同剂量甜菜碱对怀乡鸡公雏鸡和高温环境育成公鸡免疫力影响的研究

赵晨等（2020）做了不同剂量甜菜碱对怀乡鸡公雏鸡和高温环境育成公鸡免疫力影响的研究。

1. 目的

甜菜碱在家禽生产中的作用：甜菜碱别名三甲基甘氨酸，是无毒无害的天然化合物，广泛存在于动植物体内，分子式为 $C_5H_{11}NO_2$，相对分子质量117.15，其化学结构与胆碱和蛋氨酸相似。甜菜碱理化性质稳定，在200℃高温下依然不会变性，在常温下呈白色结晶状，极易潮解。甜菜碱含有丰富甲基，能够作为甲基供体，促进蛋白质的合成和免疫器官的发育，保护肠道健康，提高家禽的免疫力，同时还能与抗球虫药物起到协同作用，加强药物的使用效果。

本试验通过在基础日粮中添加不同剂量甜菜碱，首次同时从免疫器官指数、抗体效价水平、免疫蛋白浓度和促炎因子浓度等四个方面对不同生长阶段和不同温度下的雄性怀乡鸡免疫水平进行研究，提供对比各组数据之间的差异，找到甜菜碱对雄性怀乡鸡免疫力提升的最佳添加量，能够补充前人对怀乡鸡免疫力研究的空白，同时还能为甜菜碱在地方品种肉鸡饲料中的应用提供数据支撑。

2. 摘要

家禽是恒温动物，当外界温度超过其适宜温度上限值时，就会表现出热应

激症状。粤西地区夏季高温持续时间长，肉鸡规模化养殖易遭受热应激影响，造成重大经济损失。现有研究表明，肉鸡长期处于高温环境中，会导致采食量减少、饲料转化率下降、腹脂沉积增加、免疫力降低。目前，主要是通过营养调控的方法来缓解高温对肉鸡规模化生产造成的不良影响。

（1）试验第一部分。通过对比在日粮中添加不同剂量甜菜碱对怀乡鸡公雏鸡免疫器官指数、新城疫抗体效价、免疫蛋白浓度和促炎因子浓度的差异，阐述甜菜碱对怀乡鸡公雏鸡免疫力的影响。试验选取1日龄雄性怀乡鸡健雏共288只，随机分为空白对照组和3个甜菜碱组，甜菜碱组分别在基础日粮中添加500mg/kg、1 000mg/kg和2 000mg/kg的甜菜碱，试验期28d。

试验结果表明，甜菜碱能够增加怀乡鸡公雏鸡免疫器官指数，但组间差异均不显著；甜菜碱能够升高怀乡鸡公雏鸡新城疫抗体效价，与空白对照组相比，在21～28日龄时，2 000mg/kg甜菜碱组新城疫抗体效价显著升高。甜菜碱能够增加怀乡鸡公雏鸡血清和十二指肠黏膜中的免疫蛋白浓度，降低促炎因子浓度。与空白对照组相比，在28日龄时，2 000mg/kg甜菜碱组血清中IgM的浓度升高了14.41%（$P<0.05$），1 000mg/kg甜菜碱组十二指肠黏膜中SIgA的浓度升高了13.61%（$P<0.05$），1 000mg/kg甜菜碱组血清中IL-6的浓度下降了11.05%（$P<0.05$）。在本试验浓度梯度下，1 000mg/kg甜菜碱添加量效果最佳。

小结

本试验通过对比不同剂量甜菜碱对怀乡鸡公雏鸡免疫器官指数、新城疫抗体效价、免疫蛋白浓度和促炎因子浓度等方面的差异，得出以下几点结论：

①日粮中添加甜菜碱能够在一定程度上增加怀乡鸡公雏鸡免疫器官指数，但是作用效果不显著。

②日粮中添加甜菜碱能够显著升高育雏期雄性怀乡鸡十二指肠黏膜中的免疫蛋白浓度，对血清中的免疫蛋白浓度作用效果不大，但能显著提高新城疫疫苗接种后的免疫应答水平，显著增加新城疫抗体效价。

③日粮中添加甜菜碱能够提高怀乡鸡公雏鸡的抗炎能力，显著抑制血清中部分促炎因子浓度。

④综合考虑，在本试验条件下，1 000mg/kg的甜菜碱添加量对怀乡鸡公雏鸡免疫力提升效果最佳。

（2）试验第二部分。主要研究高温环境中甜菜碱对雄性怀乡鸡免疫力的作用效果。通过比较各组雄性怀乡鸡免疫器官指数、免疫蛋白浓度和促炎因子浓度的差异，探讨持续高温对怀乡鸡育成公鸡免疫力的影响。试验选取6周龄雄性怀乡鸡共240只，随机分为常温对照组、高温对照组和3个高温甜菜碱组。

常温对照组和高温对照组均饲喂基础日粮，高温甜菜碱组分别在基础日粮中添加500mg/kg、1 000mg/kg和2 000mg/kg的甜菜碱，试验期10周。

试验结果表明：高温使怀乡鸡育成公鸡产生热应激，能够显著降低其胸腺、脾脏、法氏囊的器官指数，抑制免疫蛋白合成，降低免疫力，引发炎症；随着高温的持续，热应激对免疫机能的抑制作用逐渐增加。日粮中添加甜菜碱能够有效缓解高温对怀乡鸡免疫器官和免疫蛋白的影响，抑制促炎因子的生成，甜菜碱在热应激早期对免疫机能的增加效果优于热应激后期。在本试验浓度梯度内，2 000mg/kg的甜菜碱添加量效果最佳。

小结

本试验通过对比高温环境下日粮中添加甜菜碱对6～15周龄怀乡鸡育成公鸡免疫器官指数、免疫蛋白浓度和促炎因子浓度等方面的差异，得出以下几点结论：

①持续高温使雄性怀乡鸡产生热应激，导致免疫机能降低，随着高温的持续，热应激对雄性怀乡鸡免疫机能的损伤逐渐加深。

②日粮添加甜菜碱能够显著提高高温环境下雄性怀乡鸡的免疫机能，使机体免疫指标恢复到常温状态下的水平。本试验浓度梯度中，添加高浓度甜菜碱对雄性怀乡鸡免疫力的作用效果优于低浓度甜菜碱。

③添加甜菜碱对热应激早期免疫机能的恢复效果优于热应激后期；在热应激后期，仅靠在日粮中添加甜菜碱已不能确保雄性怀乡鸡健康成长。

④综合考虑，在本试验条件下，2 000mg/kg的甜菜碱添加量对高温环境下怀乡鸡育成公鸡免疫力提升的效果最佳。

十一、高温环境对怀乡鸡生产性能、生理生化指标和肠道屏障功能的影响

潘子意等（2020）研究了高温环境对怀乡鸡生产性能、生理生化指标和肠道屏障功能的影响。

1. 摘要

肉鸡产业是广东省农业经济的重要支柱，对于规模化养殖的肉鸡，环境因素的影响愈发突出。温度是影响肉鸡生产的重要环境因子，高温环境会损伤肉鸡肠道屏障功能，降低生产性能。然而，相对于快大型肉鸡，有关高温环境对本地黄羽肉鸡影响的研究较少。怀乡鸡是广东优质地方黄羽肉鸡品种，但目前关于高温环境对其生产性能及肠道屏障功能的研究更是十分缺乏。因此，本试验旨在研究高温环境对怀乡鸡生产性能、生理生化指标和肠道屏障功能的影响，为怀乡鸡规模化养殖过程中环境控制及科学防控高温环境导致的不利影响

奠定基础。

（1）试验过程。试验采用完全随机分组试验设计，选用 40 只 56 日龄 1kg 左右的雌性怀乡鸡作为试验材料，随机分为常温组和高温组，每组 20 只，每组随机分为 5 个重复，每 4 只一笼作为一个重复。常温组温度控制：24h 21.3±1.2℃，高温组温度控制：9：00—17：00 32.5±1.4℃，湿度均控制在 50%～70%之间。饲养周期为 4 周即 28d。试验过程中给予充足饲料及饮水。

屠宰前一天采集血清，测定血清中脂质含量；取怀乡鸡腹肌、胸肌、腿肌、心、肝、脾脏、肾脏、胰腺、肌胃和腺胃称重，并检测胸肌和腿肌的肌肉品质；取十二指肠、空肠和回肠组织样品以及肠道内容物。提取肠道组织 RNA，采用 qPCR 方法检测肠道屏障功能相关基因相对表达量；通过 LC－MS 分析盲肠内容物代谢组；采用 16S 高通量测序技术测定盲肠微生物菌群组成。

（2）生产性能测定结果。

①高温组的体重增加量显著低于常温组（$P<0.05$）；采食量和料重比差异不显著（$P>0.05$）。

②高温组腹脂率的平均值极显著高于常温组（$P<0.01$），高温组的腿肌率平均值极显著低于常温组（$P<0.01$），而胸肌率的差异不显著（$P>0.05$）；两组怀乡鸡脏器重量无显著差异（$P>0.05$）；高温组与常温组的胸肌蒸煮损失差异不显著（$P>0.05$），高温组的滴水损失均极显著高于常温组（$P<0.01$）；高温组的胸肌 pH 在屠宰后 45min 显著低于常温组（$P<0.05$），而在屠宰后 24h 后测定的 pH 两个组差异不显著（$P>0.05$）；高温组与常温组的腿肌蒸煮损失以及高温组腿肌的滴水损失在屠宰后的 3d 试验中差异均不显著（$P>0.05$），高温组的腿肌 pH 在屠宰 45min 后显著低于常温组（$P<0.05$），而屠宰后 24h 的 pH 差异不显著（$P>0.05$）。

③高温组怀乡鸡胸肌中过氧化氢酶（CAT，Catalase）的含量显著低于常温组（$P<0.05$），丙二醛（MDA，Malondialdehyde）的含量显著高于常温组（$P<0.05$）；高温组和低温组怀乡鸡胸肌中总抗氧化能力（T－AOC，Total antioxidant capacity）、总超氧化物歧化酶（T－SOD，Total superoxide dismutase）和谷胱甘肽过氧化物酶（GSH－Px，Glutathioneperoxidase）无显著差异（$P>0.05$）。在腿肌中高温组的 GSH－Px 的含量显著低于常温组（$P<0.05$），而 T－AOC、T－SOD、CAT 和 MDA 在高温组和常温组中的变化不显著（$P>0.05$）。

（3）高温对怀乡鸡生理生化指标的影响结果。

①在试验的 4 周中，高温组怀乡鸡的直肠和脚垫温度均显著高于常温组，而高温组的第四周眼睑温度和左小腿皮温显著高于常温组（$P<0.05$）。

②高温组怀乡鸡的血清以及排泄物中皮质醇的含量均显著高于常温组（$P<0.05$）。

③高温组怀乡鸡血清中的 T-AOC 显著低于常温组（$P<0.05$），T-SOD、GSH-Px、CAT 和 MDA 的含量没有显著差异。

④高温组怀乡鸡血清中甘油三酯和胆固醇的含量显著高于常温组（$P<0.05$），其中高密度脂蛋白和低密度脂蛋白的含量在两组中无显著差异（$P>0.05$）。

（4）对怀乡鸡肠道屏障功能的试验结果。

①观察经 HE 染色的小肠组织切片，高温组怀乡鸡十二指肠和回肠的绒毛高度显著低于常温组（$P<0.05$），两组怀乡鸡的小肠绒毛宽度、隐窝深度、肠绒毛表面积均无显著性差异（$P>0.05$），但高温组怀乡鸡回肠的绒毛高度与隐窝深度的比值显著低于常温组（$P<0.05$），而在十二指肠和空肠中并没有明显的变化（$P>0.05$）。

②高温组怀乡鸡十二指肠、空肠、回肠内的 CAT 和 MDA 均显著低于常温组，两组怀乡鸡的 T-AOC 在十二指肠中无显著性差异（$P>0.05$），但是在空肠和回肠中高温组显著低于常温组（$P<0.05$），高温组怀乡鸡十二指肠和空肠的 GSH-PX 显著低于常温组（$P<0.05$），回肠中却无明显变化，两组怀乡鸡十二指肠和回肠中的 T-SOD 无显著性差异（$P>0.05$），但是在高温组怀乡鸡的空肠中 T-SOD 的含量明显降低（$P<0.05$）。

③常温组十二指肠中 *occludin* 和 *zo*-1 基因的相对表达量显著高于高温组（$P<0.05$），常温组空肠中 *occludin*、*claudin*-1、*claudin*-4、*zo*-1、*mucin*-2 基因相对表达量显著高于高温组（$P<0.05$），而常温组空肠中只有 *claudin*-4 的表达量显著高于常温组（$P<0.05$）。

④通过盲肠潜在生物代谢物筛选，共筛选出 18 种差异代谢物，其中 12 种下调代谢物，6 种上调代谢物，进一步通过 KEGG 代谢通路分析得到这些差异代谢物主要富集在三羧酸循环等通路中。

⑤高温组和常温组怀乡鸡盲肠菌群的 Alpha 指数无显著差异（$P>0.05$），并且两组怀乡鸡盲肠各水平菌群的比例无显著差异（$P>0.05$）。

以上试验结果表明，32℃左右的高温环境会显著降低 56 至 84 日龄雌性怀乡鸡的生长性能，降低肌肉品质和抗氧化性能，并损坏小肠组织形态结构，降低小肠抗氧化性能，影响肠道屏障功能相关基因表达，改变盲肠代谢组，但对盲肠菌群组成无显著影响。

2. 结论

本试验研究了高温环境对怀乡鸡生产性能和肠道屏障功能的影响，可以得出如下结论：

①高温环境降低了怀乡鸡的生长性能和器官指数，并降低了肌肉品质。
②高温环境降低了怀乡鸡肌肉抗氧化能力。
③高温环境增加了怀乡鸡血清中甘油三酯和胆固醇的含量。
④高温环境破坏了怀乡鸡小肠的组织形态结构。
⑤高温环境降低了怀乡鸡小肠的抗氧化性能。
⑥高温环境下调了怀乡鸡小肠屏障功能相关基因的表达量。
⑦高温环境影响了怀乡鸡盲肠内容物代谢物。
⑧高温环境对怀乡鸡盲肠菌群组成无显著影响。

第四节　抗病研究进展与疾病净化技术

一、怀乡鸡等黄羽肉鸡A亚群禽白血病遗传抗性位点的鉴定及应用研究

张翔宇在谢青梅教授指导下，开展了相关课题研究并完成了硕士论文。

1. 摘要　禽白血病（Avian leucosis，AL）是由禽白血病病毒（Avian leukosis virus，ALV）引起的以造血细胞恶性增生为主的一类肿瘤性疾病的统称。禽白血病病毒主要通过以下3种方式进行传播：(1) 水平传播，该传播方式的主要媒介是含有病毒的分泌物、排泄物。(2) 垂直传播，通过感染种蛋由染病母鸡胚胎直接传染后代，这是主要的传播形式（庄长楠等，2019）。(3) 遗传性传播，主要指内源性病毒传染给子代的传播方式（Payne et al.，2012）。禽白血病是一种危害鸡种源安全的疾病。ALV是鸡的一种垂直传播性病毒，导致每一商品代逐代放大，每代感染率扩大约5%～20%，这样代代相传会导致鸡感染数量越来越多。

迄今为止，控制禽白血病的感染和传播还没有有效的疫苗和药物，主要通过淘汰ALV阳性鸡，净化种鸡群，但这种方法存在很大的弊端。所以，研究和开发更适合于中国禽白血病预防和控制的新策略十分紧迫。抗病育种是解决这个问题的一个重要途径。

2. 研究方法与结果

本研究旨在深入研究 $tva^{260G>A}$ 突变是否引起宿主对ALV-A的感染产生遗传抗性，鉴定ALV-A新的遗传抗性位点，并用以评估不同黄羽肉鸡品种（品系）对ALV-A遗传抗性的改良潜力，以筛选培育遗传抗ALV-A鸡品种（系）的育种素材。研究成果将对黄羽肉鸡A亚群禽白血病抗病育种提供理论依据和技术支持。本研究所用实验动物包括清远麻鸡、杏花鸡、沙栏鸡和怀乡鸡。

A亚群禽白血病是由A亚群禽白血病病毒（Avian Leukosis Virus subgroup

A，ALV－A）引起的一种免疫抑制性肿瘤性传染病，给我国养禽业造成巨大的经济损失。tva受体基因编码介导ALV－A感染的受体蛋白，其遗传突变可导致宿主对ALV－A的感染产生遗传抗性。本课题组前期研究发现，我国鸡种tva受体基因DNA序列第260位碱基发生G>A突变，将其命名为$tva^{260G>A}$。为了深入研究$tva^{260G>A}$突变对宿主感染ALV－A的影响，主要开展了以下研究。

本研究利用RCASBP（A）－GFP荧光报告病毒和ALV－A野毒感染$tva^{260G>A}$突变位点野生型$tva^{260G/G}$、杂合突变型$tva^{260G/A}$和纯合突变型$tva^{260A/A}$ CEF，结果表明：$tva^{260G>A}$突变致使宿主体外降低了对ALV－A的感染。ALV－A体内攻毒试验结果表明，$tva^{260G>A}$突变导致宿主体内降低了对ALV－A的感染而产生遗传抗性。

为评估不同黄羽肉鸡品种（品系）对ALV－A的遗传抗性，本研究对15个地方鸡种和10个黄羽肉鸡品系$tva^{260G>A}$抗性位点进行了基因分型，结果发现杏花鸡、怀乡鸡、龙胜凤鸡和康乐鸡以及黄羽肉鸡品系A01、A08和A10存在$tva^{260G>A}$突变，这些鸡种的抗性基因型$tva^{260A/A}$的频率为0.25、0.19、0.13、0.14、0.10、0.15和0.23。

综合以上实验结果，本研究鉴定了$tva^{260G>A}$突变位点为ALV－A的遗传抗性位点，并可运用该抗性位点从黄羽肉鸡品种（品系）中筛选出抗ALV－A的育种素材，为黄羽肉鸡ALV－A抗病育种提供了新的思路和技术支持。

3. 小结

（1）本研究通过RCASBP（A）－GFP病毒和ALV－A野毒感染试验以及ALV－A体内攻毒试验，从体内外均证实$tva^{260G>A}$突变致使宿主降低了对ALV－A的感染而产生遗传抗性，鉴定了$tva^{260G>A}$突变位点为ALV－A的遗传抗性位点。

（2）本研究对15个不同地方鸡种和10个黄羽肉鸡品系$tva^{260G>A}$突变位点进行了基因分型，结果发现杏花鸡、怀乡鸡、龙胜凤和康乐鸡以及黄羽肉鸡品系A01、A08和A10存在$tva^{260G>A}$突变，这些鸡种的抗性基因型$tva^{260A/A}$的频率为0.25、0.19、0.13、0.14、0.10、0.15和0.23，可从这些鸡种中筛选出抗ALV－A的育种素材。

二、禽白血病的检测净化技术

1. 禽白血病的主要检测净化技术

众所周知，禽白血病（Avian leukosis，AL）是由禽白血病病毒（Avian leucosis virus，ALV）引起的一种禽类重要免疫抑制性疾病，主要以垂直方式传播，给我国养禽业造成了严重经济损失。目前控制ALV传播的最有效手段是净化，而检测技术是实现净化的重要技术支撑。张振兴、宋建领等（2022）

对禽白血病检测技术重点从血清学、分子生物学方面做了综述，有助于同行充分了解和借鉴现有 ALV 检测技术，提高 ALV 检出率，缩短净化时间，提高工作效率。

我国在 1999 年从国外引进的白羽肉鸡中首次发现 ALV，随后在蛋鸡、地方品种鸡以及野鸟中也发现了病毒感染，ALV 感染鸡引起的死亡率可达 20%以上，损失严重。国内的 ALV 净化工作起步较晚，2013 年基本得以控制，但随着家禽养殖规模不断扩大，2015 年后 ALV 又在我国地方品种鸡中开始流行。这对我国家禽遗传种质资源安全构成严重威胁。2021 年国家便把 ALV 列为需要防范的主要禽病之一，而主要手段是通过不断净化，切断外源性感染途径，以控制 ALV 传播。因此实验室检测是必不可少的环节，而准确高效的检测技术对开展 ALV 净化至关重要。

在各种血清学检测方法中，ELISA 方法作为目前常用的血清学检测技术，可用于血清、细胞培养液、胎粪等样品的 ALV 检测。其优势是省时省力，样品用量少，不需要大量的仪器设备，现已成为国内外众多种鸡企业 ALV 主要检测方法。但是 p27 抗原高度保守，无法区分外源性和内源性 ALV，还需要对 ALV 阳性样品基因测序才能划分 ALV 的不同亚群。因此，很有必要提高操作人员 ELISA 检测的熟练度，有针对性地选择灵敏度高、稳定性强的 ELISA 检测试剂盒。

2. 禽白血病的分子生物学检测

（1）RT-PCR。RT-PCR 检测技术通过提取样品特异性核酸，结合微量 RNA 进行 ALV 检测。该方法敏感性高，目的条带清晰，无杂带。但是 RT-PCR 方法对样品病毒含量无法定量，而且容易出现假阳性或假阴性，PCR 扩增产物需要电泳观察等，该方法已逐渐被荧光定量 PCR 技术替代。

（2）荧光定量 PCR。荧光定量 PCR 检测方法以设计指定的 ALV 荧光探针和特定引物为核心，对 ALV 进行快速检测和定量，是一种检测灵敏度高、易于操作、自动化程度高、省时省力的检测方法，结果可靠准确。ALV 荧光定量 PCR 检测方法特异性强，重复性好，被广泛应用。

（3）数字 PCR（ddPCR）。ddPCR 作为一种新型生物检测技术已经逐步应用于病原微生物检测、病原体定性等多个领域，其原理是对样品进行 PCR 扩增前，先进行微滴化处理，通过对 PCR 扩增后产物进行微滴判读，以此来确定检测样品为阳性或阴性。其优点在于不需要依赖标准曲线就能实现绝对核酸定量，对核酸浓度要求低，对特殊样品有一定的高耐受性，检测费用低廉。但是 ddPCR 检测仪器较为精密，对检测人员操作要求高，基因倒位或大片段缺失会影响检测的准确性，因而限制了其适用范围。

（4）环介导等温扩增（LAMP）。LAMP 检测技术从问世到现在已有 20 多年，无论是检测原理、所需引物设计还是反应产物判定均已逐渐成熟化、标准化，成为基层检测人员使用的主要检测手段之一。相较于 RT－PCR 检测技术，LAMP 检测技术不需要对各阶段反应温度进行烦琐设定，全过程在同一温度设定条件下即可完成。不仅如此，这项检测技术还大大降低了对各种设备仪器的要求，反应时间也比 RT－PCR 缩短了一半以上。近几年，张民秀等设计的 ALV LAMP 检测方法不仅能对 ALV 感染进行快速诊断，还可以对 ALV、鸡传染性贫血病毒（CIAV）的混合感染提供技术支持。

（5）高敏荧光微球检测。高敏荧光微球检测方法是根据时间分辨荧光免疫层析原理设计的一种应用于 ALV 检测的新型检测方法，其通过仪器读取反应后免疫复合物中的荧光微球发光值，测算 ALV p27 抗原数值，从而进一步判定是否感染 ALV。此种方法操作简便，适用于大批量样品的快速定量检测，可作为基层使用的快速诊断检测技术。

3. 怀乡鸡禽白血病检测净化方案

（1）检测目的。禽白血病（Avian leukosis AL）是一种既能垂直传播也能水平传播的肿瘤性疾病，禽白血病的净化是对原种鸡群品质评价的一项重要指标。品种选育时，鸡群要严格执行公司的禽白血病净化方案，规范禽白血病净化流程，确保公司鸡群成功净化禽白血病，提高鸡群质量。

（2）检测原理。酶联免疫吸附试验（ELISA）应用于胎粪、肛拭子、蛋清中禽白血病 p27 抗原的检测，此抗原存在于包括内源性病毒在内的所有白血病亚型中。用 p27 抗体包被 96 孔反应板，样品中的 p27 抗原与包被的抗体形成复合物，洗掉未结合的物质后，再加入辣根过氧化物酶标记的 p27 抗体，后者与结合在孔中的 p27 抗原结合。随后，洗掉未结合的标记物，加入底物溶液，生成的颜色与检测样品中的 p27 含量有关。

鸡淋巴白血病病毒分离技术是国际检测禽白血病病毒的金标准，将病毒分离技术应用于鸡群禽白血病净化，DF－1 细胞可区分内外源病毒，将血浆接种到含 DF－1 细胞的培养板上，培养 7～9d，取出冻融后用 ELISA 试剂盒进行检测，阳性样品即为外源性白血病病毒。通过该方法的检测，可提升白血病净化的准确性并加快净化进程。

（3）禽白血病净化程序。结合蛋种鸡禽白血病净化程序和肉种鸡的生产特点，制定怀乡鸡种鸡禽白血病的净化程序，一个世代 2 个时间点针对不同样品检测。即：①1 日龄胎粪普检；②在开产初期，母鸡前三枚鸡蛋普检，公鸡采取病毒分离方法普检。

（4）检测试剂。

①检测试剂。IDEXX LLAG 抗原检测试剂盒、稀释液、DF－1 细胞、DMEM 培养基、胎牛血清、胰酶、EDTA－2、被检血浆。

②检测材料。2mL 离心管、离心管架、96 孔细胞板、肝素锂采血管、采血针、吸头等。

③仪器。显微镜、生物安全柜、CO_2 培养箱、恒温培养箱、洗板机、酶标仪、移液器等实验室设备。

（5）检测流程。

①胎粪检测流程。在出壳前，将每只种鸡的种蛋置于同一出壳纸袋中，逐只采集 1 日龄雏鸡胎粪，置于小试管中，按照 IDEXX LLAG 抗原检测试剂盒操作说明进行检测，检测结果以 S/P 大于 0.2 判为阳性。检测结果按家系统计，只要家系中检测出一只阳性鸡，即将整个家系雏鸡全部淘汰，同时淘汰相应种母鸡。

②蛋清检测流程。开产前母鸡逐只取初生蛋 3 枚，逐一编号，蛋清样品按照 IDEXX LLAG 抗原检测试剂盒操作说明进行检测，检测结果以 S/P 大于 0.2 判为阳性，当天淘汰阳性鸡。

③病毒分离检测流程。输精前公鸡使用一次性采血针采集血液，将血液加入含有肝素锂抗凝剂试管中，将采血管逐一编号。将血浆样品管置于 4℃离心机离心，2 000r/min 离心 7min，在生物安全柜吸取血浆 100uL，接种于每孔含细胞 10^4 个/mL 的 48 孔细胞培养板中，置于 37℃ 5% CO_2 培养箱中培养 24h。将接种板中的 10%细胞培养液换成 2%细胞培养液，培养 7～9d。取细胞培养后的冻融后产物，按照 IDEXX LLAG 抗原检测试剂盒操作说明进行检测，检测结果以 S/P 大于 0.08 为阳性值，当天淘汰阳性鸡。

三、鸡白痢病检测净化技术

1. 净化形势依然严峻

在我国，禽源沙门氏菌仍是家禽中流行率较高的病原菌之一。鸡白痢沙门氏菌是沙门氏菌属最常见的血清型，占 17.0%。张倩在 2011—2016 年间采用平板凝集法对我国 19 个省（自治区、直辖市）共 60 个祖代种鸡场超过 40 000 份血清样本进行鸡白痢/伤寒抗体检测，结果显示各年度祖代种鸡场阳性率为 17.65%～78.95%。薛俊龙等调查了 2008—2009 年山西省 37 554 份父母代种鸡和 2 441 份商品蛋鸡样本，结果显示父母代种鸡的平均阳性率为 2.6%，商品蛋鸡的阳性率为 15%。刘佳等在 2017—2018 年调查了山东省潍坊地区 11 410份鸡血清样本，采用鸡白痢/ 伤寒平板凝集试验的检测结果显示，肉种鸡的平均阳性率为 7.08%，蛋种鸡和商品蛋鸡平均阳性率分别为 10.91%和 48.17%。元振杰等调查了 2015—2016 年西藏拉萨市部分鸡场采集的 1 203 份样品，结果显示禽沙门氏菌的平均阳性率为 48.96%。

我国在《国家中长期动物疫病防治规划（2012—2020 年）》中指出，在 2020 年之前所有种鸡场沙门氏菌病要达到净化标准。鸡白痢沙门氏菌病净化标准中规定，祖代和曾祖代养殖场阳性率要低于 0.2%，父母代养殖场阳性率要低于 0.5%，目前全国范围内已有十几家产业化龙头养殖企业通过了鸡白痢净化示范场或创建场认证，这是非常难得的成果和进步。但就流行病学调查结果而言，全国范围内虽然种鸡场祖代和父母代种鸡的禽沙门氏菌抗体阳性率低于商品代鸡群，但是大部分种鸡场禽沙门氏菌的感染率仍远高于净化标准，可见禽沙门氏菌在我国各地的鸡群中有较高的流行率，这一事实表明我国种鸡场禽源沙门氏菌病的净化仍是一项重要工作，特别是中小型养殖场（户）禽沙门氏菌病的净化工作依然任重道远。

近年来，种鸡场实施禽沙门氏菌病的净化技术和措施是防控该病的重要途径，为了从源头上降低禽业严重的经济损失，快速准确、成本低廉的检测技术就显得尤为重要。我国现行沙门氏菌检测的标准方法有《食品安全国家标准食品卫生微生物学检验沙门氏菌检验》（GB 4789.4－2010）等，这些检测方法都是对样品进行细菌的分离培养，并结合生化方法得出检测结果。传统细菌分离培养鉴定技术检测成本较低，在细菌分离和分型鉴定中发挥着重要作用，是不可或缺的金标准检测技术。

2. 净化检测新的技术成果

牛琼、朱国强等已经研发出一种可以避免非特异性反应的新颖检测系统，基于该系统可以实现采一滴全血即时（2 min 内）、快速检测，仅需裸眼观察即可判定结果，并形成了一套鸡白痢/鸡伤寒净化程序。在实验室前期充分验证确保惰性载体检测系统的优良检测性能后，目前已经定点推广到数家大型养殖企业应用于种鸡场鸡白痢/鸡伤寒沙门氏菌净化工作中，并取得了较好成绩。相信拥有核心检测技术的新型净化程序对养禽业的长足发展、禽蛋产品质量的安全保障、食品公共卫生和人类健康都有着十分重要的意义。

净化时间的选取。牛琼、朱国强等的研究成果表明，净化检测时间的选取，需根据种鸡的饲养条件、日龄、血清抗体的消长规律，判定净化检测的最佳时间。120～140 日龄的种鸡处于性成熟阶段，血清学检测方法反应速度快、检出率高，为首次沙门氏菌检疫的最佳时间。为进一步提高种鸡的净化质量，还必须进行第二次检疫，360～400 日龄感染鸡的血清抗体趋于平衡状态，可把部分血清抗体阴性转阳性的鸡及时淘汰，此时则为第二次检疫的最佳时间。

净化效果的评估。规模化种禽场满足血清学抽检要求，即祖代以上种禽的沙门氏菌感染血清的阳性率低于 0.2%，父母代种禽沙门氏菌感染的阳性率低于0.5%，连续两年以上无临床病例，即认为达到禽源沙门氏菌病净化状态。

净化后的综合措施。要求建立生物安全综合防控体系，以保障禽源沙门氏菌病的净化效果。种鸡场要定期开展灭鼠、灭蝇、灭蚊虫等工作，严格控制并最大限度地降低生物媒介的传播风险。由于鱼粉中存在严重的沙门氏菌污染问题，因而饲料原料中杜绝使用鱼粉来减少病原菌的带入，生产的饲料成品避免被接触过鱼粉的人员、物品、设备所污染。饲料中可添加酸化剂或益生菌等，以最大限度降低沙门氏菌的感染风险，饮水中可持续添加氯制剂，避免禽类通过饮水感染沙门氏菌。

3. 净化检测需遵循的原则

操作简便性。考虑到净化工作的效率和基层养殖场的人员、设备等条件限制，应避免过于复杂的操作程序，检测方法应该耗时短、易于掌握且不需要额外的设备为佳。

结果可靠性。因为净化工作的有效开展关键在于检测方法的效果，结果可靠的检测方法可以避免漏检，减少检测重复次数，缩短净化周期，还可以避免淘汰假阳性鸡，从而降低净化成本。

价格低廉。由于净化工作开展过程中的检测样本众多，考虑养殖企业的净化成本，净化检测技术应避免过高的单个检测成本和依赖昂贵的仪器。

生物安全防控。只有有效的生物防控措施才能保障净化工作的顺利开展，才能避免病原菌的传入，从而维持净化状态。狠抓种鸡的检疫净化工作，杜绝病原体传入养鸡场，严格执行各种鸡群的消毒措施，并通过科学的检测方法剔除带菌鸡，切实提高鸡沙门氏菌病的检疫净化效率，并保障禽沙门氏菌净化状态的维持。

4. 怀乡鸡白痢病净化方案

（1）检测目的。鸡白痢是垂直传播性三大疾病之一，是重点防控疾病之一，种鸡严格执行鸡白痢净化方案，规范鸡白痢检测流程，确保鸡群净化效果，提高雏鸡质量。

（2）检测原理。平板凝集试验检测方法简便快速，常用于养殖场鸡白痢净化检测中。其基本原理是细菌等颗粒性抗原与特异性抗体相结合，在有电解质的参与下，会出现肉眼可见的凝集反应，通常用已知的抗原检测抗体。

（3）净化标准。原种鸡群的阳性率为0。

（4）检测方法。

①血清平板凝集检测方法。阴阳性血清对照。在检测开始前，先作阳性血清和抗原对照试验，用移液器吸取3份0.03mL的抗原液滴加在玻璃板上，分别加入标准强、弱阳性血清及阴性血清0.03mL，混合均匀，在2～3min内，

强阳性血清出现100%凝集（++++），弱阳性血清出现50%凝集（++），阴性血清不凝集（-），方可进行检测。

待检血清检测。在玻璃板上滴加抗原0.03mL，用移液器取出被检血清0.03mL，把血清放入抗原液中，用移液器吸头混合均匀，画成直径1.5cm的圆圈，静止2min，轻轻摇动反应板，观察结果。

②判定标准。抗原与血清混合后2~3min，判定结果，有50%（++）以上凝集为阳性，不发生凝集为阴性。

③注意事项。抗原应置于2~8℃冷暗处保存，使用过程中要保持悬浮液状态。

抗原需恢复到室温后方可检测，检测需在20~30℃的环境中进行。抗原与待检血清或全血需等体积混合，反应时间控制在2~3min，抗原与血清作用时间过长或过短对结果影响较大。过长，即使血清为阴性也会出现颗粒性沉淀；过短，结果不明显。

采血针头只能使用一次，移液器吸头每次一换，不能重复使用。

被检血清或全血不应受细菌污染，玻板必须光滑、洗净，否则影响检测结果。

（5）鸡白痢净化检测程序。鸡群产蛋率达10%时和继代前第二次普检。采用血清平板凝集方法，在鸡群产蛋率达10%时首次普检。如果有阳性鸡检出，则在1个月后进行第二次普检，直至无阳性鸡检出；如果无阳性鸡检出，则以后每月公鸡普检，母鸡每季度抽测一次，每次抽测5%~10%，超标时普检。继代留种前进行第二次普检，每次检出的阳性鸡必须立即淘汰，并对环境、笼具等彻底进行消毒。

第六章

怀乡鸡生产技术规范

第一节　怀乡鸡保种场规章制度

保种场的规章制度较多，这里介绍怀乡鸡保种场有关规章制度9种。

一、保种场地址及基本条件

保种场依托于广东盈富农业有限公司，地址设在广东省信宜市镇隆镇德乔村，位于信宜市以南15km，占地面积20亩*，为相对独立封闭的场所，周围无工矿、养殖企业及农户，防疫隔离条件好，合乎有关《中华人民共和国动物防疫法》的规定，其水源清洁，达到人畜饮用标准，电力及通信条件等均有可靠保证。

保种场所在地即是麒麟鸡原产地镇隆镇和水口镇，气候环境和自然生态条件很好，年平均气温22℃，四季常青，草木葱绿，生机盎然。场区布局比较合理，符合环保要求，远离交通干道，生活管理区与生产区隔离分开，区间设大门、消毒池和消毒室。办公区设有办公及资料档案室。场内防疫条件符合有关规定，场内清洁卫生，污水处理符合环保要求。

保种场建有育雏育成舍1栋、种鸡舍3栋。另有孵化厅1栋和19 200型孵化机6台，鸡舍为半封闭半开放式，为两段式立体阶梯笼养，宽松型个体产蛋记录笼具系统，配备大功率风扇及水帘降温系统。

二、保种场技术力量保障

怀乡鸡保种技术力量较强，以广东海洋大学优质禽育种与标准化生产技术团队为技术支撑。团队带头人系广东海洋大学二级教授杜炳旺，国务院特殊津贴专家，中国畜牧业协会禽业分会专家委员会和标准审定委员会委员，中国优

* 亩为非法定计量单位，1亩等于1/15hm^2。

质禽育种与生产研究会副理事长，广东省畜禽遗传资源专家委员会（特聘）委员。

同时，怀乡鸡资源保护和育种第一线的技术力量是由多年在优质鸡育种战线工作的畜牧师承担并实施，由他负责现场所有保种数据的采集、记录、初步整理、现场监督等烦琐的日常工作，再配置以相关工作人员，确保所有数据的及时性、客观性和可靠性，并由专人负责数据的录入和处理，确保怀乡鸡保种技术资料和原始记录的电子化保存和处理，使保种工作向规范化和电子化方向迈进。

三、怀乡鸡保种场数据采集和档案管理制度

作为怀乡鸡资源保护场，为确保其保种资料和系谱档案的完整性、及时性和准确性，特制定相关工作人员的职责和要求。

1. 保种鸡群的群体组成

怀乡鸡的群体组成：分 A、B、C 3 个纯系，即：

①A 系种鸡公、母鸡；②B 系种鸡公、母鸡；③C 系种鸡公、母鸡。

2. 记录工作内容

（1）产蛋种鸡饲养记录。使用种鸡生产性能记录表，每周龄 7d 1 页表，按表格上的内容和项目，每天做好清楚准确的现场记录，主要反映产蛋种鸡的产蛋性能，包括存栏公母鸡数量、产蛋量、耗料量、存活数等。要求怀乡鸡 A、B、C 系都要分别记录。同时要求对产蛋种鸡每天捡蛋并记录，需全部使用蛋托（每托 30 个），而不宜用框子，以确保产蛋记录的准确性。

（2）产蛋种鸡的个体产蛋记录。根据怀乡鸡产蛋种鸡的个体产蛋记录表，按不同系分别记录每天每只种鸡的个体产蛋记录，依表格上的笼号和翅号脚号一一对照，凡产蛋的个体鸡，在该鸡所在表格的位置上画上钩。这可反映每只鸡的实际产蛋性能，为选育提供重要依据。

（3）新鸡即后备育成鸡的饲养记录。根据怀乡鸡育雏育成记录表，按每个系分别记录各系在饲养过程中每天的存栏数、耗料量、免疫、用药等实况，每天记录，每周龄 1 页。

（4）蛋重和体重体尺称测。蛋重称测。对每个系种鸡的产蛋期全程（从开始产蛋到种鸡淘汰期间）所产的蛋抽样称测蛋重，要求每周龄每个系各称 30 枚，逐枚称重并记录，按蛋重记录表做好称测记录。

体重称测。每个系种鸡，从出壳第 1d 开始，一直到种鸡产蛋后期淘汰（大约 66 周龄），每个周龄对每个系的每一批进行称重，要求每个系每一批的

公母鸡每周龄逐一称重各 30 只，公母鸡最低不少于各 15 只。同样每次需按照种鸡称重记录表称测，按鸡翅号逐个做好称测记录。

体尺测量。对每个系的公母鸡在出壳后 15 周龄、20 周龄、25 周龄、43 周龄、66 周龄进行体尺测量，按种鸡体尺测量记录表（包括体重、体斜长、龙骨长、胫围、胫长等）逐个测量记录，每个系每次测量公母鸡各 15 只。

3. 记录资料的初步整理与电脑录入

除做好上述纸质版相关表格原始记录外，还需将其输入电脑，即将所有纸质的记录表格作为电子版得以完好保存。

（1）种鸡个体产蛋记录表格的电脑录入。考虑到个体记录表的烦琐和记号的特殊，只累加并录入每只鸡每个月的产蛋总数，按表格中的翅号笼号对应即可。

（2）产蛋性能记录表、育雏育成记录表、体重称测表、产蛋记录表、体尺测量表等原始记录表，都要求按原样初步计算整理并录入电脑作为电子版保存。

4. 记录资料的整理与存档

（1）上述记录资料的原始记录纸质版和电子版，都需细心整理，完好保存，纸质版记录表装进资料盒和文件柜，电子版录入并分类好、命名好，及时存档。

（2）每月需向技术负责人汇报一次。发现问题和不足，及时纠正完善，以达保种鸡群记录资料的准确性、及时性、完整性。

四、怀乡鸡保种群种鸡标识制度

（1）所有种鸡全面实施标识的佩戴管理。

（2）雏鸡一出壳，全部按品种、品系佩戴专用翅号并登记在册。

（3）120 日龄转入种鸡个体产蛋笼时，所有种鸡全部佩戴脚号并登记在册。

（4）所有个体单笼全部编号，同时做到三号对照，即在每一个笼位的每一只鸡同时具有三个代号或编码，即笼号、脚号、翅号一一对应。

（5）自 120 日龄转入个体产蛋笼之日起，每只鸡的笼位不变，饲养期全程保持在该位置，不论是纸质记录表，还是录入电脑，每只鸡的此三种编号终生不变。

（6）在新研发的塑料翅号（可装芯片）未正式投入使用前，仍然使用传统的铝制翅号和脚号。

五、怀乡鸡保种场卫生防疫制度

1. 种鸡场卫生防疫管理宗旨

建立健全动物疫病防控制度和措施，树立“预防为主、养防结合，防重于治”的意识，搞好饲养管理，以提高保种鸡群的健康水平和抗病能力，杜绝和控制传染病的传播和蔓延。只有做好平时的预防工作，才能保证种鸡健康和种源安全。

2. 基本内容

①本场的生产人员和管理人员进入生产区要消毒，更换消毒过的工作服和鞋、帽，经消毒池消毒后方可进入。

②鸡场人员及其家庭不准在生活区内养鸡、鸟等家禽，不得食用外购的禽肉和禽蛋。

③非生产需要，饲养人员不要随便出入生产区和串舍。生产区内决不允许有闲杂人员的出现。

④生产区入口处设置消毒通道，消毒水要及时更换，经常保持有效。

⑤外来人员和本场非生产人员不得进入生产区，参观人员经批准并经严格消毒后在指定地点参观。

⑥生产区穿的工作服、鞋、帽不得穿出生产区，用后经专人洗净消毒。每周洗涤一次或两次，并消毒一次。

⑦饲养人员要坚守工作岗位，各个生产区人员不得串岗，同一生产区人员不能随意到本岗位以外鸡舍，不能换、借饲养用具。工作人员每天都要经常进行手的消毒。

⑧粪便、污物、死鸡要放到专门设置的场所。死鸡要先用塑料包裹，然后进行无害化处理或深埋。

⑨定期做好消毒、杀虫、灭鼠工作。每月固定在10日、20日、30日作生产区主道路消毒；定期灭蚊虫和灭鼠。

⑩每栋鸡转群前后严格执行闲置制度，对空出的鸡舍彻底进行清扫，地面、墙壁、门窗、鸡笼等部位和用具用高压水枪冲刷，冲洗后再用0.3%～0.5%的过氧乙酸溶液或其他消毒剂溶液，进行高压水枪喷洒消毒；待水干后，用火焰将所有设备仔细喷烧两遍，将全部设备安装调试好后，每立方米用15g高锰酸钾、30mL福尔马林（甲醛）密闭熏蒸，24h后打开门窗和排风扇排尽甲醛气味，鸡舍至少空置2周后才可使用。

⑪每栋鸡必须做到“全进全出”，避免疫病循环感染。

⑫经常保持舍内外环境卫生清洁。料槽、水箱、饮水器定期洗刷消毒。

⑬坚持每周1～2次做好带鸡消毒，轮流使用不同消毒剂。

⑭鸡舍要按时通风换气、保持空气新鲜，光照强度与温、湿度应适宜。

⑮严格执行免疫程序和免疫操作规程，定期做好免疫监测工作。

⑯生产区设有净道、污道，净道为送料、人行专道，每周消毒一次；污道为清粪专道，每周消毒两次。

⑰饲养员要每天对饲养的鸡进行观察，发现异常，及时汇报并采取相应措施。

⑱发生疫情时病鸡需隔离观察，死鸡剖检初步确诊，紧急接种疫苗，全场严格消毒，死鸡焚烧及深埋，杜绝扩大蔓延。

⑲饲养人员每天都要按工作程序规定进行工作。

⑳饲养员要每天保持好舍内外卫生清洁，并保持好个人卫生。

3. 消毒通道卫生防疫制度

①行人入内经过脚踏消毒池消毒后方准进入，消毒池内投放2%～3%的火碱水或强力消毒剂，每3d更换一次，保持消毒有效。

②不准带进任何畜禽及其畜禽产品，特殊情况由门卫代为保管并报场部。

③进入场内的人员、车辆必须按指示地点和路线行走和停放。

④搞好大门内外卫生，做到整洁、整齐，无杂物。

六、怀乡鸡保种场用药管理制度

（1）所用药品应符合农业部下发的《食用动物禁用的兽药及其他化合物清单》、国家质量监督检验检疫总局发布的《禁用药物、限用药物名录》。

（2）要认真建立兽药购入记录，详细记载生产企业名称、地址，有兽药的品名、规格、批准文号、产品批号、生产日期、有效期等，对购进的兽药进行登记备案。

（3）要详细阅读掌握兽药标签或说明书，做到用法、用量准确，防止过量用药造成更大的药物残留。

（4）要严格建立用药记录，对预防、治疗而使用的兽药要详细记载兽药名称、批号、规格、数量、用药时间，为实施停药期做好准备。

（5）要准确确定休药期，结合最后用药时间、出栏时间、种鸡健康状态和药品休药期，确定休药日期。

（6）及时停药。一旦进入休药期，需加强管理，及时隔离，单独饲养治疗或淘汰病鸡，禁止大群用药。

七、怀乡鸡保种场动物检疫申报制度

（1）为有效防控动物疫病，维护公共卫生安全，养殖场的动物在离开本场之前，必须实行产地检疫。

（2）在出场前3d必须向当地乡镇一级动物检疫部门申报检疫。

（3）申报检疫的动物必须经强制免疫和佩戴动物标识。

（4）经动物检疫人员检疫合格后，填写产地检疫记录单，凭检疫合格证明方可出场。

（5）运输动物的车辆在运输前和运输后均须在检疫人员监督下清洗消毒。

（6）未经检疫的动物，或经检疫不合格的动物禁止出场。

（7）申报产地检疫数与当年核定出栏数相一致。

（8）违反上述规定，将按《动物防疫法》进行处罚。

八、怀乡鸡保种场动物疫情报告制度

1. 环境条件

①场所的位置与居民生活区、生活饮用水水源地、学校、医院等公共场所的距离符合国务院农业农村主管部门的规定。

②生产经营区域封闭隔离，工程设计和有关流程符合动物防疫要求。

③有与其规模相适应的污水、污物处理设施，病死动物、病害动物产品无害化处理设施设备或者冷藏冷冻设施设备，以及清洗消毒设施设备。

④有与其规模相适应的执业兽医或者动物防疫技术人员。

⑤有完善的隔离消毒、日常巡查等动物防疫制度。

⑥具备国务院农业农村主管部门规定的其他动物防疫条件。

2. 强制免疫

①履行动物疫病强制免疫义务，按照强制免疫计划和技术规范，对动物实施免疫接种，并建立免疫档案、加施畜禽标识，保证可追溯。

②实施强制免疫接种的动物未达到免疫质量要求，实施补充免疫接种后仍不符合免疫质量要求的，有关单位和个人应当按照国家有关规定处理。

③用于预防接种的疫苗应当符合国家质量标准。

3. 及时报告

①发现可疑动物疫情时，必须立即向当地动物防疫部门报告。

②控制和消除重大动物疫情的传播和扩散。

③建立疫情统计登记档案。

九、禁止屠宰、经营、运输的动物和动物产品

（1）封锁疫区内与所发生动物疫病有关的。

（2）疫区内易感染的。

（3）染疫或者疑似染疫的。

（4）病死或者死因不明的。

（5）其他不符合国务院农业农村主管部门有关动物防疫规定的。

十、怀乡鸡种鸡免疫程序

如表 6－1：

表 6－1　怀乡鸡种鸡免疫程序（参考）

日龄	接种疫苗品种	剂量/头份/支	接种方式	种类
1	MDCVI988	1	颈部皮下注射	肉鸡、种鸡
7	IBD+NDⅡ系	1	饮水	肉鸡、种鸡
14	IBD+NDⅡ系	1	饮水	肉鸡、种鸡
15～20	AI 油苗	0.25mL/只	颈部皮下注射	肉鸡、种鸡
30	NDⅠ系	1	肌肉注射	肉鸡、种鸡
35	禽出败冻干苗	1	肩部肌肉注射	肉鸡、种鸡
55～65	AI 油苗	0.5mL/只	颈部皮下注射	肉鸡、种鸡
80	NDⅠ系	2	肌肉注射	肉鸡、种鸡
120	大肠杆菌苗	1	肌肉注射	种鸡
130	新支法三联苗	1	肌肉注射	种鸡
140	AI 苗	0.5mL/只	肌肉注射	种鸡
300	NDⅠ系	2	肌肉注射	种鸡
320	减蛋综合征疫苗	1	肌肉注射	种鸡

第二节　怀乡鸡种鸡饲养管理技术规程

一、术语与定义

1. 怀乡鸡

怀乡鸡，又称信宜怀乡鸡、湛江鸡。信宜三黄鸡，因产于广东信宜市怀乡

镇而得名，具毛黄、脚黄（喙黄）、皮黄的三黄特征。

2. 种鸡

具有该品种鸡的特征特性并可用于繁殖后代的种用鸡，谓之种鸡。也可称为专门用来作种繁育并能把其特征特性稳定地遗传给后代的鸡。

二、种鸡场建设基本要求

（1）种鸡场的环境应符合 GB 18407.3、GB 3095、NY/T 388 和 HJ/T 81 的规定；鸡舍内环境应符合 NY/T 388 的规定。

（2）持有当地畜牧兽医行政主管部门颁发的《动物防疫合格证》和《种畜禽生产经营许可证》。

（3）种鸡场周围设防疫隔离墙或防疫沟；有专门道路与外界相通；场区内设净道和污道，二者不得交叉。

（4）种鸡场按生活管理区、生产区、隔离区 3 个功能区布局。各功能区周边建有围墙或相当围墙功能的隔离设施，界线分明。

（5）生活管理区设在鸡场常年主导风向上风处，设主大门及消毒池。区内建有生活、办公设施和兽医室、饲料仓库、车库等与外界接触密切的生产辅助设施。

（6）生产区设育雏、育成和产蛋 3 个小区。生产区入口建有消毒更衣室或淋浴室；小区之间和鸡舍入口处设置消毒池。

（7）隔离区设在鸡场常年主导风向下风处。建有病死鸡剖检室，死鸡、粪便、污水等废弃物无害化处理设施。

（8）在产蛋鸡舍（进风口一端）设置种蛋消毒柜。

（9）具有配套的各项生产管理制度，并能按制度进行生产管理。

三、引种

（1）所养种鸡应为通过省级以上畜牧行政主管部门审定或认定的品种，并来源于具有《种畜禽生产经营许可证》和《动物防疫合格证》的祖代场或原种场。

（2）引进种雏及种蛋，要有供种单位出具的《种畜禽合格证明》和产地兽医卫生监督机构签发的《出县境动物检疫合格证明》。

四、饲养管理

1. 育雏育成期的饲养管理

（1）育雏准备。

①饲养鸡舍满足所养品种饲养管理手册要求的密度、温度、湿度、饮水、

采食、通风换气、光照条件。

②进鸡前，对鸡场环境、鸡舍和一切饲养用具进行彻底清理、清洗和消毒，并检查、修缮供暖、供电、供水、通风、保温设施。

③按所养品种的饲养标准，配备充足的饲料、药品、燃料及育雏器具。

（2）育雏育成期的饲养管理。

①控制温度。采用整体加温的鸡舍，1日龄温度控制在33～35℃。以后每2～3d降低1℃，直至5～6周龄达到常温。

②控制湿度。育雏期鸡舍内湿度控制在60%～70%，育成期鸡舍内湿度控制在50%～55%。

③控制光照。1日龄24h光照，2～7日龄每天23h光照，8日龄以后直至转群前均采用自然光照；人工光照强度应符合NY/T 388的规定。

④通风换气。在鸡背高处气流速度应符合NY/T 388的规定，且气流分布均匀；舍内氨气浓度（NH_3）不高于0.02L/m^3；二氧化碳（CO_2）气体浓度不高于1.5L/m^3；硫化氢（H_2S）气体浓度不高于0.007L/m^3。

⑤垫料管理。采用木屑、刨花等松软、干燥、灰尘小、吸水能力强的材料。

⑥控制密度。确保空间面积足够每只鸡能同时采食。

⑦饮水。雏鸡出壳后24h左右开水（雏鸡第1次饮水），在首次饮水中添加葡萄糖、电解质和多种维生素，水温与室温保持相同；1周龄内，每100只雏鸡配4只饮水器，1周龄后，每100只雏鸡配2～3只饮水器，饮水器分布均匀；饮用水水质应符合NY 5027的规定。

⑧饲喂。雏鸡开水后1～2h便可开食（雏鸡第1次采食），头3d将饲料均匀撒在开食盘或纸上，让雏鸡自由采食，经3～7d训喂后，转用食槽或料桶饲喂。3周龄前自由采食，每天喂料不少于6次；3～6周龄定量饲喂，每天喂料不少于3次。更换不同营养水平的饲料，应有3d时间的过渡期。

⑨断喙。在7～10日龄进行；公鸡的上喙断掉喙尖距鼻孔的1/3、下喙断掉1/4，母鸡的上喙断掉喙尖距鼻孔的1/2、下喙断掉1/3。

⑩抽样称重。

a. 抽样方法。从第4周龄开始，每周末在鸡舍不同部位抽样称鸡体重。5 000只以上的鸡群，按3%～5%比例随机取样称重；5 000只以下的鸡群，抽样数最少不低于100只。

b. 统计分析。计算群体平均体重和体重整齐度。从第4周龄开始，如群体平均体重超出品种标准体重的±10%范围，应调整饲喂方案。

⑪限制饲喂。根据品种的体重标准，结合鸡群实际状况，制定种鸡父本、

母本的限制饲喂方案。

⑫转群。在16～18周龄进行转群，要求达到转群时的体重标准，控制转群应激。

⑬母鸡的选种。

a. 第一次选择在育雏结束（6周龄左右）时进行，选留健康、体格健壮、活泼好动、眼大有神、体型外貌符合品种标准的母鸡，选留鸡的体重在标准体重的±15%范围以内。

b. 第二次选择在转群（16～18周龄）时进行，选留健康、发育良好、羽毛丰满、体型外貌符合品种标准的母鸡。

⑭按推荐的营养标准确定种鸡育雏育成期的营养水平。

2. 产蛋期的饲养管理

（1）鸡舍内温度应控制在10～27℃。

（2）鸡舍内湿度应控制在55%～65%。

（3）产蛋期光照时间和光照强度保持恒定。产蛋鸡所需的光照时间不能少于14h，不能超过17h；人工光照强度为30～50lx。

（4）在鸡背高处气流速度应符合NY/T 388的规定，且气流分布均匀；有害气体最大允许量按上文④通风换气执行。

（5）饲养密度，保种群个体单笼，繁育群每笼3只。

（6）饮水按上文⑦饮水执行。

（7）根据品种的推荐喂料量、鸡群产蛋率、日平均舍温、种鸡体重和健康状况确定产蛋期的喂料量。

（8）按推荐的营养标准确定母鸡产蛋期的营养水平。

（9）每天上、下午至少各1次收集种蛋，并消毒、入库保存。

（10）繁殖。

①种鸡采用人工授精的配种方法。按1∶8的公母比例配种繁殖。

②人工授精。

a. 操作前准备。人工授精公鸡使用前1周由专人每天1次进行按摩、采精调教，评价精液品质。人工授精用器械在使用前后必须清洗和高温消毒。采精、输精人员在操作前要洗手、消毒。凡与精液接触的器械及稀释液必须预热至25～30℃，并保持在该范围内。

b. 采精。采用背腹式按摩采精法。公鸡每天采精1次，采精3d至少要休息1d。每月至少2次检测和评定种公鸡的精液品质。

c. 输精。由3人协同完成。2人右手伸进鸡笼抓住鸡的2只脚，将鸡拉近笼门，左手以拇指按压左腹部，使输卵管口外翻；另1人将吸有精液的输精管插入外翻的输卵管中并输入精液。

每天开始输精时间不早于 14:00，对输精以后当天再产蛋的母鸡要补充输精 1 次。每次输精不少于 0.7 亿个有效精子，相当于输入 0.025mL 的原精液量。两次输精间隔时间为 3～5d。用于输精的母鸡必须健康。至少要做到 1 只公鸡更换 1 个输精胶头，最好是 1 只母鸡换一个输精胶头。

3. 种公鸡的特殊管理

(1) 公鸡的选种。

①第一次选择在出壳后雌雄鉴别时进行，选留体型外貌符合品种的标准、生殖突起发达且结构典型的小公鸡。选留数量：每 100 只母鸡选留 15 只公鸡。

②第二次选择在育雏结束（6 周龄左右）时进行，选留健康、体格健壮、活泼好动、眼大有神、体型外貌符合所养品种的标准、体重较大、鸡冠发育大、色泽鲜红的公鸡。选留数量：每 100 只母鸡选留 14 只公鸡。

③第三次选择在 16～18 周龄时进行，选留体格健壮、体型大、冠髯鲜红的公鸡。选留数量：自然交配方式每 100 只母鸡选留 13 只公鸡，人工授精方式每 100 只母鸡选留 5～6 只公鸡。

④第四次选择在 24 周龄时进行，选留性反射强、精液品质好的公鸡。选留数量：自然交配方式每 100 只母鸡选留 9～10 只公鸡，人工授精方式每 100 只母鸡选留 3～4 只公鸡。

(2) 自然交配的公鸡平时不要随意人为调动或移动活动范围，人工授精的公鸡单笼饲养。

(3) 维持种公鸡标准体重，饲喂量按品种的标准确定。

(4) 产蛋期公鸡按品种推荐的公鸡营养标准配制专用饲料。

4. 饲料

应来源于非疫区；饲料卫生符合 GB 13078 的规定；饲料和饲料添加剂的使用符合《饲料和饲料添加剂管理条例》及其配套法规的规定。

五、疾病防治与污染控制

(1) 按《中华人民共和国动物防疫法》及其配套法规的各项规定，落实动物防疫措施。

(2) 做好灭蚊、灭蝇、灭鼠工作，扑杀场内无主猫、狗等动物，禁止麻雀等野生动物进入鸡舍内。

(3) 育雏育成期兽药使用符合 NY 5035 的规定；产蛋期兽药使用符合 NY 5040 的规定。

（4）消毒。

①凡进入生产区的所有工作人员应用消毒水洗手、戴工作帽、穿工作服和胶靴、经过消毒通道，或淋浴后更换衣鞋。工作帽、工作服等应保持清洁，并每天消毒。

②每周一次对场内道路、饮用水、鸡舍内环境进行消毒，并监测消毒效果。鸡场周边流行疫病时，每周对场内道路、饮用水、鸡舍内环境消毒两次。场内流行疫病时，每天对场内道路、饮用水、鸡舍内环境消毒一次。

③应根据消毒剂的特性和场内卫生状况等选用不同的消毒剂。使用的消毒剂应安全、高效、低毒、低残留且配制方便。

（5）根据当地疫病发生种类、流行特点及市（县、区）动物防疫机构要求免疫（强制免疫）的疾病，结合本场实际情况，制订免疫程序，并按程序免疫。

（6）制定种鸡常见寄生虫的驱虫方案，应选用高效、安全、广谱、低残留的抗寄生虫药实施驱虫。

（7）对鸡白痢病、白血病、霉形体病进行检测、净化。

（8）疫病监测。

①接受动物防疫机构的疫病监测，配合做好疫病监测用样品的采集工作。

②对疑似发生传染病的种鸡群立即隔离、消毒，并通知动物防疫机构进行诊断。

③对引进的非1日龄种鸡，必须在隔离舍内饲养不少于21d，经检疫合格后移入生产区饲养。

（9）污染物无害化处理。

①病死鸡按GB16548规定进行无害化处理。

②粪便、垫料和污水按HJ/T 81规定进行无害化处理。

③污染物的排放应符合GB 18596和GB 14554的规定。

六、供种

（1）出售的商品雏鸡、种蛋应符合相应品种的标准，并有本场质量检验员出具的《产品质量合格证》。雏鸡健雏率达到99%，种蛋受精率不低于85%。

（2）出售的商品雏鸡、种蛋的检疫要符合GB16567的规定，并有当地兽医卫生监督部门签发的《出县境动物检疫合格证明》。

（3）运输商品雏鸡、种蛋应有当地兽医卫生监督部门签发的《动物及动物产品运载工具消毒证明》。

（4）产品标识符合《中华人民共和国畜牧法》及其配套法规的规定。

七、档案管理

(1) 种鸡场必须按照《中华人民共和国畜牧法》及其配套法规的要求建立养殖档案；档案信息包含种鸡饲养全过程。

(2) 记录种鸡品种、来源、引种日期与数量、隔离饲养与检疫情况等信息。

(3) 记录选种日期、日龄、方法、留种数、留种比例等。

(4) 生产记录。

①按 NY/T823 要求统计生产性能数据。

②记录日期、日龄、存栏数、死亡数、喂料量、饮水量、舍内外温湿度、光照等饲养管理内容。

③记录鸡群饲料营养水平（饲料配方号)、来源（包括原粮)、生产日期、使用日期、使用量等情况。

(5) 防疫记录。

①记录鸡群健康状况、日死亡数和死亡原因等日常健康检查情况。

②记录鸡群预防和治疗用药的药物名称、生产单位及批号、使用方法、使用时间、休药期、用量、针对性疾病（症状)、用药效果、执行人姓名，保留药品标签。

③记录免疫接种疫苗的日期、种类、型号、免疫鸡数量、用量、生产厂家、供应商、批号、剂量、运输与存放方法、免疫方法、稀释倍数、执行人姓名，保留疫苗标签。

④记录鸡群相关疫病检测的样品采集情况、检测与净化方法、检测数量、检测结果、检测人姓名。

⑤记录消毒日期、地点、方法、消毒剂名称、生产厂家、批号、用量、稀释倍数、消毒人姓名，保留消毒剂标签。

⑥记录病死鸡及粪便、垫料和污水等无害化处理的日期、数量、地点、方式、执行人姓名等。

(6) 记录供货单位的名称、地址、联系方式，购买商品苗鸡（种蛋）的日期、品种、数量、质量、票据号，出具的相关证明、包装方式、运输情况、执行人姓名等。

第三节 怀乡鸡肉鸡饲养管理技术规程

一、术语与定义

1. 怀乡鸡

产于广东信宜的优质肉用鸡种，具毛黄、脚黄（喙黄)、皮黄的三黄特征。

按广东的传统习俗，其上市肉鸡是刚进入性成熟期的母鸡（项鸡）和阉鸡。生长期全程林下散养（俗称“走地鸡”），以典型的毛色鲜亮、皮薄骨细、香酥嫩滑、肉味鲜美而饮誉广东、广西及港澳地区。

2. 雏鸡

雏鸡是指出壳至6周龄阶段的小鸡。

3. 商品肉鸡（项鸡）

商品肉鸡是指从雏鸡养至性成熟可以上市屠宰食用的肉用母鸡，粤西地区亦称为项鸡。

4. 林下饲养

林下养鸡也叫林地养鸡，就是将小鸡在室内饲养一段时间，待其脱温后再放到林地饲养的一种养殖方式。这种方式是利用天然或人工林地（林果间隙地）进行商品肉鸡散养至上市。

5. 上市日龄

上市日龄是指上市出售作为肉鸡食用的日龄，母鸡（亦称“项鸡”）120～180日龄，体重1.5～1.90kg，阉鸡180～240日龄，体重2.5～3.2kg。

二、外貌特征

1. 品种特性

怀乡鸡属中小型性早熟（母鸡70～80日龄即开始起冠即冠子变大而鲜红）的优质肉用鸡种，快生羽，具三黄特征，其典型特征为毛色鲜亮、皮薄骨细、香酥嫩滑、肉质鲜美、鸡味浓郁。

2. 体型外貌

具毛黄、脚黄（喙黄）、皮黄的三黄特征，体躯宽深，体型呈元宝型，胫短而细，脚有四趾。

三、饲养环境

1. 林地环境

场址宜选择地势高燥而坡度小，干湿度适宜，空气清新，林木丰富，排水良好，交通便利的地区，树龄2年以上为宜，要有搭建棚舍的地形条件，并对林地适当轮作草本作物，供鸡食用。但要远离市镇村庄及交通要道1 000m以上，距离一般道路要大于500m以上，符合动物防疫条件。

2. 饲养方式

林下散养，即在有鸡舍的林地饲养场散养，具备宽阔的林下运动场地，是实施放养与舍饲相结合的养鸡方式，既可对林地实施种养业立体开发，减少林地害虫、抑制杂草丛生、培肥土壤、提高果园与林地单位面积的收入，又可通过充分运动强健鸡的体质，节省饲料成本，提高抗病力，是一种实现林牧和谐发展的生态型养鸡模式。鸡舍与运动场比例 1∶6 以上，或者每只鸡的舍外活动空间在 $4m^2$ 以上。

3. 鸡舍要求

（1）育雏室。

用砖瓦水泥地面或钢筋水泥地面结构，屋高 2.5m 以上，室内挂天花板，室高 1.6～2.0m；利用红外线或地下烟道式保温。

（2）肉鸡舍（放养棚舍）。

放养棚舍面积，根据饲养规模，以 6 只$/m^2$ 左右建造，棚舍既要通风，又要御风雨，冬天防寒，夏天防暑。所用材料可因地制宜，也可利用砖瓦水泥地面结构，舍高 2.0～2.5m，棚舍应与放牧林草地相连。鸡舍建在高大的乔木树下、果树林中或林地边，坐北朝南，放牧场面向果林、树林。雏鸡舍与肉鸡舍相隔 50m 以上。全场入口处及各栏入口均应分别设置消毒池。

四、品种要求

1. 品种

符合怀乡鸡特征特性。

2. 种苗来源

饲养的雏鸡必须来源于有《种畜禽生产经营许可证》的符合怀乡鸡特征特性的种鸡场。

五、育雏

1. 育雏日龄

夏秋季 35 日龄，冬春季 42 日龄，视天气情况灵活掌握，脱温 3～5d 后鸡只正常即可完成育雏。

2. 育雏方式

宜采用网上育雏或平面育雏。

3. 育雏舍及用具的消毒

清洗。要求至少在进雏前 7d 将鸡舍及设备等一切育雏用具彻底清洗干净，要求无灰尘、蛛网、粪便。彻底清扫与冲洗是良好消毒的前提。

消毒。清洗后应对鸡舍进行两次消毒：第一次是喷雾消毒，可选用次氯酸钠、菌毒敌等杀灭致病性细菌、病毒有确实效果的药物，对鸡舍内外及用具进行喷雾消毒。第二次是熏蒸消毒，应选用 40mL/m^3 的福尔马林，将鸡舍密闭好，对舍内及用具进行熏蒸消毒，进雏前两天打开门窗通风换气。

4. 育雏期应具备的基本条件

育雏的基本条件见表 6－2。

表 6－2　育雏期（0～6 周龄）应具备的基本条件

项目	具体要求
饲养密度	40～30 只/m^2（地面平养）
喂料器	每 100 只用一个 2.5kg 的料桶，或每 100 只用一个开食盘，或每 60 只用 1m 长的食槽
饮水器	每 100 只用一个 1.5L（雏鸡）饮水器

5. 雏鸡的饲养管理

（1）饮水与开食。雏鸡接到育雏舍后，自由饮水 1～2h（雏鸡出壳后 24～36h 开饮），然后把料撒在开食盘上，自由采食，掌握的原则是“先开饮后开食”。饮水中可加防病药物和电解多维素。以后可根据鸡群的日龄、季节、气候、疫情、鸡群状况等因素适当使用抗菌、抗病毒、抗球虫药和多维素等。每天保持饮水不断。饮水器每天刷洗一次，每三天消毒一次。

（2）保温与脱温。雏鸡在前两周内，自身体温调节能力很弱，如在育雏期间保温不好，不但会影响鸡群的成活率和生长速度，还会诱发呼吸系统和消化系统疾病。在冬春季节，天气寒冷，要求在雏鸡进舍前一天，育雏室就应加温。要注意避免一氧化碳中毒和缺氧造成雏鸡大批死亡，如果是这个原因造成死亡的，死鸡的嘴尖和爪尖多数呈紫乌色。

育雏舍在进雏前 2～6h 开始加热升温（视气温高低而定），具体保温温度参考表 6－3。

育雏室温度是否适宜，主要看雏鸡的表现，温度适宜时，雏鸡精神活泼，采食积极，均匀分布在热源的四周。睡眠时舒展四肢，头颈伸直，贴伏于地面，无奇异状态和不安的叫声，鸡舍极其安静。低温时，雏鸡打堆，靠近热源，不愿出来采食，发出“叽叽”的叫声。高温时，雏鸡远离热源，张口呼吸，大量饮水，采食量减少，尖叫。

表 6-3　育雏阶段适宜温度

单位：℃

日龄	热源边缘温度	舍内温度	日龄	热源边缘温度	舍内温度
1～3	35	30～29	14～15	29	25～24
4～5	34	30～29	16～17	28	24～22
6～7	33	28～26	18～20	27	24～22
8～9	32	28～26	21～23	26	22
10～11	31	26～25	24～26	25	22
12～13	30	25～24	27～30	23	22

（3）通风换气。鸡舍的通风换气，在育雏前期主要通过提高育雏室温度、开门、开窗通气，但应尽量避免冷空气直接进入鸡舍，为此可以用布帘遮挡，或使室外新鲜空气先经过过道再进入育雏室。通风是否良好以人进入鸡舍无闷气感觉和不刺眼、鼻为宜。

（4）光照时间和强度。适宜的光照时间和强度见表 6-4。

表 6-4　适宜的光照时间和强度

日龄	光照时间/h	光照强度/（W/m^2）
0～7	24	3
8～14	20	2
15～21	16	1
22～28	14	1
29 以后	逐渐过渡到自然光照	

注：灯泡安装应距离地面高 2m 左右，灯泡之间距离为 3m 左右。

（5）饲养密度。适宜的育雏密度见表 6-5。

表 6-5　适宜的育雏密度

地面平养		网上或立体育雏	
日龄	只/m^2	日龄	只/m^2
1～14	50～25	1～7	60～50

（续）

地面平养		网上或立体育雏	
日龄	只/m^2	日龄	只/m^2
15～21	25～19	8～21	35～30
22～35	19～15	22～25	27～22

六、饲养管理

1. 怀乡鸡饲料营养标准与推荐饲料配方

饲养过程分三个阶段，0～6 周龄，7～14 周龄，15 周龄及以上，分别饲喂小鸡料，中鸡料，大鸡料。饲料营养标准如表 6-6 所示。

表 6-6　不同阶段的营养标准与推荐饲料配方

单位：%

成分	周龄		
	0～6	7～12	13～18 及以上
玉米	61.13	66.84	69.89
豆粕	28.32	22.92	15.9
花生饼	6	6	10
石粉（贝壳粉）	1.91	1.77	1.70
磷酸氢钙	1.03	0.86	0.9
食盐	0.37	0.37	0.37
预混料	1.24	1.24	1.24
合计	100	100	100
营养水平			
代谢能/（MJ/kg）	11.66	11.98	12.11
粗蛋白/%	19.9	18	16.98
钙/%	1	0.9	0.86
有效磷/%	0.37	0.33	0.33

2. 林地放养技术要点

(1) 选好林地。林地的选择对于养好鸡有着十分重要的作用。不同用途的林地，在选择时要有所侧重。一般林地以中成林，最好选择林冠较稀疏、冠层较高，树林荫蔽度在70%左右，透光和通气性能较好，且林地杂草和昆虫较丰富的成林较为理想。树林枝叶过于茂密，遮阴度大的林地不宜用于养鸡，因透光效果不好，不利于鸡的生长。

(2) 转入林地。当鸡 35～42 日龄时，视天气情况，转入林地放养。

(3) 鸡棚分布与放养密度。每栋鸡棚间距 30～50m，棚舍内外放置一定数量的料槽、饮水器，并且要注意每只鸡饮水和食料的位置是否充足，每 100 只用 1 个 5kg 料桶和 1 个 4.5L 饮水器。放养密度应按宜稀不宜密的原则，一般每亩林地放养 150～200 只，密度过大会因草虫等饲料不足而增加精料饲喂量，影响鸡肉的口味；密度过小则浪费资源，生态效益低。放养规模一般以 5 亩为一个单元，以每群800～1 000只为宜，采用全进全出制。

(4) 放养时间与轮牧。脱温后的雏鸡进入林地放牧饲养，其放养时间，在四季常青的粤西地区，常年均可放养。林地杂草丛生，虫、蚁等昆虫繁衍旺盛，鸡群可采食到充足的生态饲料。通常从 7：30—8：00 开始至 18：00 为放牧时间。并按“早半饱、晚适量”的原则确定补饲谷物类玉米、稻谷或全价配合饲料的用量。即上午放牧前不宜喂饱，放牧时鸡通过觅食小草、虫、蚁、蚯蚓、昆虫等补充。晚上，可在林地悬挂一些白炽灯，以吸引更多的昆虫让鸡群捕食。同时，要根据鸡的不同大小，划定养殖区域，进行分区轮牧，既可使鸡得到充足的天然食物，又可有效地保护林地内资源，使林地得到可持续利用。未分区轮牧的鸡群出栏后，应对林果园进行清理，空闲一段时间再养。

(5) 鼠害野兽的防控。林下养鸡的环境是开放性的，易受鼠害野兽等侵害，须做好科学有效的防控工作。

(6) 林地种草。林下养鸡必须考虑林地人工种草。应适当引进宜于林下种植的优质牧草品种，如红三叶、白三叶、紫花苜蓿、毛苕子等。人工种植的牧草当年不要放牧（苕子除外），应第一年播种，第三年放牧，并应实行围栏分片轮放。关于各种牧草的种植及管理技术，应参照牧草种植资料。

七、疾病防治及免疫程序

1. 免疫程序

贯彻“以防为主，防重于治”的原则，饲养期应按鸡的日龄进行免疫，并随时注意观察鸡群健康状况，对病情较轻、可以治疗的病鸡进行隔离医治和饲养。免疫程序如表 6－7 所示。

表 6-7 怀乡鸡商品肉鸡免疫程序（供参考）

日龄	疫苗种类及剂量	接种方式
1	马立克氏病疫苗	皮下注射
5～7	新支二联苗（或新城疫二系或四系苗，传染性支气管炎疫苗）	滴眼、鼻
12～14	传染性法氏囊病疫苗（1.5 倍）	滴嘴或饮水
21～25	传染性法氏囊病疫苗（2 倍）	按说明使用
28	新城疫油剂苗、鸡痘疫苗（翅下刺种）	皮下或肌肉注射
35	禽流感疫苗（H5）	皮下或肌肉注射
56	新城疫 1 系疫苗（2 倍）	肌肉注射
70	禽流感疫苗（H5＋H9）	肌肉注射
98	新城疫 1 系疫苗（2 倍）	肌肉注射

2. 用药原则

（1）兽药使用应符合 NY 5035 的要求，禁止使用国家不允许使用的药物。兽药的供应来自具有《兽药生产许可证》和产品批准文号的 GMP 兽药生产企业，严格依照《中华人民共和国兽药典》的要求选用药物，确保选用药物使用合理、安全，使用后不会产生对人体有害的药物残留。

（2）疾病防治应以常用药为主。

3. 防疫措施

（1）依照《中华人民共和国动物防疫法》及配套法规的要求结合当地实际情况，制定疾病预防方案。

（2）内环境的卫生应符合 NY/T 388 的要求。

（3）生产区内禁止非工作人员和非生产区内使用的车辆进入。特定情况下，外来人员在淋浴和消毒后穿戴工作服和水鞋后才可进入。

（4）消毒池和消毒垫选用 2% 的氢氧化钠溶液，消毒液应经常添加或更换。

（5）工作人员必须换穿洁净的工作服和水鞋，消毒后方可经消毒通道进入生产区。

（6）车辆必须经过彻底消毒才可进入场内。

（7）不能混养其他禽畜。

（8）实行“全进全出”制，同一鸡舍或同一栏中的鸡应同一时间调入和出栏，在没有全部调出前并经彻底消毒前不得调入第二批鸡。

（9）每周定期进行两次以上的带鸡消毒，消毒剂应选择符合《中华人民共和国兽药典》规定的高效、无毒和腐蚀性低的消毒剂，如卤素类、表面活性剂等，按其推荐浓度和方法使用。

（10）经常清除场内垃圾、杂草和污水，保持外环境和舍内清洁卫生，每周进行一次全场大扫除和消毒。

（11）定期灭蚊、灭蝇、灭鼠，药物应选择符合《农药管理条例》规定的菊酯类杀虫剂和抗凝血类杀鼠剂。

（12）鸡场和鸡舍入口设置围栏式（防鸡进入）消毒池或紫外线消毒间，消毒池长3m以上，深5～10cm，小型鸡场设置消毒垫或消毒脚盘。鸡舍空置期间与入鸡前3d进行熏蒸消毒。

4. 病鸡处理

（1）非传染性疾病，应进行离群医治。

（2）发现可疑高致病性疾病，应报畜牧兽医部门进行确认，逐级上报。

（3）确诊高致病性疾病，应配合当地政府部门，对鸡群实施严格的隔离、扑杀措施，并进行彻底的清洗消毒。

八、废弃物处理

（1）清出的垫料、鸡粪便应在鸡群活动区外固定地点进行堆沤发酵处理，作农业用肥，实施无害化处理。

（2）饮水器、饲料槽等损坏的设备，应分类到鸡场外销毁处理。

（3）不得出售病鸡、死鸡。

九、生产记录

建立鸡场生产记录档案，包括进雏时间、数量、鸡苗来源；每日生产记录包括：日期，日龄，死亡原因及数量，存栏数，晴雨天气和温、湿度，消毒，用药，免疫记录，饲喂量，鸡群健康情况，出售日期及肉鸡数量。

十、产品检疫与出栏标志

1. 检疫

出栏当天由检疫部门进行产地检疫，检疫合格的肉鸡加封检疫标识之后可以出栏上市。

2. 出栏

母鸡（项鸡）经4个月以上（120～150日龄）养殖，出栏前14d检测并圈养之后，经检疫合格的肉鸡，出栏前6～8h停喂饲料，但可以自由饮水。

3. 标志

经检疫合格准备出栏的鸡，加挂“乡林凤怀乡鸡”专用标识后出栏。

第七章

怀乡鸡产业化与社会影响

第一节 国家科技富民强县专项行动计划——信宜市怀乡鸡健康养殖示范与产业化开发

2009年和2013年，科学技术部、财政部连续两次批准信宜市实施“国家科技富民强县专项行动计划”项目，对信宜市怀乡鸡产业发展给予了重点支持，为信宜市经济社会发展注入了新的活力和科技创新力。经过全市各相关单位的共同努力，各项目标任务基本完成，取得了一定成效。

一、目标任务完成情况

按照《信宜市“科技富民强县专项行动计划”实施方案》要求，信宜市主要开展了怀乡鸡生产创新平台建设、技术示范应用、培训推广等工作，建设了一批生产基地，实施品牌战略，拓宽营销网络，壮大发展龙头企业，推动了怀乡鸡健康养殖标准化、规模化、产业化，农民收入大幅提高，促进了信宜市农业现代化进程。

1. 怀乡鸡养殖规模不断扩大

到2011年年底，信宜市怀乡鸡养殖规模（饲养量）达到1.09亿只，总产值达到30.83亿元，分别比2008年增长203%和208%，怀乡鸡占全市养殖山地鸡的比例从50%提高到89.2%。

2. 设立创新中心，开展一系列技术创新工作

（1）成立信宜市怀乡鸡生产技术创新中心。以广东省农业龙头企业广东盈富农业有限公司为载体，以省部企业科技特派员和广东省农村科技特派员团队为技术支撑，信宜市怀乡鸡生产技术创新中心（简称创新中心）于2009年9月成立。创新中心自成立以来，一直与广东海洋大学、华南农业大学和广东省农业科学院等高校院所开展产学研合作。到2011年年底，创新中心建立了信宜怀乡鸡品种数据库和基因库，建立了怀乡鸡纯系种鸡核心群3 000套、繁育群2万套，选育出各含15和60个家系的2个怀乡鸡纯系，使怀乡鸡保持了原有的优良品质，种鸡年产蛋量由2009年的120枚上升到2011年的146枚。同时创新中心还承载着鸡苗孵化、怀乡鸡营养、养殖和疾病防控等技术引进、研究和推广工作，在项目实施中发挥了重要作用。

（2）组建广东高山中兽药科技创新中心。2009年年底，经广东省科技厅批准，在信宜市动物药业技术创新中心、茂名市动物药业创新中心和茂名市兽药科技创新中心的基础上建立了广东高山中兽药科技创新中心，开展了怀乡鸡疾病防控药物研发工作，研究出一系列怀乡鸡疾病防控专用中兽药。

（3）建立了信宜市怀乡鸡禽病防控站。依托信宜市畜牧兽医水产局动物疾控中心，信宜市怀乡鸡禽病防控站（简称防控站）于2009年12月成立。防控站主要针对信宜怀乡鸡疾病防控、诊治、咨询服务开展工作，派出技术人员3 980人次，为怀乡鸡养殖户服务。

（4）开展信宜市怀乡鸡品种的选育与提纯研究。科技特派员——广东海洋大学教授、中国动物遗传育种与繁殖领域著名专家杜炳旺以及他带领的技术团队到示范企业开展品种选育与提纯研究，建立世代谱系等标准选育方法，选育怀乡鸡纯系，使怀乡鸡种质得到提纯复壮，品种资源得到保护，从而使怀乡鸡具有典型的“三黄”特征，具有“优质、高产、均匀一致”的性状。

（5）建立了信宜市农村信息直通车工程站点——信宜怀乡鸡养殖信息服务系统（电子商务交易平台）（网址：http：//www. xyhxj. net. cn）。在广东盈富农业有限公司网站的基础上建设了信宜怀乡鸡养殖信息服务系统首期工程——电子商务交易平台，主要有技术中心、远程教育、产品认证和在线交易等功能；第二期工程——信宜怀乡鸡质量追溯系统也将于近期开始建设。

（6）怀乡鸡保种和品种选育。现已建立起拥有2万多套的怀乡鸡育种基础群，建立怀乡鸡纯系种鸡核心群5 200套，并实施了“怀乡鸡生产性能测定、体尺性状研究、屠宰性能测定、肉品质分析、蛋品质测定、血液生化指标研究，以及分子遗传标记方面的探讨”等关于怀乡鸡种质特性和品种选育的一系列研究；选育出各含30～40个家系的2个怀乡鸡纯系。

（7）怀乡鸡品种标准制定。2009年12月，由广东海洋大学、广东盈富农业有限公司、广东省畜牧技术总站共同申报的“怀乡鸡的品种标准制定”项目被广东省农业厅正式立项。

（8）信宜怀乡鸡质量追溯制度。初步建立了怀乡鸡质量追溯制度，由广东盈富农业有限公司生产的怀乡鸡均佩戴有金属脚环（商标标识）和塑料脚环（检疫标识）。

（9）大力开展信宜怀乡鸡健康养殖标准化技术推广工作。制定了一系列技术和学术性资料，采取多种形式进行推广。

①制定《信宜市怀乡鸡健康养殖标准化技术规程》。由广东盈富农业有限公司、广东海洋大学家禽育种中心、信宜市畜牧兽医水产局共同编写。

②编写《信宜怀乡鸡的品种选育》。由广东盈富农业有限公司、广东海洋大学家禽育种中心、信宜市畜牧兽医水产局共同编写。

③制定了《广东省地方标准——信宜怀乡鸡》《饲养三黄肉鸡的鸡舍及设备》《信宜怀乡鸡免疫操作》《信宜怀乡鸡推荐免疫程序》《信宜怀乡鸡（肉鸡）养殖技术》《信宜怀乡鸡饲养细则管理要点》《信宜怀乡鸡防疫技术》《信宜怀乡鸡饲养技术》《信宜怀乡鸡用药参考程序》《信宜怀乡鸡（肉鸡）无公害质量控制措施》等。

通过信宜电视台“农科天地”科普节目、印刷怀乡鸡健康养殖技术宣传挂历、编印怀乡鸡健康养殖技术小册子等各种方式开展技术推广，累计电视台播放 32 期，印刷挂历 2 万套，发放小册子 3.2 万份。

3. 建设一批生产基地

（1）建立 4 个信宜怀乡鸡种鸡繁育基地。在镇隆镇德乔村建设 45 亩怀乡鸡原种场，年产怀乡鸡苗 1 700 万只。在池垌镇大坡村、怀乡镇中垌村、朱砂镇龙埠村、东镇街道文冲村等地建设大型怀乡鸡种鸡繁育基地，年产鸡苗分别达 1 200 万只、970 万只、670 万只、600 万只，为怀乡鸡养殖农户统一提供种苗，从源头上保证怀乡鸡的质量。

（2）怀乡鸡标准化健康养殖示范基地。在镇隆镇德乔村和东镇街道十九塘分别建设 80 亩和 40 亩怀乡鸡标准化健康养殖示范基地，分别由广东盈富农业有限公司和信宜市畜牧发展总公司承建，年出栏量达 100 万只和 80 万只。

（3）建设怀乡鸡专用饲料种植示范基地。按照有机农业标准，分别在怀乡镇、镇隆镇各建立怀乡鸡专用饲料种植示范基地 170 亩、260 亩。配套修建农田水利基础设施，实行机械化、标准化种植，为怀乡鸡饲料加工厂提供安全、放心的合格原料，从源头上保证怀乡鸡的食品安全。

（4）建设怀乡鸡养殖专业镇。在怀乡、池洞、镇隆、东镇、朱砂等镇（街道）建立 5 个怀乡鸡养殖示范镇。各示范镇分别建立了养殖技术培训学校、养殖技术推广站、2 个怀乡鸡标准化养殖小区。开展以“怀乡鸡饮食文化”为主要内容的休闲观光旅游，在全市建立了 13 家信宜怀乡鸡定点饭店（农家乐）。

（5）建立 10 个怀乡鸡养殖示范村（怀乡鸡标准化养殖小区）。在优势产区建立了 10 个怀乡鸡养殖示范村，分别是怀乡镇中垌村、坡头村，池洞镇大坡村、中道村，镇隆镇德乔村、沉充村，东镇街道六宅村、文冲村，朱砂镇龙埠村、埠头村，示范怀乡鸡健康养殖技术，每个村养殖规模均在50万只以上，带动周边地区发展怀乡鸡养殖产业。

（6）发展怀乡鸡养殖科技示范户。在怀乡鸡优势产区重点发展怀乡鸡养殖大户232户，其中包括返乡农民工58户，每户平均养殖规模在2万只以上。

（7）建设怀乡鸡屠宰加工厂。分别在东镇城南、城西、竹山建立了3个怀乡鸡加工厂，年加工量达120多万只，以速冻方法加工白切鸡为主，真空包装，进入各大中城市的食品市场。由广东盈富农业有限公司承建的年产1 000万只怀乡鸡屠宰冷冻厂建设项目，已在规划建设中。

（8）建设怀乡鸡专用饲料加工厂。研发6种怀乡鸡专用饲料，分别是肉鸡小鸡料、中鸡料、大鸡料和种鸡雏鸡料、育成料、产蛋料。建设怀乡鸡专用饲料厂3个，年产量3万多吨。广东盈富农业有限公司正在筹建一个年产10万吨的怀乡鸡专用饲料厂，目前已通过立项，用地指标已落实，计划投资3 100万元，建成后年产值达3亿元。

4. 加大技术集成、转化、推广力度

（1）抓好技术集成示范。重点开展健康养殖标准化示范技术创新、林业生态、新型饲料、新兽药等方面共性技术和关键技术创新研究与集成转化示范。大力推广主推品种、主推技术、主推模式，强化科技成果熟化和大面积推广应用。

（2）抓好技术转化应用。围绕信宜市委、市政府建设怀乡鸡养殖业基地的目标，针对产业技术需求，加强科技成果转化推广和集成应用。重点抓好新品种、新技术、新模式的推广应用。建立与基地发展相适应的标准化健康养殖示范基地、标准化养殖小区，选育适合大面积推广的优良品种，加大推广应用力度。集成相关产业关键技术，开展基地实用技术培训、科技咨询、科技特派员定点联系等科技服务，不断提高产业科技创新和科技支撑能力，加快农业规模化、标准化步伐，构建安全、生态、高效的农业产业发展体系。

（3）抓好科技培训及科技普及推广工作。大力开展农村劳动力就地就近转移就业培训、农村科技致富带头人培训，提高农民就业能力、创业能力和辐射带动能力。强化科技普及，抓好科技进步活动月、送科技下乡等重点活动，实施科普惠农兴村计划。

5. 加强农业科技服务体系建设

一是建立完善信宜市怀乡鸡生产技术创新中心、信宜市动物药业技术创新中心、茂名市动物药业创新中心、茂名市兽药科技创新中心、广东高山中兽药科技创新中心等科技创新平台，不断增强信宜市怀乡鸡产业龙头企业技术创新、技术转移扩散和辐射带动能力。二是推进基层农技推广体系改革与建设，启动一批乡镇畜牧兽医站、农业技术推广站条件建设，创新服务机制，搞好怀乡鸡标准化生产技术集成与传播。三是进一步探索专业合作社信息直通车工程（怀乡鸡养殖信息服务系统）、科技特派员、“农业科技110”等新型农村科技服务体系建设，鼓励和引导农业科技人员深入基层，开展科技创业和服务。四是加强信宜市生产力促进中心等科技服务机构建设，形成组织网络化、功能社会化、服务专业化的科技中介服务体系，为产业发展搭建服务平台。

6. 实施品牌战略，拓宽营销网络

（1）品牌战略。截至2011年底，怀乡鸡产业相关企业已拥有广东省著名商标3个（即广东盈富农业有限公司“信宜怀乡鸡”、广东高山动物药业有限公司“高山”商标）、广东省名牌产品1个（广东盈富农业有限公司“信宜怀乡鸡”），其他商标38个（其中广东盈富农业有限公司6个、广东高山动物药业有限公司32个）。

（2）营销网络。通过本项目的实施和设点经销、合作经营、代理代销等形式，已经在茂名（含信宜，高州）、中山、顺德、广州、东莞、深圳等地建立起信宜怀乡鸡养殖营销网点。

二、主要成效

1. 农民增收及财政增收情况

通过富民强县专项行动计划项目的实施，在一定程度上促进了信宜市农村社会发展。农民人均纯收入从2008年的5 397.3元增加到2011年的8 189元，增长34%；全市财政总收入从2008年的12.64亿元增加到2011年的23.79亿元，增长46%。

2. 龙头企业及特色产业发展

（1）龙头企业发展情况。通过富民强县专项行动计划项目的实施，壮大了广东盈富农业有限公司（原信宜市盈富禽畜发展有限公司），成为广东省农业龙头企业。该公司新建设了生产技术创新中心、国家怀乡鸡原种场，签约加盟农户850户，带动农户2 200户。该公司怀乡鸡种苗生产从2008年年产1 200万只增加到2011年年产1 700万只，养殖量从2008年的260万只增加到2011年的360万只，2011年产值达1.19亿元，比2008年增长45.7%。“省级农业标准化生产基地”，被审定为“国家级农业标准化示范区”。公司被评为“2008—2009年广东省十大最具潜力龙头企业”“广东省重点农业龙头企业”中国优质禽育种与生产研究会常务理事单位。荣获“广东（茂名）首届博览会金奖”“广东省名牌产品”“广东省著名商标”。“信宜怀乡鸡”在2010中国农产品区域公用品牌价值评估中其品牌价值达 39.38 亿元人民币。另外项目实施带动了信宜市畜牧发展总公司、广东高山动物药业有限公司等怀乡鸡产业龙头企业的发展。

（2）产业发展情况。通过项目实施，信宜市怀乡鸡养殖业得到了长足发展，建设了一批健康养殖基地、养殖专业镇、养殖示范村、养殖示范大户，推动了怀乡鸡生产的标准化、规模化、产业化。2011 年，全市怀乡鸡养殖农户 3.5 万户，养殖规模（饲养量）达到 1.09 亿只，怀乡鸡肉鸡生产基地已初具规模，饲养量连续多年稳居广东省各县（市）榜首，促进了农民收入大幅提高，加快了信宜市农业现代化进程。

3. 科技培训、人才培养及科技成果情况

（1）开展怀乡鸡养殖户专业培训。在 5 个养殖专业镇、10 个示范村设立培训室。市科技、畜牧水产部门联合有关镇（街道）以及示范企业广东盈富农业有限公司，分别在朱砂、怀乡、池洞、镇隆、东镇等镇（街道）采取多渠道、多形式举办怀乡鸡健康养殖技术培训班 47 期，培训农户 5 282 人次、企业骨干 120 人次，发放各类科技资料 3 万多份，全面提升全市怀乡鸡养殖水平。创新技术培训方式，广东盈富农业有限公司开展星火计划科技创业基地试点工作，以“公司＋工作＋培训＋实习”的形式，吸引一批中青年富余劳动力到企业边打工边学习技术，学成后成为加盟养殖户，扎根农村创业。2009 年至 2011 年，累计有 54 名农村青年参与，培育 27 户怀乡鸡养殖户，建成怀乡鸡养殖基地 27 个，年出栏量 70 多万只，年产值3 080万元，年利润 500 多万元，户均 18 万多元，造就了一批农村致富能手。

（2）人才培养。项目实施以来，引进各类科技人才 19 人，其中高级职称 3 人，中级职称 12 人，技师 14 人。参与项目建设的高校与科研院所专家 10 人，培养硕士研究生 14 人。

（3）科技成果。项目取得各类科技成果 3 项，发表论文 8 篇，专利申请 4 件，专利授权 3 件，选育信宜怀乡鸡新品系 2 个，制定地方标准、技术规程各 1 份。

4. 实施了一批科研项目

重点抓好信宜怀乡鸡产业化关键技术集成与示范、信宜怀乡鸡遗传资源研究与品种选育、南药两面针等中药复方抗畜禽支原体注射液的开发与产业化应用、抗菌抗病毒中兽药产业化开发与生产，整合利用广东海洋大学、华南农业大学、广东省农业科学院等高校院所的人才资源、技术优势，开展品种选育、饲料、健康养殖、禽药等技术研究，构建技术链，支撑延长产业链，不断增强企业科技创新能力，提高产业竞争力。

5. 经济、社会和生态效益情况

(1) 经济效益。信宜全市怀乡鸡养殖量 2009 年、2010 年、2011 年分别为 0.55 亿只、0.81 亿只、1.09 亿只，产值分别达到 16.52 亿元、24.37 亿元、30.83 亿元。大力推广怀乡鸡健康养殖技术，怀乡鸡比普通山地鸡售价高出 6.3 元/只，年获得新增经济效益 6.8 亿元，使信宜市农民人均增收 660.19 元。

(2) 社会效益。项目社会效益明显，通过"科研＋公司＋基地＋农户＋品牌＋市场"的有效形式，直接带动 4.3 万多人养殖怀乡鸡，间接带动 4 879 名农村剩余劳动力和返乡农民工就业；直接或间接带动了 10 多亿元的饲料加工、肉鸡加工以及流通、批发、零售等产业发展。

(3) 生态效益。项目在养殖基地建设了鸡粪处理车间，对鸡粪进行无害化处理，利用生物发酵的原理，降解鸡粪，生产出固态有机肥，有效实现了鸡、粪、农作物三者之间的循环农业效应，生态效益显著。怀乡鸡的养殖不仅使信宜市的山地和坡地得到合理利用和开发，同时也改善了生态环境，加大了生态环境保护力度。

6. 科技服务能力提升情况

信宜市科技局在实施项目的同时还大大提升了科技服务能力。

(1) 改善了办公环境。2009 年搬迁了新办公室，面积从旧办公室的 $230m^2$ 增加到 $370m^2$，其中办公室 7 间，会议室 1 间，大大改善了办公环境。

(2) 加强了办公自动化建设。新购置了一大批办公设备，局机关干部每人配备一台电脑，班子成员各配备一台手提电脑，每个股室配备一台数码相机。还购置了投影机、彩色复印机等信息化设备，提高了工作效率。

(3) 服务能力水平进一步提高。树立科技职能部门"引导、桥梁、服务"的主体意识，确立角色。在项目申报、发展思路等方面积极为企业、科研提供服务、出谋划策。深入企业开展调研，及时有效掌握全市科技动态，提升了科技部门的形象。

(4) 科技推动信息化成效明显。一是使用了 OA 自动办公系统；二是开通了市科技信息网。

(5) 提升了信宜市与有关高校和科研院所开展产学研合作的能力。

三、组织管理和保障措施

1. 项目组织管理和保障措施

(1) 成立领导小组和出台政策措施。为保证国家富民强县专项计划项目的顺利实施，信宜市早在 2007 年就成立了市长任组长的科技富民强市工作领导小组（其间因领导变动原因，三次调整了领导小组），领导小组下设办公室（设在市科技局）。本项目立项后，在2010年2月2日召开了国家科技富民强县专项行动计划实施动员大会。出台了《信宜市科技富民强县专项行动计划实施方案》《关于发挥科技人才作用推动信宜振兴发展的若干意见》《信宜市建设创新型信宜行动纲要》等文件。项目实施以来，召开项目协调会8次，在资金、土地等问题上协调解决，明确任务，通过会议纪要下达执行。

（2）加强项目管理，确保资金到位。科技富民强市工作领导小组及其办公室定期和不定期到项目实施单位进行督促、检查和指导，加强对参与项目实施单位的资金管理、实施情况进行检查和督促，对项目实施较好的单位和在项目实施过程中做出突出贡献的个人给予奖励，而对于那些实施情况不好或完不成目标任务的单位追究其责任，以增强科研及技术推广人员的工作积极性和责任感。

2. 经费筹措及使用情况

（1）经费筹措。本项目共筹措资金970万元，其中中央专项资金210万元，市（县）地方配套20万元，项目单位自筹740万元。至目前为止，中央到位资金210万元，市（县）地方配套资金20万元，各项目单位也自筹资金740万元。由于项目资金来源明确、筹措及时且投入执行情况良好，因此，整个项目建设比较顺利。

（2）经费使用。主要用于新技术新品牌引进费、技术示范应用费、科技服务费、培养费等费用支出。项目单位自筹资金主要用于新技术、鸡苗繁育、品种引进、示范基地、示范推广应用、专家技术服务等。

四、主要做法和经验

1. 党政高度重视，部门积极配合

信宜市委、市政府把实施科技富民强县专项行动计划作为信宜的一项长期战略任务和社会系统工程来抓，在实施过程中，市领导经常与相关部门研究科技富民强县工作，而且都分工亲抓一个以上示范点的建设，并经常深入企业和农户指导，为企业和农户解决发展中遇到的突出问题，确保项目顺利实施。农业、畜牧部门积极为项目实施提供技术服务，林业、国土部门积极为项目实施解决用地问题，交通工商等部门积极为怀乡鸡流通、销售提供方便，有力促进了项目顺利实施，大大促进了怀乡鸡产业加快发展。

2. 广泛开展产学研合作，为项目实施提供技术支撑

针对信宜技术力量薄弱，科研基础相对较差的状况，积极实施产学研合作，推动科技富民强县计划的实施。一是市政府与华南农业大学、广东海洋大学和广东省农业科学院等高校、研究所签订了全面科技合作协议。围绕科技富民强县行动计划的目标任务和生产技术上的难题，有针对性地开展科技攻关，推广新技术、开发新产品。二是建立科技特派员制度，已有3名省部级科技特派员和10名广东省农村科技特派员参与项目建设。三是建立大学生实习基地，两年来，已有130多名本科生、研究生到信宜市有关企业进行实习和开展科研工作，对企业规范化生产、科学化管理、新技术应用等都带来了新的活力。

3. 充分发挥龙头企业的带动作用

广东盈富农业有限公司是广东省农业龙头企业。项目充分发挥该企业技术创新能力强、养殖技术规范、营销手段好等优势，推行“五合一”模式（即由龙头企业、养鸡合作社、银行、农业保险机构、政府监督部门组成的五个主体进行充分合作），建立示范基地，带动养殖户发展，把信宜怀乡鸡产业做大做强。

4. 加强引导，抓好怀乡鸡养殖专业性组织建设

按照“自我组织、自我管理、自我服务、自我受益”的原则，将信宜市怀乡鸡养殖协会打造成组织化程度高、带动辐射能力广、相互依赖性强的怀乡鸡养殖专业组织。通过加强引导，使怀乡鸡优势充分发挥，产业有序发展，让信宜市怀乡鸡在国内外叫得更响。

5. 加强督促检查，确保顺利实施

为确保项目的顺利实施，信宜市加强了项目实施情况的跟踪和督促检查。根据科技富民强市的目标任务，结合实际，对实施方案进一步作了细化和完善，具体实施任务以表格化的形式进行细化，对每一项任务的实施内容、具体目标、实施时间、承担单位、实施责任人做了明确的规定，科技富民强市办公室则根据任务、目标和要求，定期检查和跟踪督促，同时要求实施单位每个季度向科技富民强市办公室汇报一次实施进度和执行情况，实施办公室则根据各单位的实施情况定期或不定期编发实施情况简报，通报实施情况，以表彰先进，督促后进，相互促进，共同发展，推动了各项工作的顺利开展。

第二节　怀乡鸡产业化关键技术集成与应用项目

本项目紧紧围绕怀乡鸡整个产业链的八大环节及其关键技术，自2009年起步，2012年正式立项，经过近10年努力，使怀乡鸡产业取得长足发展和显著成效。

信宜怀乡鸡作为广东省六大名鸡（清远麻鸡、惠阳胡须鸡、信宜怀乡鸡、封开杏花鸡、中山沙栏鸡、阳山鸡）之一，是以广东省信宜市怀乡镇名命名的地方优良鸡种，属于山地散养黄鸡，外形呈元宝型，以其典型的外观“三黄”（毛黄、脚黄、皮黄）、毛色鲜亮、皮薄骨细、肉味鲜美而享誉国内外。

作为我国著名的地方品种信宜怀乡鸡，以往的研究取得了一定进展，特别是在资源保护、本品种选育、健康养殖、产业化开发以及产品质量追溯等方面获得了数项科研成果，但距一条龙生产、产业化经营尚有一定距离。要真正把怀乡鸡做成大品牌并实现产业化，则需要在其整个产业链的关键技术环节上做文章。

实施信宜怀乡鸡产业化关键技术集成与应用，旨在集成和组装以往自身研发的6个相关技术成果，进一步落实国家农业产业政策，充分利用当地资源和有利条件，保护原产地优良品种，保护生态环境，提升信宜市养殖业的科技含量，提升信宜怀乡鸡产业化生产水平及产品市场竞争力，辐射带动信宜市及其与之相邻地区广大农户，大踏步向规模化、标准化、品牌化进军，实现信宜怀乡鸡从美丽牧场到百姓餐桌整个产业链的完整化、规范化和产业化。

一、项目背景

1. 信宜怀乡鸡的昔日辉煌

信宜怀乡鸡作为广东省六大名鸡之一，是以广东省信宜市怀乡镇命名的地方优良鸡种，属于山地散养黄鸡，外形呈元宝型，以其典型的外观“三黄”（毛黄、脚黄、皮黄）、毛色鲜亮、皮薄骨细、肉味鲜美而享誉国内外。成年公鸡体重2.5kg、母鸡1.5kg。信宜市作为“信宜怀乡鸡”的原产地，其形成历史距今已有300多年。信宜市是一个“八山一水一分田”的典型山区市，山地资源多，土地资源少，有“山地鸡养殖王国”之美称。当地农民世代都有养怀乡鸡的习惯，多以小规模养殖户和家庭散养为主，天然放养在山清水秀、空气清新、无公害污染的纯生态环境里，专吃山中嫩草虫蚁，辅之少量的专用饲料，得天地之灵气，吸日月之精华，可谓人间之美食，堪与东北上八珍——“飞龙”相比。

在20世纪80年代开展的全国畜禽品种资源调查和1987年出版的《广东省家畜家禽品种志》上，信宜怀乡鸡作为广东省四大名鸡（清远麻鸡、惠阳胡须鸡、信宜怀乡鸡、封开杏花鸡）之一，就被列入其中。《广东省家畜家禽品种志》《广东省地图册》《优质三黄鸡饲养技术》等书均以怀乡鸡图谱作封面。

2007年7月7日，“信宜怀乡鸡”获国家商标局地理商标注册认证。

2008年4月29日，“信宜怀乡鸡肉鸡”获农业部无公害农产品认证。

2009年信宜市因怀乡鸡的养殖规模大而被誉为广东省养鸡第一大县。广东省农业厅对广东盈富农业有限公司按标准选育好怀乡鸡种鸡带动茂名市全面实施标准化生产的经验高度重视，并在全省推广。

广东盈富农业有限公司2010年被评为省级龙头企业，2010年被农业部授予标准化肉鸡示范场，2010年“信宜怀乡鸡”被评为广东省著名商标。

2011年，怀乡鸡入选由中国农业出版社出版的《中国畜禽遗传资源志·家禽志》，成为我国116个著名地方品种鸡（亦称国鸡）中的一员，成为广东省六大名鸡之一。

2. 市场预测和发展趋势

信宜市把发展怀乡鸡产业放到突出位置来抓：一是加强领导，成立了由市长为组长的信宜市怀乡鸡产业化、标准化工作领导小组；二是大力实施“科技兴市”发展战略，走产学研结合之路，信宜市政府先后与广东海洋大学和广东省农科院畜牧研究所签订了怀乡鸡产业发展合同；三是组建起以广东海洋大学优质鸡育种专家为组长的怀乡鸡育种科研团队；四是成立了以信宜市畜牧水产学会会长为组长组成的信宜怀乡鸡产品质量监督小组；五是负责起草并获颁发了茂名市地方标准《无公害信宜市山地鸡生产技术规程》（DB 440900/T9—2005）。

市场对于信宜怀乡鸡有较高的认可度，每千克售价要高出普通肉鸡一倍，高出其他山地鸡销售价格的30%。信宜作为“信宜怀乡鸡”的原产地，当地农民世代都有饲养怀乡鸡的习惯，具有丰富的养殖经验；信宜市19个镇都在饲养怀乡鸡，具有产业发展的牢固基础。信宜市2002年就注册了山地鸡行业协会，拥有中级以上畜牧兽医师23人，技术力量雄厚，理论与实践经验丰富，已总结出一套“信宜市山地鸡标准化实施方案”。2007年信宜市为发展地方优势产业，经国家商标局批准，注册了“信宜怀乡鸡”的原产地证明商标，并授权广东盈富农业有限公司使用，初步建立起怀乡鸡质量追溯制度。

信宜市已于2009年11月被科技部列入科技富民强市专项行动计划，即“广东省信宜市怀乡鸡健康养殖示范与产业化开发”项目，广东盈富农业有限公司被列为这一国家行动计划中的示范龙头企业。

广东盈富农业有限公司作为信宜市养鸡业唯一的省级龙头企业，想农民之所想，急农民之所急，帮农民之所需，千方百计带动农民发展怀乡鸡产业，与农民签订合同，实行订单和保护价收购，保证农户在正常饲养条件下每只怀乡鸡有1.5～3元的养殖利润；还专门设立了禽病医疗站，为当地农民养殖的怀乡鸡免费诊病治病，受到了农户的欢迎。公司的业务逐步扩大，知名度不断上升，要求加盟公司的农户越来越多，有力地推动着信宜怀乡鸡产业的发展。

这些条件和优势都为信宜怀乡鸡的产业化奠定了坚实的基础和可靠的保障，也为信宜怀乡鸡产业化关键技术集成与示范项目的有效实施铺平了道路。

3. 关键技术来源

该项目所采用的关键技术主要源于项目完成单位近几年取得的6项科技成果。

(1) 广东省教育部产学研结合项目“信宜怀乡鸡遗传资源研究与品种选育”(编号2010B090400239)。该项目于2015年3月11日通过项目成果鉴定(茂科鉴字2015第38号)。

(2) 广东省地方标准，即《信宜怀乡鸡种鸡标准》(DB44/T 1301.2013)和《信宜怀乡鸡肉鸡标准》(DB44/T 1302.2013)，于2013年5月8日由广东省技术质量监督局发布。

(3) 科技部“广东省信宜市怀乡鸡健康养殖示范与产业化开发”项目(国科发农2009第565号)，于2012年7月20日通过专家验收。

(4) 广东省农村信息化建设专项资金项目“信宜怀乡鸡质量安全溯源信息管理系统”(项目编号：201210112800200)，该项目于2014年9月16日通过专家验收。

(5) 广东省科技计划“广东省信宜市盈富公司怀乡鸡健康农业科技示范基地”(项目编号：2010A020502005) 项目。

(6) 广东省科技厅星火计划“信宜怀乡鸡产业化关键技术集成与示范”项目(编号为2012A020603013)，该项目于2018年通过专家验收。

二、项目实施的主要内容和关键技术

本项目紧紧围绕怀乡鸡整个产业链的各环节及其关键技术，在实施过程中通过将科技成果和相应技术组装集成，即边研发、边集成、边应用，最终形成一套较完整的怀乡鸡产业化关键技术，构成较完整的产业链，实现信宜怀乡鸡产业化。

1. 信宜怀乡鸡的保种、选育及扩繁生产技术

2. 怀乡鸡种鸡和肉鸡饲养标准的研发和制定

3. 怀乡鸡的标准化生产技术及其健康养殖基地建设

4. 冰鲜鸡屠宰加工技术工艺及生产线建设

5. 建立信宜怀乡鸡质量安全追溯信息管理系统

6. 建立产业化关键技术推广服务网络

7. 打造怀乡鸡餐饮品牌

8. 创建怀乡鸡电商销售网络，使怀乡鸡走向更广阔的市场

三、项目各项关键技术的实施效果

1. 在怀乡鸡历年保种基础上，已连续保种选育到第 10 个世代

到 2022 年，已建立起连续 10 个世代保种与选育的 A、B 和 C（项链系）3 个纯系共 217 个家系的保种核心群 1 900 多套，核心育种群 5 000 多套，种鸡扩繁群 6 万多套，年供种能力 700 多万只种苗。

2. 制定怀乡鸡种鸡和商品鸡饲养标准

在一系列试验研究基础上，制定出怀乡鸡种鸡和商品鸡不同生长阶段的营养需要、饲养标准、饲料配制技术等，并于 2013 年由广东省技术监督局正式颁布为广东省地方标准——《信宜怀乡鸡种鸡标准》和《信宜怀乡鸡肉鸡标准》。这是怀乡鸡健康养殖、标准化生产、实现产业化的必要条件。

3. 怀乡鸡的标准化生产及健康养殖基地建设

围绕标准化生产这一主题，从鸡场严格的兽医生物安全技术入手，制定出消毒卫生规程、鸡舍环境质量控制技术、种鸡和肉鸡程序化管理技术、鸡病防控和药物规范化使用技术、鸡粪无害化处理和资源化利用工艺技术，由此建立了天然生态养殖示范基地和舍内标准化健康养殖示范基地各 1 个，年饲养怀乡鸡 15 万只，带动建立 5 个养殖示范场，养殖规模 70 万只，带动 2 000 多农户。广东盈富农业有限公司在 2010 年、2013 年、2016 年连续三届被评为农业部标准化肉鸡示范场，2018 年又被评为广东省首届十佳现代化美丽牧场，为怀乡鸡生产实现产业化发展提供了有力保障。

4. 建立起一条年产 1 000 万只冰鲜鸡屠宰加工技术工艺及生产线

2023 年建成一条“集中屠宰、冷链配送、冰鲜上市”的加工生产线，年屠宰肉鸡 1 000 万只。该生产线采用零下 196℃瞬冻液氮技术，将鸡肉瞬间穿透，立刻让鸡肉处于“休眠”状态，锁住鸡肉细胞活性，保持细胞鲜活状态。采用0～4℃到液氮急速冷冻运输，速冻效果好，口感上区别不出来与新鲜屠宰的差别。液氮是一种无色、无味、无腐蚀且对食品成分呈惰性的物质，是目前为止世界上最环保最经济的冷冻和冷却媒介，其超低温和高热交换率实现了真正的快速冷冻。食品在冻结过程中产生的冰晶最小，并帮助保持食品的质地，防止了水分丢失，达到了无损失，保持了食品的原色、原味和原质。这便是信宜怀乡鸡产业化终端产品的目标所在，也是怀乡鸡实现产业化和产业升级的必由之路。

5. 建立起信宜怀乡鸡质量安全追溯信息管理系统

本项目成立了广东盈富农业惠农信息社，实施信宜怀乡鸡生产过程全程信息追溯，让每一只卖出去的信宜怀乡鸡都穿上了独一无二的二维码溯源（身份证）脚环，从基地到消费端的每个脚印都清晰可见，还可帮助消费者辨认信宜怀乡鸡的真伪。消费者可通过扫描怀乡鸡脚环上的溯源二维码，查到养殖、加工、销售环节的相关溯源信息。溯源信息系统从生产、加工、销售等环节获取的信息，经过集群、整合、管理，可将产品信息反馈给消费者，从而完成产品质量安全追溯的全过程。一个溯源脚环成了信宜怀乡鸡质量安全的保证，让消费者对信宜怀乡鸡的品质更为放心。

6. 建立起怀乡鸡产业化关键技术科技推广服务网络

以广东海洋大学为技术依托，广东盈富农业有限公司生产部牵头，建立一支由专家队伍、生产技术部、专业户组成的三级科技成果推广网络组织，每两个月至少进行1次集中培训，每月至少1次到养殖户进行实地指导与服务，为广大养殖户提供包括种苗、饲料、药物、技术和销售的产前、产中、产后全程服务，确保关键技术的推广和标准化养殖。

7. 创建怀乡鸡电商销售网络，使怀乡鸡走向更广阔的市场

广东盈富农业有限公司通过信宜怀乡鸡省级电商体验馆、名特优新平台、名牌产品的建设，实现网上订购与支付，网下信宜怀乡鸡的屠宰与配送，对整个过程实现质量安全追溯管理，实现“一码全程管到底”，构建电子支付与货物跟踪系统，让消费者吃到安全放心的冰鲜鸡，年均电商销售额达3 000多万元。

8. 打造出乡林凤怀乡鸡餐饮品牌旗舰店和连锁餐厅示范店

为树立怀乡鸡的良好口碑、打造怀乡鸡的品牌形象和开拓更广阔的消费市场，自2016年起，全省多个城市如东莞、珠海、茂名、信宜开办了6家乡林凤怀乡鸡连锁餐厅示范店，不仅使怀乡鸡更加深入人心，而且为怀乡鸡的产业化进一步延长了产业链，正所谓从自己的牧场到百姓的餐桌，起到了典型的示范带动作用。

四、信宜怀乡鸡产业化技术集成带来的显著成效

1. 组装集成了一条信宜怀乡鸡完整的产业链。在资源保护—扩繁生产—标准把控—健康养殖—屠宰加工—市场准入—餐饮品牌—电商平台八大环节构建产业链，从而实现了信宜怀乡鸡从美丽牧场到百姓餐桌的产业化。

2. 产业化的实现是多项关键技术成果组装集成的结晶。作为科技部富民强县行动计划项目，2009—2012年在信宜全市范围的实施，为怀乡鸡步入产业化发展轨道积累了宝贵的前期经验，奠定了坚实的产业基础。

3. 《信宜怀乡鸡种鸡和肉鸡标准》的制定并发布是开展怀乡鸡标准化养殖环节的关键技术指南和重要依据。

4. 信宜怀乡鸡健康养殖信息资源整合、溯源服务平台建设、培训以及项目运营推广的这一技术成果为怀乡鸡的产品质量安全及溯源提供了可靠的检测

技术和手段。

5. 信宜怀乡鸡遗传资源保护、研究与品种选育成果的取得为怀乡鸡的规模化生产提供了先决条件。

6. 冰鲜鸡屠宰加工技术工艺及生产线的建设，采用了当今最先进的零下196℃瞬冻液氮技术，将鸡体瞬间穿透，立刻让鸡体处于"休眠"状态，锁住鸡肉细胞活 性，保持细胞鲜活状态。既解决了当今活禽禁止进入市场的疫病防控要求，又满足了南方人吃活禽鲜宰风味的习惯，还便于长途运输，可覆盖更广阔的消费市场，可谓一举多得。

7. 自项目实施以来，先后通过了项目验收评价6项，成果登记2个，制定地方标准2部，获授权专利和软件著作权28项，发表论文56篇，建立起国家级怀乡鸡保种种场1个，国家标准化肉鸡示范基地1个，质量安全溯源信息管理系统1套，年产100万只的冷鲜鸡加工生产线1条，联网全国的电商平台1个，餐饮品牌"乡林凤怀乡鸡"连锁旗舰店在6个城市开张了6家示范店，开展技术培训观摩共39次，参加人数共7 600人次，发放技术资料8 500多册，为当地培养技术人才900多人。

五、应用推广与社会经济效益

1. 直接经济效益

该项目自2012年实施以来的近10年中，项目实施单位中的两家企业——广东盈富农业有限公司和湛江市晋盛牧业科技有限公司，先后推广信宜怀乡鸡到广东、广西和周边省份以及越南边贸地区，年均推广怀乡鸡种苗700多万只，商品肉鸡600多万只，初生蛋150多万个。2018—2020年累计应用推广2 840万只怀乡鸡种苗，上市怀乡鸡肉鸡2 618万只，累计销售产值108 788万元，新增利税10 406万元，节约资金642万元，带动1 000多人就业，使信宜市的养殖户在原有基础上增收15%。如表7-1所示。

表7-1 信宜怀乡鸡2019—2021年应用推广情况统计

应用推广单位	推广种类	数量/万只	累计销售额/万元	累计新增利润/万元	节支金额/万元
广州求进农业推广有限公司	鸡苗	1 260	4 490	1 534	170
广东盈富农业有限公司	鸡苗	1 580	5 312	1 830	220.5
小计	鸡苗	2 840	9 802	3 364	390.5
广州市白云区竹料家禽经营部	肉鸡	93	3 199	354.7	

（续）

应用推广单位	推广种类	数量/万只	累计销售额/万元	累计新增利润/万元	节支金额/万元
信宜市畜牧水产学会	肉鸡	570	21 180	1 510	95
信宜市动物疫病防控中心	肉鸡	330	11 925	963	
信宜市农业技术推广中心	肉鸡	465	16 995	1 350	
广东盈富农业有限公司	肉鸡	1 160	45 690	2 865	157
小计	肉鸡	2 618	98 986	7 042.7	262
合计（鸡苗＋肉鸡）			108 788	10 406.7	642.5

2. 间接经济效益

怀乡鸡产业给信宜市带来的社会经济效益是非常显著的，年产值共计35.79亿元，新增利税即纯利4.03亿元。其中包括最突出的饲料生产、肉鸡直销及电商平台销售这三大块：

（1）专用饲料销售效益。年产7万吨的怀乡鸡专用饲料厂每千克饲料按3.5元销售价计算，产值可达2.45亿元；每千克饲料成本按2.8元计算，纯利每千克0.7元，获纯经济效益0.49亿元。

（2）肉鸡销售效益。信宜怀乡鸡年销售量可达1.18亿只（1.2亿只总数减去0.02亿只加工鸡），每只平均售价28元，年销售额可达33.04亿元。每只鸡饲养成本和销售成本25元，单只鸡利润为3元，年纯经济效益为3.54亿元。

（3）电商平台销售。自2015年创建信宜怀乡鸡电商平台以来，年均销售额都在3 000万元以上。

3. 社会与生态效益分析

（1）关键技术的集成和应用，既完善了产业链的八大关键环节，又提升了产业化整体水平，真正实现了从牧场到餐桌的全程完整产业链，使怀乡鸡这一产业如同插上现代化翅膀，整装待飞，展示其骄人的风采。

（2）利用生物发酵的原理，降解鸡粪，生产出固态有机肥，有效地实现了鸡、粪、农作物三者之间的循环农业效应，生态效益显著。

（3）一业带动百业兴旺。怀乡鸡产业化的实现自然而然可直接带动相关产业如种植业、制造业、包装业、运输业、快递业、电商业、互联网、餐饮业、美食业、旅游业等相关产业的蓬勃发展，进而又创造了成千上万个劳动就业的机会。

第三节　怀乡鸡产业现状与发展规划

一、企业概况

广东盈富农业有限公司成立于2006年，注册资本3 426万元，总部设在信宜市镇隆镇德乔村，现有员工113人，其中高级职称6人、博士学位7人、畜牧兽医师6人、技术员13人，公司是一家专门致力于“信宜怀乡鸡”保种、繁育、养殖、加工、销售、互联网、餐饮的全产业链省级产业化农业龙头企业和高新技术企业。公司现存栏怀乡鸡保种核心群3 000多只，纯种繁育群23 000套，年出栏肉鸡600万～700万只，是国家级怀乡鸡保种场、农业部标准化肉鸡示范场、中国优质禽育种与生产研究会常务理事单位、广东省十佳现代化美丽牧场、广东省企业专家工作站。其产品荣获广东（茂名）首届博览会金奖、广东省名牌产品、广东省著名商标（注册商标“乡林凤”）、国家地理标志保护产品等。在2017中国农产品区域公用品牌价值评估中“信宜怀乡鸡”品牌价值48.4亿元人民币。

二、坚持17年的产学研结合之路

与广东海洋大学等单位长期合作，打造出一支强有力的科技创新专家团队，先后承担科技部、农业农村部、广东省十几个科研项目并通过项目验收，获取多项科技成果，为信宜怀乡鸡的资源保护、品种选育、健康养殖、产业化开发及农民致富做出了积极贡献。其专家团队是由中国优质禽育种与生产研究会副理事长、国务院特殊津贴专家、全国优秀科技工作者、广东海洋大学二级教授杜炳旺作为首席专家，以及5位教授、7位博士、8位畜牧兽医师组建而成，该团队2012年被广东省科技厅命名为广东省优质禽育种与标准化生产技术团队。

三、主要成效

近年来围绕怀乡鸡种质特性开展了系统研究，建立了怀乡鸡保种核心群和纯种繁育群，开展了怀乡鸡的产业化开发，取得了显著成效。如表7-2所示。

表 7-2　围绕信宜怀乡鸡开展的主要技术创新工作

序号	重要工作	工作成效
1	确立了信宜怀乡鸡保种目标和方法	重点保护的性状：毛黄、脚黄、皮黄的三黄特征；在保种技术和方法上，以“家系等量随机选配法”来进行，使保种群原有的遗传特性和生产性能保持相对稳定，减少群体内的基因频率漂移
2	信宜怀乡鸡品系选育	利用纯系繁育中的家系育种技术，建立起连续 10 个世代共有 217 个家系的 A、B、C 三个纯系怀乡鸡资源保种群。保种核心群和与纯种繁育群分别为 3 000 套和 23 000 套，年产怀乡鸡商品肉鸡 600 多万只
3	信宜怀乡鸡品种标准制定	制定信宜怀乡鸡品种标准 2 个，于 2013 年 3 月通过广东省质量技术监督局的审定，并于同年 7 月颁布
4	信宜怀乡鸡被列入《中国畜禽遗传资源志·家禽志》	2011 年由中国农业出版社出版的《中国畜禽遗传资源志·家禽志》一书，全国共有 116 个鸡品种被列入，信宜怀乡鸡是其中之一
5	实施科技部富民强县行动计划中的示范企业职责	2009—2012 年和 2013—2015 年连续两次作为国家富民强县行动计划“广东省信宜市怀乡鸡健康养殖及产业化开发”的示范企业，开展了卓有成效的工作
6	信宜怀乡鸡入选国家畜禽遗传资源保护名录	2014 年 3 月农业部公告，怀乡鸡作为全国 28 个优良地方鸡品种之一，被纳入国家畜禽遗传资源保护名录
7	信宜怀乡鸡国家级保种场的申报与创建	2014 年 10 月，接受农业部对怀乡鸡申报国家级保种场的现场审验，2015 年 3 月农业部公告，获批国家级怀乡鸡保种场，2021 年 9 月复审核验再次获批国家级保种场
8	农业部标准化肉鸡示范场创建	2010—2013 年、2013—2016 年、2016—2019 年，连续三轮通过农业农村部审定颁发的国家标准化肉鸡示范场
9	广东省十佳美丽牧场创建	2019 年，获评为广东省首批十佳美丽牧场的荣誉
10	通过验收的成果	科技部富民强县计划和后续项目“广东省信宜市怀乡鸡健康养殖及产业化开发”2012 年和 2016 年分别通过验收，广东省农村信息化建设专项资金项目“信宜怀乡鸡质量安全溯源信息管理系统”2014 年 9 月通过验收，广东省科技计划“广东省信宜市盈富公司怀乡鸡健康农业科技示范基地”项目 2016 年 5 月通过验收

（续）

序号	重要工作	工作成效
11	获奖的主要成果	“信宜怀乡鸡遗传资源研究与品种选育”2015 年获茂名市科技进步奖一等奖；“信宜怀乡鸡遗传资源挖掘、品种选育及推广应用”2016 年获广东省农业技术推广奖二等奖，“广东省三个特色鸡种资源挖掘研究及应用”2019 年获广东省优秀科技成果奖，“信宜怀乡鸡产业化关键技术集成与示范”2021 年获广东省农业技术推广奖二等奖
12	论文	发表论文 100 余篇，其中 2018 年两篇 SCI 影响因子为 6.0 和 3.7
13	专利	围绕怀乡鸡保种、研究、杂交利用及饲养环境控制等获授权的发明专利 6 项，实用新型专利 20 项，软件著作权 8 项
14	信宜怀乡鸡种质特性遗传基础研究	重点挖掘怀乡鸡生长发育、肌肉品质、热环境适应性和毛囊发育等方面的遗传机理和特征。主要研究了怀乡鸡 *GHR*、*EX-FABP*、*GPAT*、*HSP70*、*VEGF*、*VEGFR2* 等基因的遗传和表达特征
15	信宜怀乡鸡基因组和转录组学研究	开展怀乡鸡基因组重测序和毛囊组织的转录组分析，构建麒麟鸡（卷羽）×怀乡鸡（片羽）F_2 代资源群体，分析相对性状“卷羽与片羽”的遗传规律。首次确定了“卷羽与片羽”的遗传差异是由 *KRT75L4* 基因 cds 区 15bp（chr：33：1295046－1295060）缺失引起，片羽鸡是野生型，卷羽鸡发生缺失突变

＊ 农业部自 2018 年更名为农业农村部。——编者注

四、发展规划

在下一个五年计划中，通过产学研深度融合：

（1）创建“怀乡鸡研究院”，围绕粤港澳大湾区国际科技创新中心建设，以突破怀乡鸡关键核心技术为核心使命，开展原创性研发活动，为区域和产业发展提供全方位技术服务发挥战略引领作用。

（2）建成一个信宜怀乡鸡现代化保种育种基地，包括怀乡鸡原种保护场、育种场、扩繁场及年产 1 200 万只鸡苗的生产能力。

（3）建成一个年出栏 800 万只优质、高效、安全的怀乡鸡生态福利健康养殖示范村。

（4）建成一个年屠宰加工能力 1 000 万只的现代化冰鲜鸡加工基地。

（5）建成一个产品销往全国各地并走出国门的质量安全追溯系统的物联网

平台。

（6）将信宜怀乡鸡打造成为全国驰名品牌，实现年产值突破1.5亿元。

五、技术创新

（1）原创性研究，即信宜怀乡鸡种质特性的基础性研究和应用基础研究，包括肌肉生长发育的基因调控机制、影响肌肉风味的分子机制研究等。

（2）品种资源基因库建立，包括信宜怀乡鸡活体资源库，低温保存基因库。

（3）品种资源数据库建立，包括保种群从零世代到目前的第十世代以及其后每一世代的所有基础数据。

（4）健康养殖模式研究与创新，主要包括生态福利无抗（或减抗）养殖模式及创新体系建立。

（5）家禽产品冷藏冷冻加工新工艺研究、创新及应用。

六、重大合作研发领域

1. 怀乡鸡品种资源基因库和数据库的建立及应用

从活体资源基因库、低温保存基因库及品种资源数据库三大方向着手，建立并形成国内第一个较完整的怀乡鸡资源保护和繁育应用核心技术资源库和创新体系。

2. 新挖掘的特色鸡种资源粤西卷羽鸡种质特性研究、抗逆育种及应用

主要围绕新挖掘的记载于1 400—1 800多年前的稀有而独特的鸡种资源——粤西卷羽鸡*，即麒麟鸡开展全方位种质资源系统研究、优异基因（卷羽）挖掘及其分子机制研究、抗热抗病的分子机制探索，以及抗热应激新品种的选育和应用，从而使其通过国家畜禽遗传资源委员会的品种资源鉴定，同时为选育成国内第一个抗高温特色鸡新品种奠定基础。

3. 基因芯片分子育种技术在怀乡鸡资源保护和配套系选育中的应用

通过现代分子育种基因芯片技术和常规家系育种技术相结合的途径，建立起国家级品种怀乡鸡资源新型保护群和扩繁群，同时以怀乡鸡为主要素材，通过与其他特色鸡种（如卷羽麒麟鸡）组成新的抗高温特色配套组合的创新性研究及示范，从而为怀乡鸡的资源保护、品种选育、推广应用、健康养殖、产业化开发及新的特色配套系的育成奠定坚实基础。

---

* 粤西卷羽鸡，俗称麒麟鸡，已于2023年通过国家畜禽遗传资源委员会的鉴定，见2023年6月12日农业农村部第679号公告。

4. 健康养殖模式的创新

在国家高度重视保护生态环境、重点推进家禽健康养殖、大力倡导家禽生态福利养殖的今天，遵循“利用资源优势，开展生态养殖、福利养殖、无抗养殖”的原则，紧密结合当地生态环境优越、林木四季常青、空气清新优质的天然固有优势，探索出适合当地不同环境条件的若干种生态福利健康养殖模式，进而研发出相应配套的生产技术规程，并使之践行。

5. 全程冷链系统的建立

核心内容是构建一体化全程冷链系统，新型包装技术结合冷链物流，延长产品的货架期，全方位确保冷鲜鸡肉品质的安全；同时延伸产业链，大力发展精深加工，以传统烹调方式为参照，基于怀乡鸡的特点及优势，利用现代新型加工技术实现规模化的精深加工。

6. 全产业链技术集成与应用

围绕怀乡鸡整个产业链的关键环节，通过品种资源保护、品种选育、芯片技术、健康养殖、产品加工、质量监控等关键环节的技术集成与创新性应用，使怀乡鸡产业转型升级，步入现代化、标准化、产业化轨道。

第四节　有关怀乡鸡产业发展的相关媒体报道

一、悄然崛起在华南大地的广东“信宜怀乡鸡”

——广东盈富农业有限公司侧记

（张洁、竹心，《科技中国》，2012.8）

在广东省西南部有一个“八山一水一分田”的典型山区市，她是幽静而美丽的信宜市，该市历来有“山地鸡养殖王国”之美称，广东省四大名鸡之一的信宜怀乡鸡就出产于此。放养于山清水秀、空气清新、无公害无污染的天然纯生态环境里的信宜怀乡鸡，专吃山中嫩草虫蚁，辅之少量的专用饲料，得天地之灵气，采日月之精华，可谓人间美食。

信宜怀乡鸡具有皮黄、毛黄、脚黄的典型三黄特征，以色泽美观、肌肉丰满、肉质嫩滑、骨软皮脆、味道清香甜爽而著称，为高级酒楼和追求健康人士的首选，广受两广内外食家的赞赏，名扬港澳及东南亚地区，并于 1985 年列入《广东省家畜家禽品种志》，2014 年被列入国家畜禽遗传资源保护名录。

为了让怀乡鸡尽快形成产业，走出广东，面向世界，致富一方，广东盈富农业有限公司自 2006 年以来，就迈出了产学研结合的历史性一步，从品种选育到质量监测，从种苗供应到成品上市，实行“公司＋基地＋农户＋品牌＋市场”的模式，有力推动了信宜市农业产业结构的调整和怀乡鸡产业的发展。2010 年怀乡鸡出栏量 3 600 万只，产值 10 亿元，占当地山地鸡出栏量的 50%以上。该企业于 2009 年被授予国家科技富民强县行动计划“信宜怀乡鸡健康养殖示范及产业化开发”示范企业，2010 年被评为广东省农业龙头企业，2010 年被农业部授予标准化肉鸡示范场，2010 年“信宜怀乡鸡”被评为广东省著名商标，2010 年“信宜怀乡鸡”品牌被中国农产品评估中心评估价值达 39.8 亿元。随着“信宜怀乡鸡”产业的不断推进，2011 年信宜市成为广东省养鸡第一大县（市），产量连续 6 年排全省县级市第一位。

广东盈富农业有限公司正在实施的信宜怀乡鸡产业化关键技术集成与示范项目，旨在充分利用当地资源和有利条件，提升信宜怀乡鸡产业化的科技含量、现代化水平及市场竞争力，带动粤西地区及其周边省份广大农户，实现农民稳定增收、农村经济繁荣、企业稳步增效和区域经济的可持续发展。

可见信宜怀乡鸡产业正在以其独特的运作模式悄然崛起在中国南部这块沃土上，相信不久将会在整个中国展现其巨大的魅力。

二、我和“乡林凤”的故事

（农业部农村社会事业发展中心，2018.3.19）

他山之石，可以攻玉。

现将农业部遴选推介的首批 100 个全国农村创业创新优秀带头典型案例分批呈现给关心支持农村双创的各界人士，望有激励、启发之功，有营造环境之能。希冀转发，共同推动乡村振兴！

农业部农村创业创新办公室
农业部农村社会事业发展中心

● 创业名片：陈建，男，本科毕业。现任广东盈富农业有限公司董事长，信宜市工商联（总商会）副会长，茂名市青年农业促进委员会副会长、信宜分会会长，信宜市政协常委，茂名市第十一届人大代表，广东省家禽业协会副理事长，广东省第十二届人大代表。先后荣获“科协先进工作者”“茂名市劳动模范者”“茂名市创业之星”等荣誉；当选“新中国成立 60 周年·推动广东‘三农’发展影响力人物 60 人”。

广东盈富农业有限公司先后荣获“广东省农业标准化（山地鸡）示范区”“省、市重点农业龙头企业”“国家级农业标准化示范基地”“农业部肉鸡标准化示范场”“国家级怀乡鸡保种场”。信宜怀乡鸡先后荣获“广东省著名商标”“广东省名牌产品”“无公害农产品认证”“国家畜禽遗传资源保护品种”“地理标志保护产品”“地理标志证明商标”等。

● 创业感言：坚持不懈，创新发展

● 创业故事：

他乡艰苦创业

陈建1972年出生于信宜市镇隆镇德乔村，1995年到深圳创业，经过2年的锻炼，于1997年开始自己创办皮具厂，有工人30多人。凭着不怕困难，不怕辛苦、不懂就学、不断探索、积累经验的精神，艰苦创业，使企业不断发展壮大，到2000年有工人150多人，产值达到1 000多万元。2001年皮具厂搬到广州，工厂规模扩大，工人达到220多人，年产值达到1 500多万元。经过十多年的创办工厂历程，积累了较丰富的企业管理经验和社会阅历，开阔了知识视野，具备了良好的社会关系，为继续创业创造了良好的条件。

回乡创业，带领乡亲致富

信宜号称为“山地鸡养殖王国”，但只是单家独户饲养，产量低、产品劣，市场抗风险能力低，无法满足市场需求，尤其是广东三大名鸡之一的“信宜怀乡鸡”市场需求甚大。陈建于2006年5月回到家乡，与几位朋友合股创办广东盈富农业有限公司，注册资金1 426万元，按照“公司＋基地＋农户＋餐饮＋电商平台配送”的经营模式，经营“信宜怀乡鸡”。2016年上半年电商销售额达3 000多万元，占公司销售额的30％。公司属下的“乡林凤怀乡鸡餐饮连锁品牌”目前已分别在信宜市、茂名市、阳江市、江门市开了4间门店，另外有6间正在建设中，利用各地的连锁餐厅作为就近发货的电商仓库，既保证了产品的新鲜，又缩短了发货的时间，还降低了物流成本。

在创办初期，由于刚刚接受农业企业的管理，不懂养殖技术，再一次以初始创业的精神，“引进高校，走出去学”，向信宜市畜牧局的专家请教，聘请国内知名专家做顾问，同时自己参加了上百期的养殖技术培训班，获得了工商管理和养殖管理的本科文凭，从工业的管理步入了农业的管理，又一次克服了创业的重重困难。经过多年经营，公司先后在朱砂镇、丁堡镇创办了两个标准化示范养殖场，2008年起同广东海洋大学建立产学研合作关系，创建“国家级怀乡鸡保种场”，年产鸡苗1 500万只。目前公司的养殖示范基地年出栏肉鸡120多万只，加盟养殖户有850多户，带动农户2 200多户，遍布信宜10多个镇，加盟签约养殖户年出栏肉鸡300多万只，年产值超2亿元。企业得到了稳步发展，带动了信宜农民发展山地养鸡致富，增强了群众养殖怀乡鸡的决心和信心，再一次掀起养殖信宜怀乡鸡的热潮，为打造“信宜怀乡鸡”品牌，推动信宜山地鸡的发展做出了较大的贡献。

与党同心，积极参政议政

陈建作为一位企业的出资人，始终没有忘记自己是农民的儿子，他发挥自己作为信宜市政协常委、广东省人大代表的优势，积极向党委、政府建言献策，许多意见和建议得到政府的重视和采纳，为推动地方经济社会发展做出了应有的贡献。

承担社会责任，积极参加社会公益活动

2010 年 9 月 21 日受“凡亚比”台风影响，信宜市受灾严重，陈建召开紧急会议，要求公司所有工作人员不等不靠，立即组织人员抢修复产，把公司损失降至最低。同时动员公司工作人员捐款捐物，于 9 月 25 日将价值 2 万多元的棉被、食品送往灾区。灾后复产时，陈建带头捐资帮白马村养殖大户李大胜修建鸡舍、建立示范场；公司再捐赠价值 10 万元的“信宜怀乡鸡”23 000只给灾区，在钱排镇白马村建设“信宜怀乡鸡”示范片，以带动灾区迅速恢复养鸡业生产，帮助灾区人民迅速走上生产自救、生产致富之路。积极参与“扶贫双到”工作，主动帮扶贫困户，先后为信宜 100 多个贫困户送去价值 30 多万元的鸡苗和饲料，帮助他们走上勤劳致富之路。通过“公司+农户”的运作模式，带动帮扶村 1 100 多户养殖大户饲养怀乡鸡，年出栏肉鸡达 400 多万只，由于产品品牌化运作，按目前每只商品鸡盈利 5 元来计算，可新增收入2 000万元；每只鸡上市前产鸡蛋 5 枚，每枚鸡蛋单价按 1 元计算，可新增收入2 000万元。

制定了盈富“五合一”新的养殖模式

以“公司+农户”产供销一体化的方式将农民组织起来，是促进农民增收致富的有效模式。公司根据实际情况，研讨出“五合一”农业产业化发展新模式，即由龙头企业、养鸡合作社、银行、农业保险机构和政府监督部门组成的五个主体进行充分合作，其中龙头企业是产品生产、流通的枢纽，养殖户是直接的生产者，合作社是提高农民组织化程度的基本生产单元和贷款主体，银行是贷款的发放者和存款的回收者，农业保险机构则可帮助养鸡合作社规避生产过程的系统性风险。该模式不仅解决了农民贷款难的问题，保证了农户的养殖效益，又降低了银行信贷风险，为农民持续增收、新农村建设提供了新的有效

途径。

● 创业心得：

(1) 在传统产业上创新发展，形成自己的品牌。

(2) 选择志同道合的合作伙伴，形成强大的力量。

(3) 要有坚定的信念和越挫越勇的精神。

(4) 依靠科学技术，是取得成功的法宝。

● 创业评析：陈建大学毕业后到他乡创业，经过十多年的打拼，取得了一定成绩。家乡山地鸡的资源优势吸引他回乡创业，以再创业的精神实现了从工业生产到农业经营的华丽蜕变；挖掘特色资源、满足市场需求是其转型的动力之一，市场的力量是无穷的，认清市场是成功的重要前提；科学养殖是禽业发展的关键，与高校和科研院所联合，实施“产学研相结合”战略，创新标准化养殖，实现现代化和规模化是发展的总体趋势；长远发展需要打“组合拳”，探索“五合一”发展模式，明确企业、农户、农业保险、银行和政府之间的准确定位，实现合理化运营；承担社会责任，抗击自然灾害；履行代表职责，参政议政献策建言，陈建以实际行动起到了带头作用。

三、信宜——山地鸡王国

（杨常青、赖戈，《源流》，2001.3）

饲养信宜“山地鸡”是信宜市委、市政府为振兴山区经济，加快农民脱贫致富奔小康的步伐，精心组织广大农民充分利用资源优势而发展起来的重要支柱产业。自1991年以来，信宜“山地鸡”养殖业持续高速发展，目前全市以龙头镇、池洞镇为中心，方圆1 000多平方千米的大小山头，随处可见星罗棋布的养鸡棚，到处都是鸡鸣凤舞贺升平的景象，信宜简直成了“山地鸡王国”。由于“山地鸡”的发展，全市肉类总产量和禽肉产量自1998年以来一直位居全省各县（市）第一位。

信宜山地鸡是运用传统方法和现代科技相结合饲养的高档优质三黄鸡，是把久负盛名的信宜怀乡鸡等地方优质三黄鸡苗放养在林密草茂的深山野岭，让其在绿色的大自然中沐浴成长。它们在空气清新、绝无污染的广阔山地上自由啄食天然的虫、蚁，野生植物和各种矿物质，加以人工辅助投喂科学配制的饲料。雄鸡经120天以上，阉鸡经150天以上的饲养方可上市销售。

信宜“山地鸡”是返璞归真、回归自然的产物，完全保持传统家鸡的特征，羽毛丰满，油润光亮，皮、脚、喙均为黄色，骨细肉嫩，食之可口，滋补养颜，延年益寿。

四、产值10.49亿　信宜山地养鸡业继续发展

（新华社特约记者　孔庆锋，《茂名日报》，2004.11.16）

信宜市充分发挥山地广阔、水草丰富的优势，稳步推进山地养鸡产业持续发展壮大。今年1—9月，全市山地鸡饲养量6 609万只，出栏量4 665万只，产值10.49亿元，分别比去年同期增长5.3%、4.8%和5.6%。

信宜素有“山地鸡王国”的美誉，山地养鸡是信宜市传统的农业支柱产业，利用山地放养“三黄鸡”是信宜农民养鸡的主要选择模式。经过多年培育，“信宜山地鸡”“怀乡三黄鸡”已成为享誉境内外的信宜农业知名品牌。今年以来，该市把山地养鸡摆到“农业稳市”的战略高度来实施，紧紧抓住山地养鸡被列为茂名市“双百工程”项目的机遇，分别与广东省农业科学院、广东省质量技术监督局合作开展山地鸡标准化生产示范基地（区）建设，大力推广山地鸡标准化饲养应用技术。今年以来，信宜市先后在池洞、怀乡、白石、东镇、朱砂、北界等镇建立示范基地8个，扶持示范专业户3 000多户，山地鸡标准化饲养量达600多万只，出栏量达400多万只。

针对去冬今春亚洲国家及国内禽流感疫情流行的严峻形势，今年以来信宜市加大山地鸡疫病防治药物的研发力度，建立了以信宜市丽株动物药业有限公司为主体的科研机构——信宜市动物药业创新中心，先后研制出重感快克、三补五免、精华素、丽株呼泰、肠毒综合清等药物30多个，有效开展了山地鸡疾病的防治工作。目前，该市山地鸡疾病防治率达100%，山地鸡成活率达98%，大大提高了饲养山地鸡的经济效益。

与此同时，该市出台了扶持专业户发展山地鸡的优惠措施，从场地、用电、用水、饲料、药物、技术、资金等方面给予全方位的政策扶持，鼓励专业户进行规模化、标准化生产，加快山地鸡饲养业的发展。目前，该市养鸡专业村已发展到300多个，年出栏肉鸡2 000只以上的专业户已发展到20 550多户。

为促进山地鸡的销售，实现山地鸡饲养与销售市场的全面对接，信宜市十分重视品牌的塑造。该市先后对“信宜山地鸡”“怀乡三黄鸡”进行商标注册和原产地域注册；印制了大量精美的宣传资料，上级媒体进行广泛推介。该市有关人员还多次到广州、深圳、珠海等地现场推销信宜山地鸡，大大提高了信宜山地鸡的美誉度。同时，该市还在省内外大中城市建立专卖点20多个，统一销售信宜山地鸡，从而保证了信宜山地鸡养得出来、卖得出去。今年5月，信宜山地鸡的市场售价比去年同期平均上扬18.3%，仅此一项农民增加收入3

亿多元。

五、陈建：二次创业投身农业　重振“信宜怀乡鸡”雄风

（记者　段凤桂，《南方农村报》，2018.9.30）

“怀乡鸡在信宜有着悠久的历史，以前家家户户都会养殖一些阉鸡过年。在信宜还属于湛江管辖时，怀乡鸡被冠以‘湛江鸡’的名字闻名于广州……。”谈起怀乡鸡的历史，广东盈富农业有限公司（以下简称盈富农业）董事长陈建信手拈来。

在投身农业之前，陈建的身份是一名年产值 1 500 万元、拥有 200 多名员工的皮具厂老板。2006 年，在发现家乡的怀乡鸡品种出现变异，品质大不如前这一问题后，他在痛心之余也发现了其中的商机。当年 5 月，陈建毅然选择放弃大城市的生活，返乡创办了盈富农业，并注册了信宜怀乡鸡的品牌商标。

经过十几年的发展，陈建领导的盈富农业不断发展壮大，目前拥有生产示范基地 3 个、加盟户 850 户、辐射带动农户 2 200 户，年出栏肉鸡 300 多万只，年产值超亿元。通过该公司的辐射带动，山地养鸡已成为信宜农村发展的一股热潮。

二次创业投身农业：

陈建 1972 年出生在信宜市镇隆镇德乔村，和家乡大部分年轻人一样，20 世纪 90 年代初，他也走上了南下深圳打工讨生活的路子。生性“不安分”的他在经过几年的积累和社会历练之后，开始了第一次创业，项目是一家皮具厂。靠着不断的学习和摸索，陈建的皮具厂在起伏过后迎来了大发展，从最开始的 30 多个工人慢慢发展到 220 多人，年产值超过 1 500 万元。

在城市已小有成就的陈建在 2005 年迎来了人生的一个重要转折点。在多次往返家乡的过程中，他获取了不少关于家乡怀乡鸡发展陷入困境的信息。怀乡鸡虽然名声在外，曾有辉煌历史，但后来不少养殖户为了迎合市场，养殖日龄越来越短，品质大不如前。“我不认同这种模式。随着人们生活水平的提高，对于高品质的食物需求肯定会越来越大。”陈建说。

而且，信宜怀乡鸡均以散户养殖为主，农业产业化龙头企业还是空白。这些利好因素也让从商多年的陈建嗅到了商机。而十多年的办厂经验、社会阅历和社会资源，更为他的二次创业增添了砝码和底气。2006 年 5 月陈建回到家乡与几位朋友合股创办了盈富农业。

科企对接延长产业链：

盈富农业成立后，陈建做的第一件大事就是找到信宜当地政府，希望拿到

怀乡鸡的生产资质，并成为唯一一家授权的企业。当时的畜牧水产协会在经过考核后，最终将原种鸡授权给了盈富农业，期限为30年。陈建说，这为怀乡鸡的品牌打造奠定了坚实的基础，减少了市场上其他企业对改变怀乡鸡养殖标准造成的品质不一的问题，“如果其他企业想要借用怀乡鸡的品牌推广，那么就需要盈富农业的授权。”

科技是第一生产力。在生产实践中，陈建深深体会到，要确保信宜怀乡鸡的种苗纯正与肉鸡品质的稳定，传统养殖技术无法做到；要想解决这一问题只有走出去学或者与大专院校等科研机构合作。

为此，陈建不断向信宜市畜牧局的专家请教，聘请国内的知名专家做顾问，同时自己参加了上百期的养殖技术培训班，正式从工业管理转入农业管理。而且，从2008年起公司与广东海洋大学建立了产学研合作关系，在选种、育种、繁殖、饲料等方面进行深度合作。

经过多年的发展，盈富农业先后被认定为“国家级怀乡鸡保种场”“国家级农业标准化示范基地”“农业部标准化肉鸡示范场”等。2010年该公司被认定为“广东省农业龙头企业”。

但陈建并没有满足，他清醒地认识到，公司要做大做强，仅仅停留在信宜怀乡鸡的养殖已不能满足社会发展和市场需求，只有创新经营理念，延长产业链，才能立于不败之地。因此，2015年他开始进军餐饮行业，建立了“乡林凤”信宜怀乡鸡餐饮连锁店，目前已经在信宜、茂名、阳江等地开设餐饮连锁店，并在店内设置信宜怀乡鸡产品体验馆；2017年，公司再投入资金3 000多万元，在镇隆德乔养殖示范基地建设年屠宰量100万只鸡的屠宰配送中心，逐步形成了“公司＋基地＋农户＋屠宰＋餐饮＋电商”的经营模式。

截至目前，公司有生产示范基地3个、加盟户850户、辐射带动农户2 200多户、屠宰加工场1个、餐饮连锁店6家、电商体验馆6个，年出栏肉鸡300多万只、年屠宰加工肉鸡100多万只、餐饮销售肉鸡80多万只，年产值超亿元，其中电商销售1 000多万元。由于盈富农业的辐射带动作用，信宜大规模养殖山地鸡，年饲养量达7 879.5万只，出栏5 566.23万只，山地养鸡已成为信宜农村的一大特色支柱产业。

对于未来，陈建有更高的追求。他说，一方面要在餐饮连锁上稳扎稳打，复制目前成功的模式；另一方面，公司在信宜工业园有一个150亩的怀乡鸡产业园，将用来建屠宰厂、深加工厂、怀乡鸡博物馆、怀乡鸡研究院等，“这些布局将对延伸公司产业链、提升抗风险能力、推广怀乡鸡的品牌起到积极作用。”

六、国鸡侣行：山地放养160天，盈富怀乡鸡产能仍未饱和

（记者　叶嘉宏、何敏辉，新牧网，2019.6.14）

吾家国鸡初长成，养在深山待上市。去年的国鸡侣行让行业串联，国鸡家喻户晓，如今国鸡侣行第二季强势开启。旁搜博采、环肥燕瘦。新牧网·新禽况本着深入行业、服务行业的目的，在国鸡产业内开展“寻找品质国鸡”活动。通过“访名企、品名鸡”的形式，深入了解品质国鸡的品质特性、生长性能、选育过程等。

新建种鸡场、上屠宰线、开餐饮连锁、建宴会酒店……围绕一只“怀乡鸡”，盈富农业产业链多点开花。

全年出栏肉鸡将达1 200万只

怀乡鸡曾经拥有辉煌的历史。在20世纪90年代，信宜怀乡鸡年出栏量可达上亿只，后来斗转急下，目前年出栏只有2 000万只左右。怀乡鸡以其典型“三黄”（毛黄、脚黄、嘴喙黄）、毛色鲜亮、皮薄骨细、肉味鲜美而广受消费者喜爱。盈富农业董事陈运冬表示，目前怀乡鸡产能仍未饱和。

盈富农业是目前最大的怀乡鸡养殖企业，拥有怀乡鸡国家级保种场。陈运冬介绍，目前盈富农业正在新建20万套产能种鸡场，预计今年年底可以建成投产。而到年底，盈富农业种鸡存栏将达30万只，全年出栏肉鸡1 200万只，带动农户2 200多户。

陈运冬副总经理表示，盈富农业的合作农户都是山地放养怀乡鸡，160天出栏。“鸡一定要走地，在楼顶饲养、笼养的怀乡鸡运动量不够，肉质吃起来跟白鸡一样不好吃！”

将做深加工产品出口

目前盈富农业有6家乡林凤连锁餐饮店，分布在东莞、江门、阳江、茂名等地，而合作的餐饮酒店则遍布珠三角以及粤西地区，每天上市2万只怀乡鸡。同时，有一家公司投资的宴会酒店将于年内开业。

陈运冬介绍，盈富农业做餐饮，主要是要指导怀乡鸡菜品的做法，让消费者能持续吃到好吃的怀乡鸡，这样才能让乡林凤怀乡鸡品牌持续做大。

另一方面，盈富农业的怀乡鸡产业园正在紧锣密鼓的建设中。根据规划，产业园将建成每小时屠宰4 000只鸡的屠宰场，以及深加工车间，并配套冷冻库。众所周知，禽流感一来，活禽交易量锐减，会对企业造成较大损失。而随着各地禁活令下达，生鲜上市已成趋势。陈运冬介绍，屠宰后的鸡经液氮速冻，其质量和风味保存1年都没有问题。未来，盈富农业还将做鸡产品深加

工，并准备做出口贸易。陈运冬介绍，这并不会太遥远，预计明年年底深加工生产线就可以建成投产。

七、广东侨乡信宜：美味怀乡鸡　浓浓的情感纽带

（梁盛、梁晶晶，中国新闻网，2020.2.3）

广东侨乡信宜有一道驰名中外的舌尖上的美味——怀乡鸡，无论大小宴席，都是当地人心目中无法撼动的主菜，新春期间更是人们用来款待宾客的佳肴。

近日，在信宜怀乡镇，记者遇见携家眷从马来西亚回乡过春节的周先生，聊起“怀乡鸡”，他有说不完的话题。

周先生说：“对于信宜人而言，‘怀乡鸡’不仅是一道美食，更是一种对家乡及亲人深深的思念。吃着怀乡鸡长大的我们，长大后各自奔走四方，但从来没有什么食物能够代替家乡怀乡鸡的滋味，‘怀乡’二字也深深地烙在每个人心里。”周先生还说，小时候，每逢过节，母亲都要为全家烹制一道美味的怀乡鸡。那时候由于家里穷很少吃肉，每次吃鸡，父母都是偷偷让给他们兄弟姐妹几个吃，这一幕一直深深记在心底。

周先生的父亲去世后，为孝敬母亲，他自己学会多种烹制怀乡鸡的做法，有白切的、盐焗的、油焗的，还有隔水清蒸的。有时候还会跟母亲一起下厨，这种温情与“怀乡鸡”的美味融汇到一起，越吃越幸福。

信宜怀乡镇是“怀乡鸡”的原产地，家家户户都饲养“怀乡鸡”。村民宴大叔告诉记者，怀乡人世世代代都养鸡，因为山地开阔充裕，平时大家都把鸡放到山头上自由觅食，饿了就吃山中的嫩草、蚱蜢、蚊虫、玉米、稻粟等，渴了就啜饮山涧清泉水。

20世纪80年代前，“怀乡鸡”以家庭饲养为主，属于当地人独有的餐桌美味。后来有商贩高价收购“怀乡鸡”外销，激发了当地村民的饲养热情，才逐渐发展成规模养殖，从而让更多的人品尝到“怀乡鸡”的美味。

信宜人精通各种“怀乡鸡”的做法，或柴火炖、铁锅炆，或泥土煨、砂锅煲，都一样的鲜香美味。逢年过节，当地人都喜欢给亲友送去几只上等的“怀乡鸡”，以表心意。记者了解到，信宜“怀乡鸡”不仅是当地人一种浓浓的情感纽带，更是创造出“一只鸡养活一群人”的致富神话。

“怀乡鸡”的热销有效地推动了地方产业化发展，实现农民增收、企业增效。据统计，目前信宜全市有50多个年出栏量为5万只以上的养鸡场，产品

源源不断销往全国各地。当地一家名为广东盈富农业的“信宜怀乡鸡”品牌公司，年产值超亿元人民币。

八、“一村一品”助“凤”飞，信宜德乔村以怀乡鸡“孵”出好日子

（黄雪丽，凤凰网广东新闻中心，2021.8.2）

编者按：广东实施乡村振兴战略以来，以发展优势特色产业集群、现代农业产业园和“一村一品、一镇一业”富民兴村产业为抓手，推动乡村产业兴旺。凤凰网将走进田间地头，展示“一村一品、一镇一业”成效，持续推出广东省“一村一品、一镇一业”报道。

俗话说“无鸡不成宴”，鸡在广东人饭桌上有着不一般的地位。作为广东六大名鸡之一，信宜的怀乡鸡以其香滑的肉质，骨酥的口感、皮黄的特性收获了广泛的赞赏。本期报道凤凰网走进信宜市镇隆镇德乔村，顺着山地间怀乡鸡的足迹，听村民讲述他们的发展故事。

山清水秀育生机　村中“靓”鸡满林跑

信宜位于广东西南部，由于山多，气候夏热冬凉，四季分明，被称为“八山一水一分田”，优美的山林环境也为信宜打造了一个得天独厚的怀乡鸡养殖优势。

“德乔村的山地优势十分明显，温度常年保持在25℃左右，村中有着悠久的怀乡鸡养殖历史。村民将鸡放养在山林之间，鸡群便啄食山中嫩草、蚱蜢、蚊虫以及本地玉米、稻粟，生在自然，育在自然。”德乔村支部书记张林告诉凤凰网记者。德乔村怀乡鸡产值1 802.8万元，占农业总产值30.6%，带动村民养殖怀乡鸡53.6万只，农户人均增收2 800多元。

走进德乔村放养怀乡鸡的山林，四周绿植环绕，环境优良。就是在这样无公害污染的纯生态环境里，德乔村初步形成以怀乡鸡种鸡生产、商品肉鸡生态福利养殖、产品冷鲜加工、线上线下销售为一体的产供销一体化与产学研相结合的较完善的全产业链。

凤凰网记者了解到，依托产业基础，德乔村于2020年成功晋级为首批省级“一村一品、一镇一业”专业村，所在的镇隆镇也成功入选第二批省级“一村一品、一镇一业”专业镇。目前，以德乔村为带动，镇隆镇全镇怀乡鸡饲养量达到134万只，直接或间接带动全镇150多户农民从事相关行业，全镇实现经济纯收入达382.98万元。“现今，依托‘公司＋基地＋农户’的产业模式，在龙头企业广东盈富农业有限公司的带动下，农户正逐步实现脱贫致富，迈进小康。”张林介绍说。

标准养殖保品质　“一村一品”增良种

“我以前是做化工生意的，转业来做怀乡鸡养殖其实跨度很大，所幸德乔村的怀乡鸡产业有很好的基础和政策支持。怀乡鸡的发展前景也十分不错，我们坚持养殖原种鸡160天，给外界留下了好口碑，所以才一路坚持过来。”广东盈富农业有限公司（以下简称盈富公司）副总经理陈运冬告诉凤凰网记者。从2006年至今，他与怀乡鸡一起走过了十多个年头。十多年里，陈运冬凭借自身在化工厂的经验，极力推进在德乔村建立标准化的怀乡鸡养殖企业。

现今，盈富公司围绕信宜怀乡鸡全产业链的每个环节，在怀乡鸡的保种育种、种鸡繁育、种苗孵化、肉鸡饲养、屠宰加工、冰鲜上市、线下销售、电商销售、餐饮连锁等多层面进行发展，推进德乔村乃至镇隆镇怀乡鸡产业进一步发展壮大。2020年，盈富公司通过电商销售乡林凤怀乡鸡生鲜鸡50多万只、电商销售乡林凤怀乡鸡头窝蛋15 000多箱。

虽然在当地搭建了完善的产业链，但如何扩大种苗繁育的问题依旧困扰着陈运冬。“在申请‘一村一品’项目之前，信宜市共养殖怀乡鸡7 300万只，盈富公司养殖1 200万只，占总量的1/6左右，所以我们在种鸡繁育上仍具有较大的发展空间。同时，盈富公司作为国家科技富民强县行动计划‘怀乡鸡健康养殖及产业化开发’的示范企业，也急需保持德乔村的怀乡鸡养殖品质。”陈运冬讲道。为此，在“一村一品”项目的资金支持下，盈富公司成功新增繁育了3万只怀乡鸡种鸡。在这3万只种鸡的帮助下，盈富公司新增种苗产量30多万只，收益超900万元。

企业引领新发展　德乔村民口袋鼓

“我们的产业发展与当地的农户是息息相关的，在‘一村一品’项目中获得的30多万只怀乡鸡将直接分配到德乔村或者镇隆镇其他合作的村民手中，带领村民一同走上脱贫奔康的路子。”陈运冬说。

凤凰网记者了解到，在“一村一品”项目支持下，盈富公司大力发展“科研＋企业＋协会＋基地＋农户＋品牌＋市场”的产业模式，采取统一品种、统一饲料、统一防疫、统一标准管理、统一销售的方式，将居住分散、经营分散的农户组织起来，按照每户平均养鸡10 000～15 000只的规模，直接带动农户2 000多户，间接辐射带动周边乡镇、信宜市各大养殖场。同时，加工厂还直接为镇隆镇德乔村等地提供220个就业岗位，一二三产业间接带动近千名农村剩余劳动力和返乡农民工就业。

村民甘日辉就是受益者之一。他告诉凤凰网记者，企业在评估过他的场地以后，给他派送了“一村一品”项目支持下的怀乡鸡种苗10 000只，直接收益至少增加了3万元。

“我现在年收入达到10万元左右，相比以前稳定了不少。作为合作的农户，我们只需要按照企业规定的养殖要求进行养殖，企业进行统一回收，我们养殖怀乡鸡不用担心销售问题，而且企业还给农户配备技术员，养殖过程中遇到的问题都能向他们咨询，从而保证怀乡鸡的品质。”甘日辉说道。

现今，“一村一品”项目带来的种鸡正为这个小村镇孕育着大产业，在龙头企业的带领下，在德乔村乃至镇隆镇村民的支持下，怀乡鸡将“飞向”更远、更高的将来。

九、山间凤凰，香到骨头里，让人垂涎三尺

——寻味“山间凤凰” 不可错过的广东美味

（陈志深、陈振兴，《南方农村报》，2018.6.29）

说到吃鸡当属广东人最为讲究，在餐桌上更是有“无鸡不成宴”的说法，光与鸡有关的菜品就有两百多种，其中最让当地人百食不厌的就是隔水蒸鸡。隔水蒸鸡系茂名一道名菜，制作简便，取1.5kg左右走地鸡一只，去其内脏后，塞进香菇虾米之类配料，搽上20g纯正花生油，腌渍5分钟，待蒸锅的山泉水烧开，整鸡装盘放入蒸锅隔水蒸15～18分钟。蒸熟后，整只鸡色泽橙黄，鸡汁也黄澄澄的，一股鲜香鸡味直冲肺腑，鸡肉鲜嫩欲滴，吃一口劲道十足，油而不腻，芳香满口。这种口感用信宜怀乡鸡制作尤为明显。

广东美食专栏作家郭婉华这样点评怀乡鸡，信宜人对自己的鸡极为自信，来省城走访的亲友必带两只怀乡鸡，用怀乡鸡征服省城人。怀乡鸡肉质肥美甘腴，鸡味油润好吃，不用像清远鸡那样过冷河才皮爽肉滑，就连煮过怀乡鸡的汤也鲜美无比，放一把宁夏中宁杞子下去，便是上汤。怀乡鸡作为广东三大名鸡，果真名不虚传！

信宜怀乡鸡系广东省名特优新农产品区域公用品牌，以颜值高、肉质好闻名港澳，其毛、皮、脚（喙）皆黄，标志性特点是脖子上一圈项链般的棕色羽毛，身体则为黄色羽毛，肤如凝脂，白皙细腻，被吃货们称为“山间凤凰”。在信宜，养怀乡鸡的组织多达200家，在众多“星星”里，伴着一轮“月亮”，那便是广东盈富农业有限公司，其出品的怀乡鸡确有独到之处。

保证种源纯正：信宜怀乡鸡的鸡苗来自“国家级怀乡鸡保种场”。据广东盈富农业有限公司副总经理陈运冬介绍，盈富农业有限公司现建有规模20万只种鸡的种苗场。通过利农科专业技术把控信宜怀乡鸡种苗的质量，实现品相、肉质的严格把关，不仅保持了鸡外观上毛色均匀、表皮光泽，而且从种源上保证了纯正的血统。

养殖天数足够：别人养 120 天出栏，但盈富公司要养足 160 天以上。在鸡养到 120 天后，盈富农业公司对怀乡鸡进行“品质提升”，即用谷物、花生麸等粗粮饲养到 160 天以上，且控制鸡重在 1.5kg 左右。

山间放养：广东盈富农业有限公司采取“公司＋基地＋标准＋农户”的形式进行信宜怀乡鸡的养殖，雏鸡饲养 30 日龄后便发放到信宜各乡镇的农户中进行山间放养，鸡奔走跳跃于山林之间，吃的是山中虫蚁、野果、野菜等无添加的食物，饮用山间泉水，养足 120 天后按合同约定的价格进行回收，到基地进行“品质提升、上笼净化、育肥”40 天后再屠宰出品。整个养殖过程做到五个统一：“统一品种、统一饲料、统一防疫、统一管理、统一销售”，保证怀乡鸡健康成长，品质上乘。

鸡也有“身份证”：每一只广东盈富农业有限公司生产的乡林凤·怀乡鸡都佩戴一个检疫二维码标识，扫描后可以溯源查到鸡的养殖户、饲养情况、防疫情况、屠宰日期、动保等信息，保证每一只乡林凤·怀乡鸡都是健康、安全的正宗怀乡鸡。

一只鸡养活一群人：广东盈富农业有限公司为把信宜怀乡鸡这个产业做强做大，让更多人能分享到怀乡鸡的美味。积极响应政府“冷链配送、生鲜上市”的号召，投入 1 000 多万元，建成怀乡鸡屠宰配送中心一个。怀乡鸡通过自动化屠宰后，进行液氮－190℃速冻后低温冷藏，将鸡的活性养分封锁，做到集中屠宰，液氮速冻，冷链配送，生鲜上市，为粤西及珠三角地区源源不断供应生鲜鸡，真正做到“一只鸡，养活一群人”。

广东美食专栏作家郭婉华品鉴怀乡鸡后不禁感叹好的鸡怎么做都好吃，尤其是怀乡鸡，用山泉水浸熟，肉鲜骨香，160 天的精华都浓缩到了这鸡肉上，鸡味十足！这次小编也专程驱车赶往信宜，品尝了怀乡鸡，吃货表示根本停不下来，美味不容错过。

十、食鸡知味！广东名鸡是怎样炼成的？

（严秋播，《南方农村报》，2023.1.17）

民以食为天，热爱美食的中国人在描述一道美食时可以用无数美丽的辞藻形容其味道。

“东门买彘骨，醯酱点橙薤。蒸鸡最知名，美不数鱼蟹”，闲散时在周遭转上两圈，陆游就收获了香气喷喷的猪鸡鱼蟹；“堂上十分绿醑酒，盘中一味黄金鸡”，与友人欢聚一堂，热爱饮酒的李白常用黄鸡来搭配……

古人爱吃，今人亦然。现代人传承了老祖宗的美食密码，用现代炊具将美味发挥得淋漓尽致。

我国有“八大菜系”，分别为鲁菜、川菜、粤菜、闽菜、苏菜、浙菜、湘菜、徽菜，其中粤菜素以“清淡鲜香”的特点横扫各大城市。粤菜讲究食物的本味，广东人评价一只鸡好吃的最高赞誉就是“鸡有鸡味”。简简单单的四个字，却蕴含了广东人对于食物的严苛要求——用最简单的方式烹饪一只鸡，倘若能散发出鸡独特的风味，那就是一只“好鸡”。

那么，广东鸡味，到底是什么味?

鸡味：味觉和嗅觉的结合体

色香味俱全，是人们对美食的普遍认知。色引起注意，香引人入胜，味直击心灵。人对于一个食物的味道评价往往是由味觉和嗅觉组成，通常用“风味”形容。

目前，关于鸡肉关键的风味物质以及形成机制已有大量研究。肉中的风味前体物质有两大类：水溶性物质和脂类。游离的氨基酸、多肽、核苷酸、核糖、硫胺素是主要的水溶性风味前体物质，鸡肉的鲜味主要源于水溶性物质中的肌苷酸、谷氨酸等。其中，鸡肉鲜味中的主要成分肌苷酸（IMP）已在国际上被公认为衡量肉品鲜味的一项重要指标。脂类则包括脂肪和脂溶性物质，其中磷脂含有油酸、亚麻酸、花生四烯酸等大量不饱和脂肪酸，可影响挥发性物质的组成，进而改变肉品风味。因此，很多人在追求“土味”的时候往往会要求脂肪更香，正是因为脂肪能够散发出更多挥发性物质的香味。相较于瘦肉型猪、白羽肉鸡等“舶来品”，我国本土优良畜禽品种长速更慢，脂肪更多。肉里的脂质和脂肪酸含量是影响肉制品风味、质地的主要因素。

打开一碗鸡汤，若是汤面上飘着几朵金黄的油花，那这碗鸡汤首先在“色”上面就胜出了。品尝一口，若鸡汤清甜中不乏动物脂肪独特的油香，那这碗鸡汤就可以称之为“色香味俱全”。

在广东，敢于用鸡清水煮汤，除了盐不加任何调料的，也只有慢速型的优质鸡能做到如此的“色香味俱全”了。

研究表明，禽肉风味的释放部分归因于其脂类。“这其中的脂肪主要分布部位是肌间脂肪，也就是类似于和牛雪花纹的物质。”华南农业大学张细权教授解释，“有些鸡沉积脂肪尤其是皮下脂肪较多，但不香，这也跟脂肪的构成成分有关。”

影响鸡味的三大内因：品种、性别、日龄

广东人追求“鸡有鸡味”，主要追求优质鸡，也就是长日龄的慢速型鸡，种质资源均来自我国优良的地方品种。难道说，只有地方品种才能有“鸡味”吗?

从宏观的层面来讲，主要影响因素有鸡的品种、性别、日龄、饲养方式、饲料、添加剂、屠宰方式、烹饪方法等。

从微观的层面来讲，肌纤维的直径、数量、类型等对肉质口感产生重要影响，而肌内脂肪、肌苷酸及硫胺素的含量等则可明显影响肉的口感和风味。记者通过多方采访并翻阅文献，总结了影响“鸡味”的三大内因。

（1）品种。“影响鸡肉风味的因素很多，品种大约占60%～70%。”广州市江丰实业股份有限公司常务副总裁江伟烽认为，品种特性决定了鸡味的浓郁程度。广东天农食品有限公司董事长尹平安表示，现如今的地方品种都是经过千百年时间选育下来的，能够传承而未经丢失，足以证明这些地方品种得到了广泛认可。

我国拥有丰富的鸡肉产品资源，光是广东就有“六大名鸡”入选了《国家畜禽遗传资源目录》。广东除了清远麻鸡、杏花鸡、胡须鸡、怀乡鸡、中山沙栏鸡、阳山鸡六大地方品种，也有企业在这些品种的基础上选育出了性能更优的慢速型优质鸡，以求兼顾品种的风味与长速。

此外，我国地方品种鸡的口感也会优于白羽肉鸡。张细权解释：“白羽肉鸡鸡胸肉通过蒸煮的方式烹饪，口感会很柴，就是因为其水分含量过高，烹煮过程中失水严重，但优质鸡就不会。”因此，白羽肉鸡通常会包裹着面粉滚入油锅，变成可口的炸鸡；而优质鸡通常被用来制作口感清淡、凸显口味的菜品。

（2）性别。人们普遍认为，母鸡的肉质、风味都要优于公鸡。公鸡在养殖场并不受待见，因为它们不能下蛋，长速不快，会发生打架斗殴等行为，还会影响母鸡产蛋。因此，全球每年约有40亿～60亿只公鸡被杀害。我国也有部分地区会将公鸡阉掉，在两广地区，喜爱吃“阉公鸡”的人也很多。

广东省家禽业协会会长陈迎丰介绍，广东大部分地区都吃母鸡，粤西如湛江等地更喜欢吃阉公鸡，原因是阉公鸡体型更大，长速更快，虽然口感上不如母鸡但仍然优于白鸡。

尽管“鸡味”是否与性别有关目前还没有一致的说法，但有研究表明，母鸡的胸肌中氨基酸总量、必需氨基酸含量与公鸡相比都高于公鸡。这也可能与鸡的种类、日龄、遗传因素及其本身的代谢差异性有关。

（3）日龄。即使是黄鸡，也分为快速型、中速型和慢速型。在人们心目中，日龄尽可能长，鸡就会更香。这主要是因为饲养时间影响鸡体内营养物质的沉积量，影响肌纤维的发育成熟度。

在广东，优质鸡的出栏日龄一般在120天以上。据张细权介绍，粤西地区甚至会更喜欢吃“老鸡”，日龄在180日龄以上，甚至240日龄以上，此时鸡已经产了100天的蛋，不仅满足了口味需求，养殖户也能够“一鸡多卖”，实现经济效益。

随着日龄的不断增加，影响鸡肉风味和品质的一些前体物含量在不断发生变化，如脂肪酸、游离氨基酸、肌苷酸等，老龄鸡中的一些风味前体物的浓度要高于青年鸡。

尹平安认为，畜产品要保持优良品质，需要遵循“天道”。一只鸡的性成熟时间为4个月以上，性成熟时期有助于各种芳香物质和脂肪在鸡体内的蓄积。

“广东有一句话，‘食鸡要食二黄头’。”江伟烽解释，“这里说的就是生过一次蛋之后的母鸡，这种鸡的风味物质更加明显。”

有人认为，如果按照日龄的说法，中速型黄羽肉鸡可能没有“鸡味”，但江伟烽指出，中速型黄羽肉鸡也具有地方品种的遗传潜力，虽然鸡味没有慢速型浓郁，但聊胜于无。“有散养户会买上市的中速型黄羽肉鸡回去二次育肥，再养一段时间后出栏，这样一来，鸡味又会更浓。”尹平安表示。

改善四大条件有助于增加“鸡味”

在满足了品种、性别、日龄三大内因之后，饲养过程也会影响“鸡味”的表现，主要有四大因素：

（1）饲养方式。市场上，“走地鸡”往往更受青睐。在广东，几乎所有优质鸡都会用“走地”的方式进行喂养。因为消费者坚信，走地的鸡更加天然，更有“鸡味”。那么，其中鸡味由何而来？

目前我国鸡的饲养方式主要有笼养、室内平养和林下放养（或散养）等方式，有人曾针对不同饲养方式对鸡味的影响展开研究，结果显示，与笼养相比，放养鸡的肌纤维直径显著增大，密度减小，风味前体物质如肌内脂肪、肌苷酸和硫胺素含量显著升高，这表明了放养鸡的肉质和风味优于笼养鸡。

张细权、江伟烽认为，“走地”更多的是对口感的影响。有研究表明，走地鸡的鸡胸肌、腿肌肌内脂肪和腿肌肌苷酸含量，胸、腿肌剪切力均高于地面饲养和网上饲养。但张细权认为，走地可能不是必要条件。“有的走地条件并没有那么优质，重金属、药物残留可能都会影响鸡肉的食品安全，鸡自由采食的野外物质也有可能影响风味。同时，放养鸡还可能对环境造成破坏。”张细权说，“其实通过营养也可以调控出‘走地’的口感，但目前研究还不深入。”

事实上，也有多家企业采取“走地+笼养”的方式养殖。如盈富农业的怀乡鸡，广东天农食品的清远鸡，就是走地之后再进行笼养。走地使其肉质更紧实之后，更关注风味的沉积。适当的笼养时间可以使风味更多地蓄积，虽然那时鸡已经不会增重了，再养殖也只是徒增成本，但这样的方法确实能够使“鸡味”更加浓郁，而且可确保食品安全。

（2）饲料营养水平与原料类型。饲料中的能量和蛋白质水平对动物的生长发育、瘦肉率和腹脂率产生重要影响，也会对肉的风味、营养水平、多汁性等特性产生一定影响。研究表明，当饲料中的能量含量较低时，鸡肉的风味成分含量较低，但是鸡肉的嫩度会有所增加。

“值得注意的是，饲料里使用的原料也会对风味产生影响。”江伟烽表示，“如果饲料中大量使用鱼粉、鱼油，就会使鸡肉具有鱼腥味，使其风味变差。”同时，蚕蛹粉也会对肉质产生负面影响。

试想一下，如果将一只鸡清水下锅，就是为了品尝最原始的“鸡味”，吃进嘴里突然冒出一股鱼腥味，那感觉必然很糟糕。万幸的是，许多广东企业也在养殖优质鸡时注意到了这一点，使用动物蛋白饲料时要尤其小心。

（3）屠宰及运输。正确的宰杀环节也会对鸡肉的风味产生至关重要的影响。鸡是一种很容易发生应激的生物，目前黄羽肉鸡销售的主要途径仍然是活禽，运输过程中很容易发生应激。张细权建议，不应该在运输到当地就马上进行屠宰，这样会很大程度地影响鸡肉的风味。“活鸡运输会造成应激，导致鸡处于一种不正常的状态，这样可能会促进产生一些影响鸡肉味道的物质，因而使鸡肉品质下降。”

屠宰工艺也会影响鸡肉的风味。江伟烽介绍，江丰实业持续摸索屠宰工艺，包括放血、打毛、水温、储藏温度等方面，力求在不影响鸡肉风味与口感的前提下仍能够尽量保持其生物特征。如今，广东绝大多数的养殖企业也开设了屠宰线，分别摸索出液氮锁鲜、储藏最佳温度、脱毛最佳温度等工艺技术，推动活禽销售向冰鲜上市转型。目前，温氏股份肉鸡屠宰年产能提升至单班2.9亿只左右。天农食品麻鸡屠宰场产能为10万只/天，年屠宰量最高可达4 500万只。江丰实业每年则可屠宰1 000万只肉鸡，并预计在3年内实现年屠宰3 000万只黄羽肉鸡。

（4）烹饪加工。厨师的水平很大程度地影响着鸡的味道。在后期鸡肉烹饪加工过程中，烹饪器具的选择、烹调方式的不同以及最终的烹饪温度都会影响鸡肉的风味。同时，若挑选长日龄的优质鸡进行辣子鸡等菜式的烹饪，不仅不能让消费者品尝到“鸡味”，其口感也不如大型肉鸡嫩滑，也就是我们常说的“柴”。

因此，选对鸡之后也要选对菜式。通常来说，生长速度较快的快大型肉鸡就可以用来做尖椒鸡、宫保鸡丁等菜品；反之，广东人通常用优质鸡煲汤，做白切鸡、隔水蒸鸡等菜式，使其香味充分挥发出来。

“粤菜餐馆的白切鸡一定要用优质鸡做，才算一道好菜。”江伟烽告诉记者，“白切鸡不加多余的调料，只吃鸡味，肌间脂肪要适度，肌肉不能柴，不仅考验厨师水平，更考验鸡的品质。”

历经时间的锤炼，口味挑剔的广东人不仅形成了一道独特的菜系，也为后人留下了众多优良的品种。“鸡味”是宝贵的财富，更是后人可以用现代化技术为其增色添墨的一幅画。

如何选好一只有“鸡味”的鸡？想必您看到这里心中应该有了答案：品种很重要，是母鸡更好；养殖要够久，走地鸡更筋道；鸡肉无腥气，屠宰有手艺；菜式要选对，厨艺增香味！

十一、“广东优质鸡天团”要出道！揭秘六大名鸡背后的成团故事

（严秋璠、杨鹏，《禽业宝典》，2021.4.29）

这是一支兼顾新鲜与美味的“全能天团”，这是一支汇聚了上千年历史的“文化天团”，这更是一支被寄予了保种期望和育种重任的“榜样天团”，“广东优质鸡天团”即将出道！团内成员分别是清远鸡、信宜怀乡鸡、封开杏花鸡、惠阳胡须鸡、阳山鸡、中山沙栏鸡。

与目前市面上经常能够购买到的快大型肉鸡不同，优质鸡重点强调品质与风味，是非常宝贵的地方品种资源，许多经过国家审定的新品种都是在它们的基础上育种而成。这六只优质鸡都是《中国畜禽遗传资源名录》中的一员，也是广东人耳熟能详的“六大名鸡”。2021年4月，《南方农村报》记者特意前往这些优质鸡的原产地，了解它们背后的“成团故事”。

清远鸡：曾经濒临灭绝，后“复出翻红”

清远鸡是广东人心目中一只十分具有代表性的鸡，也是团里非常有竞争“C位”潜力的一只鸡。清远鸡肌肉脂肪沉积适度，肉质鲜美，鸡味浓郁，外地人可能没听说过清远，但一定听说过这只曾经飞上过国宴的“清远鸡”。

作为国家级清远麻鸡保种场的拥有者，广东省天农食品集团股份有限公司（以下简称天农食品）见证了清远鸡从“濒临灭绝”到“复出翻红”的过程。“即使清远鸡在当时已经小有名气，但仍旧处于濒临灭绝的状态。”天农食品市场总监吴雄伟道出了20世纪90年代清远鸡的困境。

很显然，清远鸡的发展离不开清远市政府的重视。1998年，清远市政府为了保种，成立了凤中皇清远麻鸡实业发展有限公司（以下简称凤中皇实业）。1999年，该公司成立了清远麻鸡原种一级繁育场，着手种质资源保护和提纯复壮。2005年，清远鸡的产业发展甚至写进了清远市政府的“十一五”规划

之中，同年天农食品正式接手凤中皇实业，建立科研基地，邀请育种专家进行清远麻鸡的提纯复壮；2010年，清远鸡又成功申请为中国国家地理标志产品。

在天农食品和政府的共同努力之下，清远鸡的种质得到了非常好的保护与开发，并于近年启动清远鸡现代农业产业园的建设。据吴雄伟介绍，2006年清远市纯种清远鸡产能还不到1 000万只，如今已近6 000万只。“当然，这是在国家地理标志产区进行饲喂的清远鸡，并不包括那些在产地之外饲养或杂交的清远鸡。”吴雄伟告诉记者。记者从天农育种总监甘键伉博士处了解到，2020年，天农食品共出栏3 600万只肉鸡，原种清远鸡共存栏6万套，其中核心群存栏8 000套，祖代存栏3万～4万套，父母代种鸡存栏50万套，每个月可上市纯种清远鸡300万只。

信宜怀乡鸡：从平平无奇“山地鸡”到独一无二“怀乡鸡”

能否出道成团，其实艺名也十分关键。信宜怀乡鸡就曾经历过默默无闻的时代，彼时的怀乡鸡，还没有拥有如今这个富有诗意的名字。

“怀乡鸡毛黄、脚黄、皮黄，是最标准的三黄鸡，堪称三黄鸡的始祖。”广东盈富农业有限公司（以下简称盈富农业）副总经理陈运冬告诉记者，怀乡鸡的驯化历史已近2 000年。作为国家级怀乡鸡保种场，盈富农业同样也见证了怀乡鸡出道的辛酸。

据陈运冬介绍，由于气候和地形，信宜市发展山地养殖较早。在1984年之前，信宜还属于湛江市管辖，现在的广东名菜“湛江鸡”，最初就是选用怀乡鸡制作的。后来信宜归属茂名，大家普遍称其为“山地鸡”，1995年信宜更是被《人民日报》誉为“山地鸡养殖王国”。

“山地鸡毕竟突出不了地域特色，怀乡鸡的品牌也因此弱化。”陈运冬表示。那时的怀乡鸡，几乎是处于无人提及的状态，除养殖人员，大家都只记得湛江鸡是用山地鸡制作而成。

这样的困境持续到了2006年。当时，盈富农业开始饲养怀乡鸡，也是从这个时候，盈富农业开始重塑“怀乡鸡”概念，并选择与广东海洋大学合作，致力于保护怀乡鸡纯种，帮助怀乡鸡走出信宜，走出广东。从此，平淡无奇的“山地鸡”摇身一变，成了独一无二的“怀乡鸡”，并以怀乡鸡的名义逐渐走进大众视野，在2015年拥有了国家级怀乡鸡保种场。

“还好，当时我们没有追求快速赚钱，没有用怀乡鸡杂交配套，而是仍保留了最纯正的种源，没有弄丢怀乡鸡的基因。”陈运冬告诉记者，目前盈富农业怀乡鸡核心群共2 700套，祖代3万套，父母代大约12万套，加上分发到2 000多户农户手中的父母代苗，一共20万套，每年可产商品苗2 000多万只。

封开杏花鸡：百年前就进入港澳市场的前辈

在团里，能否担任“C 位”，除了实力，资历也是很重要的因素。如果要论在港澳市场的资历，封开杏花鸡称得上是前辈，因为它 1915 年就已远销港澳地区。

杏花鸡经历过辉煌，也曾遭遇过低谷。据广东省级杏花鸡保种场——封开县智诚家禽育种有限公司（以下简称智诚家禽）董事长曾华介绍，杏花鸡也曾面临着消失的危险。2007 年底，当时还是华南农业大学动物遗传育种学博士研究生的曾华来到封开县杏花镇调研杏花鸡品种资源现状的时候，了解到经营杏花鸡保种工作的企业濒临破产，杏花鸡原种只有 2 000 余只，如果没有资金和技术的支持，杏花鸡可能就会面临灭绝的境地。曾华慌了，“这是封开县最后的杏花鸡种鸡了，如果没人接手，今后封开县可能很难找回这个鸡品种了。”

于是，2008 年，智诚家禽成立，目的就是为了杏花鸡的保种和开发利用。从 2 000 余只原种杏花鸡开始，开始采用科学的育种技术和保种要求，对杏花鸡进行了全面的提纯复壮和开发利用。13 年来，曾华即使在资金困难的情况下也依然坚守着这个阵地。在杏花鸡的保种过程中，智诚家禽和华南农业大学动物科学学院、广东省农科院动物科学研究所合作，不断开发培育出节粮肉蛋兼用型杏花鸡新品种，获得了广东省农业推广奖三等奖。据曾华介绍，目前杏花鸡种群经过十多个世代的提纯复壮，核心群种鸡已达 5 000 多套，祖代鸡有 3 万套，父母代种鸡有 25 万套，优质肉鸡年可出栏 600 万只。

惠阳胡须鸡：外号最多，粉丝范围极广

“惠阳胡须鸡，又名三黄胡须鸡、龙岗鸡、龙门鸡、惠州鸡，原产于广东省惠阳地区，是我国比较突出的优良地方肉用鸡种。”这是胡须鸡在百度百科上的释义。在广东优质鸡天团里面，胡须鸡算是“外号”最多的鸡。

为什么会导致这样的结果？惠州市兴泰现代农业有限公司（以下简称兴泰农业）董事长刘贤荣告诉记者，之所以叫惠阳胡须鸡，是因为以前惠阳包含惠州、深圳、东莞、河源等地，并非如今的惠阳地区。胡须鸡有三个原产地，即龙岗、惠阳、龙门，虽是同一品种，但彼此之间又有微小的差别。龙门胡须鸡体型最小，龙岗胡须鸡个头最大，目前胡须鸡的育种都是在这三个系的基础上得来的。

同时，胡须鸡的粉丝基础在团里也是佼佼者。据了解，如今胡须鸡的养殖范围极广，几乎囊括了整个粤东地区。西至增城，东至汕尾，这里的广东人都习惯吃胡须鸡，因此粉丝众多，也缔造了胡须鸡庞大的市场。

刘贤荣告诉记者，目前广东省纯种胡须鸡每年出栏量为 5 000 万～6 000

万只。其中，兴泰农业核心群数量将近 4 000 套，共存栏 20 万套父母代种鸡，每年可出栏鸡苗 2 000 万只，出栏肉鸡 400 万～500 万只。近年，兴泰农业的鸡苗逐渐往开平、粤北地区销售，胡须鸡市场发展速度很快，其市场单价即使比清远鸡贵上 1 元，但消费者也十分愿意为之买单。

阳山鸡、中山沙栏鸡："小透明"仍在逆袭中

如果说清远鸡、怀乡鸡、杏花鸡、胡须鸡都有竞争 C 位的潜力，因为它们养殖量较大，"粉丝"基础多，那么阳山鸡和中山沙栏鸡还算是"小透明"，只因它们的育种工作，并不如前面四位进展顺利。

"成也是经济发展好，败也是经济发展好。"华南农业大学动物科学学院张细权教授在和记者聊到广东家禽保种育种工作时不禁感慨。他介绍，中山沙栏鸡品种开发一般，是因为产区经济发展较快，当地并没有给予足够大的养殖空间，从而限制了发展；而阳山鸡育种实力薄弱则是因为当地经济不发达，不能吸引有实力的公司前往投资。

据悉，阳山鸡目前鸡种数量较少，市面上已经很难吃到正宗的阳山鸡了。而中山沙栏鸡，则在中山潮兴家禽发展有限公司（以下简称潮兴）的努力下被保护起来了。据了解，20 世纪 90 年代，中山沙栏鸡曾经在市场不加节制的杂交之下，失去过纯种。潮兴从 2003 年年底接过中山沙栏鸡的保种重任，目前已提纯复壮到了第十七个世代。十余年的保种，也让曾经因杂交而濒临消失的纯种沙栏鸡逐渐"复活"。据悉，潮兴存栏沙栏鸡纯种核心群近 3 000 套，肉鸡存栏近 8 万只，年平均销售肉鸡 65 万只，小透明仍然在持续逆袭中。

十二、信宜怀乡鸡一步步走出的康庄大道

（编辑　黄瑞莹，2018.1.3）

信宜怀乡鸡被放养在山清水秀、空气清新的生态山林之中，以山中嫩草、蚊虫、本地玉米、稻粟等为食，因皮薄、骨细、味美，在广东名鸡中占有一席之地。

2006 年至今，广东盈富农业有限公司副总经理陈运冬和信宜怀乡鸡结缘已有十多个年头。从一个爱吃鸡的化工生意人到推动信宜怀乡鸡产业化发展的主导者之一，陈运冬把一只有脚环的信宜怀乡鸡做成了事业，让信宜怀乡鸡养殖户尝到了致富的甜头。

从基地到餐桌每个脚印清晰可见

广东盈富农业有限公司致力于信宜怀乡鸡的生产销售，一年能卖出 1 200 多万只，除了过硬的品质外，还与公司重视"生产可溯源"不无关系。广东盈

富农业有限公司成立的广东盈富农业惠农信息社，实施信宜怀乡鸡生产过程信息追溯管理应用模式，让每一只卖出去的信宜怀乡鸡都穿上了独一无二的二维码溯源脚环，从基地到消费端的每个脚印都清晰可见，还可帮助消费者辨认信宜怀乡鸡的真伪。

信宜怀乡鸡按照“统一品种、统一饲料、统一防疫、统一管理、统一销售”的模式开展养殖，养殖基地占地面积2 000多亩。在信宜怀乡鸡的溯源信息系统中，生产过程产生的档案数据是整个系统的基础；基地环境、养殖技术、操作过程、用料用药等情况，在溯源信息系统中都有详细记录。如果在生产过程中遇到养殖难题，可从溯源信息系统中调出相应批次的记录信息，严格把控信宜怀乡鸡的质量。

产品可溯成为消费者的定心丸

产品生产过程看得见，质量安全有保障，无疑是给消费者吃了一颗定心丸。信宜怀乡鸡不断在电商体验馆、名牌产品推荐活动中崭露头角，凭借脚上的溯源脚环，一步一个脚印，走到广东的大街小巷、销到省外地区。消费者可根据扫描信宜怀乡鸡脚环上的溯源二维码，查到养殖、加工销售环节的相关溯源信息。溯源信息系统从生产、加工、销售等环节获取的信息，经过集群、整合、管理，可将产品信息反馈给消费者，从而完成产品质量安全追溯的全过程。一个溯源脚环成了信宜怀乡鸡质量安全的保证，让消费者对信宜怀乡鸡的品质更为放心。

十三、珠海精准帮扶怀乡镇，养殖怀乡鸡增收脱贫致富

（万映雪，珠报融媒，2018.1.22）

在信宜怀乡镇大威养殖基地，育雏车间2万多只小鸡毛茸茸，煞是可爱。再过一个月，这些小鸡将免费发放给怀乡镇大威村、大谢村的贫困户进行养殖。养大后再由基地保底回收，确保贫困户增收脱贫致富。

在新一轮对口帮扶工作中，怀乡镇大威村、大谢村是珠海投资控股有限公司对口帮扶的贫困村。两个村山多地少，农业产业结构单一且无主导产业，种植业、养殖业缺乏资金和专业的技术指导，抵抗各类灾害及市场风险能力差。同时，两村的劳动力缺乏专业技能，外出务工收入低且不稳定，为此贫困户的贫困程度较深。据统计，两村建档立卡相对贫困户，一共190户498人。自珠海投资控股有限公司对接帮扶工作以来，公司及驻村干部深入调研，努力推进大威村、大谢村开展扶贫产业帮扶，落实怀乡鸡养殖产业项目，并取得良好帮扶成效。

建设人才培训基地及育雏基地

信宜怀乡鸡因产于信宜市怀乡镇而得名。这种鸡毛、皮、脚（喙）皆呈黄色，俗称“三黄鸡”。怀乡镇为怀乡鸡发源地，当地群众有养殖怀乡鸡传统，且积累了一定的养殖经验。为此，珠海投资控股有限公司及其驻村干部借鉴相关单位扶贫经验，与村“两委”等共同协商，在珠海驻信宜扶贫工作组指导下，根据两村的实际情况与资源禀赋，确定了开展怀乡鸡规模化养殖促进贫困户增收脱贫的帮扶思路。公司自筹1 200万元扶贫资金，制定产业帮扶规划，确定开展怀乡鸡产业化养殖项目。“以怀乡鸡养殖为主导产业，通过养殖技术培训提高贫困人口劳动技能，切实促进当地养殖业发展。”驻村干部李恩海表示。借助当地农业龙头企业人才、技术及品牌、市场等优势，建设怀乡鸡养殖基地，带动农户、贫困户加盟到养殖项目中来，激发贫困户的内生动力，助力增收脱贫。项目的稳步发展进一步培养了养殖业技术人才，养殖技术不断提升。与此同时，孵化车间也逐步建立起来，优质的鸡苗批量供应，怀乡鸡品质不断提高。

保底收购让贫困户吃了定心丸

养殖怀乡鸡对于大威村、大谢村群众并非新鲜事。李恩海介绍，走访贫困户调查了解到，大部分贫困户养殖过怀乡鸡。由于缺乏相关技术，一旦遭遇鸡瘟便血本无归。由于对市场不了解，当地贫困户对开展规模化养殖还存在顾虑。根据群众诉求，公司围绕怀乡鸡养殖产业项目，开展可行性研究，确定与广东盈富农业有限公司合作，通过自筹资金65.6万元，盈富公司投资300万元作为养殖户前期鸡苗和饲料费用，推进项目落地。怀乡鸡养殖基地以“公司＋基地＋农户”模式运营。为消除养殖户顾虑，产业项目实行“五统一”，打造“放心怀乡鸡，精品怀乡鸡”。龙头企业的加入，极大地提升了农户抵抗市场风险的能力，推动怀乡鸡养殖产业做强做大。

“保底收购给养殖户吃了定心丸。”李恩海介绍，当地贫困户大多参与到怀乡鸡养殖项目中来。在签署相关合同时，也进一步明确，因故造成养殖户亏本情况发生时，公司给农户每一只鸡补足1.5元的利润，并免费为养殖户购买了养殖保险。李恩海还告诉记者，“公司＋基地＋农户”的运作模式，不仅带动大威村、大谢村共190户加盟养殖，同时也带动了两个村的非贫困户及周边村农户参与进来，实现基地年出栏肉鸡达40多万只，品牌美誉度不断提升。目前，按每只商品鸡盈利5元计算，项目的养殖规模可新增收入200万元；每只鸡上市前产鸡蛋10枚，每枚鸡蛋以1.5元计，可增收入600万元。为此，每只怀乡鸡实现纯利20元。除此之外，怀乡鸡规模化养殖租地收入、参股贫困户分红收入等也十分可观。

怀乡鸡规模化养殖项目带来了增收脱贫新希望。李恩海自豪地表示，大威村怀乡鸡产业扶贫基地的建设，切实改变了当地贫困户在家禽养殖中单打独斗、毫无市场抵抗力的局面，实现了规模化养殖，为增收脱贫提供了保障。

十四、盈富农业陈建：年出栏800万只怀乡鸡！拟投资5 000万元打造预制菜

（新牧网记者　李宗林，《南方农村报》《农财宝典》，2022.5.29）

怀乡鸡作为广东省四大名鸡之一，风味独特，声名远播。广东盈富农业有限公司（以下简称盈富农业）作为信宜市唯一的国家级怀乡鸡保种场，近几年不仅在屠宰端持续发力，酒楼餐饮端也做得有声有色。

随着盈富农业牵头的信宜怀乡鸡产业园入选广东省2021年第一批省级特色产业现代农业产业园名单，董事长陈建表示，预制菜领域已成为公司发力的新战场，将提供面积4万平方米的食品加工车间为其服务，计划投资超5 000万元，预计2023年上半年就会形成商品投放市场。

其实早在2009年，盈富农业就已成为怀乡鸡省级保种场，2015年成为国家级怀乡鸡保种场。据陈建介绍，目前公司怀乡鸡存栏已达300多万只，通过自养及“公司＋农户”的模式，年出栏可达800万只。

作为信宜市唯一的国家级怀乡鸡保种场，盈富农业非常重视怀乡鸡的开发利用，“乡林凤”品牌应运而生，目前已在珠三角市场形成了一定的品牌效应。陈建透露，2021年盈富农业实现营收近2亿元。

同时，盈富农业旗下还设有乡林凤餐饮品牌，真正实现了从“农场”到“餐桌”的一条龙产业链建设，餐饮公司使用自家供应的活鸡、生鲜，食客好评如潮，过去一年也取得了超4 000万元的营收。

对讲究食材新鲜的老广而言，对预制菜接受度多数仍停留在腊肉、腊肠的阶段，过去整体市场对半成品、熟食的需求较低。一直以来，许多传统农牧企业并没有重视预制菜这一赛道，盈富农业同样如此。

但随着2021年公司成功申报省级怀乡鸡产业园，园区规划屠宰量可达2 000万只/年，仅靠传统的生鲜销售模式，恐怕难以消化如此大的体量。陈建表示，通过预制菜的模式，将生鲜加工成熟食后，不仅可以增加商品的储存时间，还能扩大销售半径，帮助公司实现从“生”到“熟”的过渡。

产品向熟食升级，不仅是产业园建设的客观需求，也是市场的选择。据陈建观察，随着“90后”开始当家，这类群体对烹饪、食材没有过高的要求，更加关注“口味”和“省时”。消费主体的变化推动了预制菜产业的发展。

“生鲜、活禽售卖将逐渐成为过去式，预制菜的市场前景非常光明。”陈建认为，未来几年，传统的生鲜超市也会向熟食店靠拢，预制菜品一定是未来的发展趋势，抓住市场红利就在当下。

目前，怀乡鸡产业园计划投资 1.5 亿～2 亿元，包括屠宰、熟食加工、休闲食品、预制菜几大板块。陈建表示，预制菜产业分配资金超 5 000 万元，是产业园建设的重点项目，预计通过预制菜让生鲜产品实现 30%的增值。

在陈建看来，农牧企业布局预制菜产业的最大优势就是可以控制源头，食材质量有保证，还可以通过成本优势平抑行情波动。但对于传统农牧企业而言，如何做到口感、风味接近生鲜产品，这是无法避免的难题，同时销售渠道、品牌建设也需要投入大量的精力。

对此，陈建建议政府应当加大对产业园建设、预制菜打造的扶持力度，在用地资源、资金扶持、市场推广方面，不能仅靠企业唱戏，官方的正确引导和信心支撑尤为重要。

十五、一鸡百味！对一只广东名鸡的最高礼赞，是白切还是盐焗

（新牧网记者　李萧佳，《农财宝典》，2023.1.26）

广东，是个对鸡十分狂热的省份，就连广东省地图的形状都与鸡腿颇为相似。据说，广东人一天就能吃掉 160 万只鸡。在这 17.97 万平方千米的土地上，关于鸡的菜肴就有 100 多道，炒、烧、煎、炸、煮、蒸、烤等任何烹饪方式都能做出美味的鸡肴，如白切鸡、豉油鸡、桑拿鸡、盐焗鸡等。尽管有多种不同的做法，但广东人对鸡肉菜品的最高赞美还是“有鸡味”。

鸡，已成为奋斗者日常不可或缺的美食。为奋斗者“加鸡腿”，广东名鸡在行动。

经典菜式，白切鸡与豉油鸡等最得人心

养鸡纵鸡食，鸡肥乃烹之。春节临近，有网友说：“年还没到，家里的鸡，我已经安排得明明白白了，从初一到十五，每天一只，做法还不带重样的。”

对一只好鸡的最高礼赞，自然是白切为敬，看似寡淡，实则内里功夫深得很。白切鸡是广东各地历史悠久、闻名中外的一种传统特色菜式，并素有无鸡不成宴的传统。逢红白喜事，大小宴席，招待宾客，均要用一只完整煮熟的扇鸡祭祖、酬神，完成仪式之后，端回家后斩切出台，由此得名白切鸡。

鲜，是广东人孜孜以求的特殊味觉体验。如用怀乡鸡制作的湛江白切鸡之所以在广东享有盛名，是因其最大限度地保留了鸡的原味。湛江人吃白切鸡基本上吃 150 日龄以上的，做白切鸡的水温应始终保持在 90℃左右，三泡三浸

让鸡皮爽脆，鸡肉清淡鲜美，原汁原味。

豉油鸡是粤菜的另一道看家菜，又称酱油鸡。从河南远嫁到广州后，崔大姐就彻底爱上了粤菜，现在她在家做粤菜多于豫菜。崔大姐告诉记者，只要两招就能做出美味的家常豉油鸡，第一招是将整只鸡放油锅中，加入白糖、盐、姜，煎至焦黄；第二招是将酱油、白糖、蚝油按 5∶3∶2 的比例调成豉油汁，再加些水与葱段，焖熟即可。

桑拿鸡属于清淡口味的菜肴，皮滑肉脆、鲜嫩美味又多汁。其选用放养的走地鸡，细细地将其剔骨后，再将鸡肉切成大小适中的肉块。新鲜鸡肉需要稍加腌渍，烹饪时将腌渍过的鸡肉铺在新鲜桑叶或水瓜上，蒸锅底部放高汤，大火现蒸，大约等待十分钟左右，快出锅时在表面撒上虫草花美味即成。

食在广东，乐享鸡味。关于鸡的经典菜式还有很多，做法五花八门。在广东珠海厨师协会会长涂雪容看来，一道鸡肴好不好，关键在于食材的品质，一道好鸡肴，选择鸡的品质很重要；二是做鸡肴的配料也很讲究；三是做好鸡肴，烹调方法及火候也要恰如其分。

华山论剑，十大名鸡菜肴无声厮杀

在广东吃鸡的江湖里发生过一场场无声的“厮杀”，多少“鸡”生“鸡”灭，“鸡”起“鸡”落，“鸡”聚“鸡”散……据了解，广东名鸡（这里指菜式）的演变并没有一个明确的时间节点，名厨对于鸡的烹饪有上百种招式，各门各派，各有狠招，有的会因为各种原因败下阵来，又有的推陈出新，风头无两。

在广州乃至广东，素有十大名鸡之争，这是广州烹饪界针对鸡的一场“华山论剑”。据相关报道，广东十大名鸡之争最早可以溯源到 1993 年 7 月，当时广东名厨纷纷汇聚于素有制作“广州第一鸡”之称的清平饭店，在此切磋厨艺；并第一次评出了“广东十大名鸡”：清平饭店的清平鸡、广州酒家的文昌鸡、东江饭店的盐焗鸡、东方宾馆的市师鸡……

后来几乎每 12 年一次的鸡年，广州烹饪界都会坚持评选十大名鸡。12 年过去了，有些名鸡已经退出了历史舞台。据悉，2005 年年底由广州市经贸委、广州地区烹协等单位再次举办了中国（广州）百凤朝阳烹饪大赛，经过两个多月的评选，产生了新的广州“十大名鸡”，包括文昌鸡、真味鸡、葵花鸡等。

回首十大名鸡的变更，不难发现像牡丹鸡、洪寿鸡、桶子油鸡等鸡肴已难觅踪迹。涂雪容表示，当年叱咤风云的十大名鸡，近半数淡出了人们的视野。究其原因，是受多方面的因素影响，一是近代餐饮业的发展日渐旺盛，菜式的变化及创新也在增加，客人的选择更加多样；二是饮食消费者结构组成，南北饮食的供需影响；三是传统名菜，制作技法及工艺都需要相对较长时间的积累，而年轻刚入行的师傅，越来越少去追随传统的做法。

在最近的一次鸡年，也就是2017年年底，广州市第三届“江村黄鸡”百鸡宴盛大召开，经过两个月的甄选评比，诞生了新的“十大名鸡”餐饮企业鸡肴，有广州渔民新村海鲜饮食集团的葱香汁皇鸡、佛山市顺德区聚福湖景山庄饮食有限公司的原味骟鸡、品味土鸡私房菜的极品黑松露焖鸡等。

涂雪容就曾代表珠海市厨师协会参加了最新的一次评选。在她看来，鸡作为广东人餐桌上一道不可缺少的名菜，通过对黄鸡的评选及鸡肴的品鉴，可使餐饮企业更兴旺，大厨的手艺也能得到传承。

抓住风口，预制菜成鸡肴的新领地

近年来，随着消费升级与年轻人消费观念的转变，预制菜被推上风口并快速发展。数据显示，我国现存6.4万家预制菜相关企业，广东有6 116家，占1/10左右。作为经济强省、农业大省的广东，水产、畜禽、蔬菜等预制菜品类全面开花。

2023年，预制菜第二次出现在广东省政府工作报告中，未来发展潜力巨大。为了抓住预制菜风口，不少家禽养殖企业开始全面布局C端。广东盈富农业有限公司作为信宜市唯一的国家级怀乡鸡保种场，近几年不仅在屠宰端持续发力，酒楼餐饮端也做得有声有色。董事长陈建2022年接受南方农村报记者采访时表示，预制菜领域已成为公司发力的新战场，将提供面积4万平方米的食品加工车间为其服务，计划投资超5 000万元，预计2023年上半年就会形成商品投放市场。

广州江丰实业股份有限公司（以下简称江丰实业）早在2006年就开始进一步探索生、熟调理食品，也就是现在的“预制菜”。江丰实业常务副总裁江伟烽表示，“卓味”是江丰实业终端食品品牌，致力于解决“想吃不会做，会做没时间”的核心需求。其产品包含鸡汤、盐焗鸡、糯米鸡等四五十个品类，其中盐焗鸡、柠檬凤爪销量较高。“将来，我们还会在已有菜式的基础上不断优化、改良，推陈出新。”

据观察，市面上有猪肚鸡、盐焗鸡、辣子鸡、酱香鸡等预制菜，大多都是偏重口、偏咸和辣的，预制起来重点放在调味，制作起来便捷。而白切鸡预制菜相对较少，这是为何？涂雪容表示，原因是做白切鸡注重新鲜鸡，对于白切鸡，广东人最高的评价就是“鸡有鸡味”，也就是指鸡的品质上佳，饲养时间足，自然散步奔走，肌肉发达，促使其肉质鲜美，加之厨师手艺了得，浸鸡时掌握好时间，品尝时皮爽、肉滑，鲜字了得。“我相信，在不久的将来，会有很多企业克服保‘鲜’困难，将白切鸡预制菜这道广东名菜摆上百姓的餐桌。”

对很多人来说，鸡已不仅仅是一道菜，更是心灵的寄托与鼓舞。早在

2004 年，温氏股份便依托旗下子公司——广东温氏佳味食品有限公司开启了向食品企业转型升级之路。2021 年 6 月，广州市南沙区因疫情实行封闭管理，温氏股份立刻安排 2 000 份（鸡熟食）与 2 000 箱纯牛奶支援被封控区的群众与医护人员；在 2022 年 2 月，香港特区疫情严峻期间，为保障香港居民“菜篮子”供应稳定，温氏佳味将 24 吨冰鲜鸡“水上专运”首发香港；2022 年 11 月，温氏向华南农业大学捐赠战疫“豪华大礼包”，包含 5 万个盐焗蛋、5.8 万千克熟食鸡等。

《“十四五”全国畜牧兽医行业发展规划》提出打造家禽万亿级产值，艾媒咨询报告显示 2023 年预制菜市场规模预计超 5 000 亿元。禽企向下游发力寻求突破已成大势，作为二者交集的家禽预制菜至少可达百亿量级。

附录一 怀乡鸡种鸡标准

广东省地方标准（DB44/T 1130.1—2013）

怀乡鸡品种标准——种鸡

（Huaixiang chicken—Breeders）

广东省质量技术监督局 发布

2013-05-08 发布，2013-08-15 实施

前言

本标准由广东省农业厅提出。

本标准起草单位：广东海洋大学、广东省畜牧技术推广总站、广东盈富农业有限公司、信宜市水产畜牧局。

本标准主要起草人：杜炳旺、陈三有、林敏、李大旺、陈建、王润莲、赵志远。

本标准包括怀乡鸡种鸡和商品肉鸡两部分。

1. 范围

本标准规定了信宜怀乡鸡种鸡的品种特征、生长发育、繁殖性能及生产性能评定方法。

本标准适用于信宜怀乡鸡品种评定和科学研究。

2. 规范性引用文件

下列文件中的条款通过本标准的引用而成为本标准的条款。所引用的各标准一旦被修改，在使用本标准时，应考虑使用本标准所引用标准的最新版本。

NY/T 823—2004 家禽生产性能名词术语和度量统计方法。

NY/T 33—2004 鸡饲养标准。

NY/T 5038 无公害食品 肉鸡饲养管理准则。

DB44/T 169—2003 黄羽肉鸡生产性能测定方法。

GB 16567 种畜禽调运检疫技术规范。

3. 术语与定义

3.1 怀乡鸡

怀乡鸡，又称信宜怀乡鸡、湛江鸡、信宜三黄鸡，因产于广东信宜市怀乡镇而得名，具毛黄、脚黄（喙黄）、皮黄的三黄特征。

3.2 种鸡

专门用来作种繁育并能把其特征特性稳定地遗传给后代的鸡。

3.3 饲养期划分（请参照 NY/T 823—2004）

育雏期：0～6 周龄；育成期：7～21 周龄；产蛋期：22～66 周龄。

4. 怀乡鸡品种特征

4.1 体型体貌

怀乡鸡属小型早熟优质肉用鸡种，具毛黄、脚黄、皮黄的三黄特征，体躯宽深，体型呈元宝型，胫短而细，脚有四趾。

4.2 头部特征

头中等大小，单冠直立，色泽红，有 5～7 个冠齿，成年公鸡冠高 6～7cm，母鸡冠高 3～4cm。耳小眼圆，眼大小约 0.8cm^2，眼睑皮呈红色，彩虹呈橙红色，瞳孔蓝黑色。

4.3 羽毛特征

公鸡头颈羽毛金黄色，肩背羽色深黄，前胸及腹部羽毛浅黄、蓑羽金黄，主翼羽和覆主翼羽带黑色，公鸡的大镰羽长而弯，呈黑翠色有光泽，镶着金黄色的花边，显得雄壮美丽。母鸡羽毛为全身黄色，但主翼羽和尾羽呈黑色或不完全黑色。

5. 怀乡鸡的体尺性状

成年种鸡 300 日龄体尺主要性状如表 1 所示。

表 1 怀乡鸡的体尺性状（300 日龄）

单位：cm

性别	项目	样本数	冠齿个数	冠高	体重	体斜长	龙骨长	骨盆宽	胸深	胸宽	胫长	胫围
公	平均数±标准差	30 只	6.3±0.6	6.8±1.2	2 780±277	26.1±2.0	11.9±0.8	12.0±0.7	10.9±1.6	7.8±0.9	8.6±0.5	5.1±0.5
母	平均数±标准差	30 只	5.9±0.8	3.5±0.5	1 639±181	21.9±1.5	8.9±1.5	9.5±0.6	8.7±1.4	6.4±1.0	6.8±0.4	3.9±0.2

6. 怀乡鸡的生长发育

6.1 1～21 周龄生长发育标准 如表 2 所示。

表 2　怀乡鸡种鸡生长发育标准

单位：g

周龄	体重		日喂量	周龄	体重		日喂量
	公	母			公	母	
1	75	65	不限	12	1 170	980	62
2	145	120	不限	13	1 250	1 015	62
3	198	170	不限	14	1 360	1 080	64
4	280	220	不限	15	1 480	1 135	64
5	400	325	不限	16	1 550	1 200	64
6	489	420	不限	17	1 640	1 255	66
7	638	515	不限	18	1 750	1 315	66
8	766	610	不限	19	1 898	1 375	66
9	870	705	56	20	2 030	1 410	68
10	980	800	58	21	2 210	1 450	75
11	1 116	895	60				

注：公鸡料量在母鸡料量的基础上另加 15%左右执行。

饲养标准按 NY/T 33—2004 中的黄鸡肉鸡种鸡标准实施。

7. 怀乡鸡的繁殖性能

7.1　繁殖性能

怀乡鸡属早熟品种，种鸡如果不实行限制饲养，105 日龄（1.2kg 体重）即开始产蛋，115 日龄产蛋率可达 5%，但此时未达到体成熟；一般种鸡场从 60 日龄起实行限制饲养，开产日龄控制在 150～160 日龄，开产体重控制在 1.45kg，66 周龄入舍母鸡产蛋 131 枚，饲养日产蛋量 146 枚。怀乡鸡就巢性较强，若人工控制就巢性，产蛋量可明显提高。其繁殖性能如表 3 所示。

种蛋生产期间，自然交配时，农村散养公母比例可达 1∶12～15；规模鸡场以 1∶8～10 为宜；人工授精公母比例以 1∶25～30 最理想。

表 3　怀乡鸡的繁殖性能

开产日龄	开产体重/g	蛋重/g		68 周龄产蛋数/枚		种蛋受精率/%	受精蛋孵化率/%	入孵蛋孵化率/%	健雏率/%
		开产	300 日龄	入舍鸡	饲养日				
150～160	1 450	33.8	44.6	131	146	92.0	91.8	84.7	98.5

7.2　22～66 周龄种鸡产蛋性状与饲喂量　如表 4 所示。

表 4 产蛋母鸡产蛋率及日喂量

周龄	产蛋率/%	日喂量/g	周龄	产蛋率/%	日喂量/g
22	5	80	44	53	92
23	8	85	45	53	92
24	20	90	46	52	90
25	30	90	47	52	90
26	40	90	48	52	90
27	45	95	49	50	90
28	50	95	50	50	90
29	55	100	51	50	90
30	60	100	52	50	90
31	63	105	53	48	90
32	70	105	54	48	90
33	75	105	55	46	90
34	80	105	56	46	90
35	78	105	57	45	90
36	75	105	58	45	90
37	70	105	59	43	90
38	66	100	60	43	88
39	63	100	61	40	88
40	60	95	62	40	88
41	57	95	63	40	88
42	55	95	64	40	88
43	53	92	65～66	40	88

8. 怀乡鸡的肉用性能

对 300 日龄的信宜怀乡鸡种鸡采用 NY/T 823—2004 测定方法进行屠宰测定。其肉用性能如表 5 所示。

9. 怀乡鸡的种蛋品质

对怀乡鸡 300 日龄的种蛋测定 60 枚，评定其种蛋品质。如表 6 所示。

表 5　怀乡鸡种鸡肉用性能（300 日龄公母各测定 30 只）

性别	项目	活重/g	屠体重/g	半净膛重/g	半净膛率/%	全净膛重/g	全净膛率/%	腹脂重/g	腹脂率/%	皮脂厚/cm	肌间脂肪宽/cm	翅膀重/g
公	平均数	2 829	2 662	2 451	92.0	2 154	80.7	175.7	2.67	0.933	2.57	165.7
	标准差	125.0	119.0	138.0	10.01	179	8.55	26.8	0.17	0.06	0.291	29.5
母	平均数	1 542	1 444.0	1 192	83.0	1 090.33	76.0	72.2	4.96	1.07	1.30	98.0
	标准差	86.96	117.5	93.9	9.2	98.86	6.5	5.41	0.23	0.081	0.16	6.082

性别	项目	翅膀率/%	胸肌重/g	胸肌率/%	腿肌重/g	腿肌率/%	肌胃重/g	肌胃率/%	肝脏重/g	肝重率/%	心脏重/g	心重率/%
公	平均数	6.2	281.3	10.5	502.0	18.8	25.3	0.97	41.5	0.53	15.17	0.57
	标准差	0.87	35.58	1.02	67.8	1.44	2.02	0.06	6.61	0.025	1.26	0.06
母	平均数	6.8	141.3	0.098	213	0.147	18.3	1.3	35	0.24	7.5	0.5
	标准差	0.25	19.73	0.010 7	35.79	0.019 9	2.566	0.17	3.2	0.012	0.3	0.02

表 6　怀乡鸡种蛋品质（测定 300 日龄种蛋 60 枚）

蛋重/g	蛋形指数	蛋比重	蛋壳色泽	蛋壳厚度/mm	哈氏单位	血斑和肉斑率	蛋白比率/%	蛋黄比率/%	蛋壳比率/%
44.6±3.53	1.1±1.321.2±0.09	1.3±1.071.4±0.008	粉褐	1.5±0.38±0.12	4.44±0.34	无	54±0.54	34.8±0.27	11.2±0.19

10. 怀乡鸡种鸡生产性能评定方法

按 NY/T 823—2004 执行。

10.1 生活力

10.1.1 育雏期成活率（育雏率）

雏鸡的保温养育阶段，也是雏鸡孵出后第一生长发育阶段。以雏鸡 0～6 周龄为限。在正常饲养和防疫条件下，育雏率在 95%以上。

10.1.2 育成期成活率（育成率）

育雏期末到性成熟期这一生长发育阶段，以 7～21 周龄为限。在正常饲养和防疫条件下，140 日龄鸡育成率在 95%以上。

10.1.3 产蛋期成活率

种鸡开产到淘汰的时期，本标准以 66 周龄为准。在正常饲养和防疫条件下，产蛋期全期成活率在 88%以上。

10.2 体尺性状

10.2.1 胸角

用胸角器测量龙骨前端两侧胸肌的角度，单位以°表示。

10.2.2 体斜长

用皮尺沿体表测量肩关节至坐骨结节间距离，单位以 cm 表示。

10.2.3 龙骨长

用皮尺沿体表测量从龙骨前端到末端的距离，单位以 cm 表示。

10.2.4 胫长

用游标卡尺测量从胫部关节到第 4 趾底的垂直距离，单位以 cm 表示。

10.2.5 胫围

用线在胫骨中部围绕胫部两圈所得直线长度除以 2，单位以 cm 表示。

10.3 体重与耗料

10.3.1 初生重

雏鸡出生后 24h 内，用台秤或电子秤测量体重，以 g 为单位，随机抽取 60 只以上，个体称重后计算平均值。

10.3.2 活重

鸡禁食 12h 后的重量，以 g 为单位。测定的次数和时间是，育雏期和育成期至少称体重 2 次，即育雏期末和育成期末；成年体重是 44 周龄或 300 日龄，每次至少随机抽取公、母各 30 只逐一进行称重。

10.3.3 耗料量

测定个体耗料量时单位以 g 表示，群体合计时单位以 kg 表示。平均日耗料量，按育雏期、育成期、产蛋期分别统计。

10.3.4　抽样方法

采用随机取样，同一产地、同一鸡场、同一日龄大小、同一进场的鸡只，取样总数为群体内鸡数的5%，小群体时取样总数不少于30只。

10.4　产蛋与繁殖性能

10.4.1　开产日龄

以群体平均产蛋率达到5%的日龄计算。

10.4.2　产蛋数

用66周龄产蛋量表示，指从母鸡出壳之日起至66周龄止，平均每只入舍母鸡的产蛋量（或平均每只母鸡饲养日的产蛋数）。抽取150日龄达开产体重的初产母鸡作个体记录测定，至66周龄。根据记录数据计算平均每只鸡的产蛋数。

10.4.3　产蛋率

母鸡在统计期内的周平均产蛋百分比。

10.4.4 高峰产蛋率

指产蛋期内最高周平均产蛋率。

10.4.5　平均蛋重

在43周龄或300日龄时，个体记录群每只母鸡连续称3枚以上的蛋重，求平均值；群体记录连续称3d产蛋总重，求平均值；大型鸡场按日产蛋量的2%以上称蛋重，求平均值，以g为单位。

10.4.6　种蛋合格率

指种鸡所产符合本品种要求的种蛋数占产蛋总数的百分比。

10.4.7　受精率

受精蛋占入孵蛋的百分比。

10.4.8　受精蛋孵化率

出雏数占受精蛋数的百分比。

10.4.9　入孵蛋孵化率

出雏数占入孵蛋数的百分比。

10.4.10　健雏率

指健康雏鸡数占出雏总数的百分比。健雏指适时出雏，绒毛正常，脐部愈合良好，精神活泼，无畸形者。

10.5　肉用性能

10.5.1　活重

鸡宰前禁食12h，以g为单位。

10.5.2　半净膛重

屠体去除气管、食道、嗉囊、肠、脾、胰、胆和生殖器官、肌胃内容物以及角质膜后的重量。

10.5.3　全净膛重

半净膛重减去心、肝、腺胃、肌胃、肺、腹脂和头脚的重量。

10.5.4　腹脂率

腹脂指腹部脂肪和肌胃周围的脂肪占活重或全净膛的比率。

附录二 怀乡鸡肉鸡标准

广东省地方标准 DB44/T 1130.2—2013

怀乡鸡品种标准——肉鸡

(Huaixiang chicken—commercial broiler)

广东省质量技术监督局 发布

2013-05-08 发布，2013-08-15 实施

前言

本标准由广东省农业厅提出。

本标准起草单位：广东海洋大学、广东省畜牧技术推广总站、广东盈富农业有限公司、信宜市水产畜牧局。

本标准主要起草人：杜炳旺、陈三有、林敏、李大旺、陈建、王润莲、赵志远。

1. 范围

本标准规定了怀乡鸡商品肉鸡的外貌特征，生长性能，屠宰性能。

本标准适用于怀乡鸡商品肉鸡的品种评定和科学研究。

1.1 规范性引用文件

下列文件对于本文件的应用是必不可少的。凡是注日期的引用文件，仅所注日期的版本适用于本文件。凡是不注日期的引用文件，其最新版本（包括所有的修改单）适用于本文件。

NY/T 823 家禽生产性能名词术语和度量统计方法。

NY/T 33 鸡饲养标准。

NY/T 5038 无公害食品 肉鸡饲养管理准则。

NY 5036 无公害食品 肉鸡饲养兽医防疫准则。

DB44/T 169—2003 黄羽肉鸡生产性能测定方法。

2. 术语与定义

2.1 上市日龄

是指上市出售作为肉鸡食用的日龄。按广东广西的普遍习俗，多以母鸡为代表，即怀乡鸡肉鸡母鸡养成上市的日龄是110～120d，最长在140d上市。

3. 外貌特征

3.1 品种特性

怀乡鸡属小型早熟优质肉用鸡种，快生羽，三黄特征，以典型的毛色鲜亮、皮薄骨细、香酥嫩滑、肉味鲜美而饮誉广东广西及港澳地区。

3.2 体型体貌

具毛黄、脚黄、皮黄的三黄特征，体躯宽深，体型呈元宝型，胫短而细，脚有四趾。

3.3 头部特征

头中等大小，单冠直立，色泽鲜红，有5～7个冠齿，母鸡冠高3～4cm。

3.4 羽毛特征

羽毛生长速度为快生羽。雏鸡羽毛公母鸡均为全身黄色。商品肉鸡公鸡头颈羽毛金黄色，肩背羽色深黄，前胸及腹部羽毛浅黄，蓑羽金黄，尾羽、主翼羽和覆主翼羽带黑色，公鸡的大镰羽长而弯，呈黑翠色，有光泽，镶着金黄色的花边。成年母鸡羽毛为全身黄色，但主翼羽和尾羽呈少部分黑色。

3.5 典型特征

在保种的A、B、C三个纯系中，C系成年鸡颈部有一圈如项链一样的棕色羽毛，俗称项链或项圈，这是怀乡鸡其中一个纯系的典型特征，也属于抢救性保护的特征特性。

4. 肉鸡生长性能

4.1 1～16周龄生长性能 如表1所示。

表1 生长性能

单位：g

周龄	公鸡	母鸡	周龄	公鸡	母鸡
0	24.17±1.81	23.70±1.63	9	989.52±126.13	848.82±80.03
1	55.18±5.47	54.74±5.93	10	1 173.24±137.32	965.14±98.65
2	115.36±13.61	112.31±14.50	11	1 253.33±145.85	1 041.78±114.11
3	202.80±21.40	191.30±25.14	12	1 369.85±176.12	1 149.20±158.96
4	289.79±32.79	270.55±33.43	13	1 438.84±193.87	1 269.78±159.69
5	404.49±43.32	373.42±42.51	14	1 526.14±196.16	1 387.56±161.65
6	551.16±53.08	486.02±52.92	15	1 643.73±196.99	1 483.00±167.98
7	664.47±82.81	590.29±59.85	16	1 743.69±212.64	1 590.33±176.96
8	846.91±83.89	710.32±77.74			

4.2　1～16 周龄饲养标准与饲料报酬

饲养过程分三个阶段，0～4 周龄，5～8 周龄，9～16 周龄，分别饲喂小鸡料，中鸡料，大鸡料。饲养标准与饲料报酬如表 2、表 3 所示。

表 2　不同阶段的饲料配方与营养水平

单位:%

成分	周龄		
	0～4	4～9	9～16
玉米	61.13	66.84	69.89
豆粕	28.32	22.92	15.9
花生饼	6	6	10
贝壳粉	1.91	1.77	1.70
磷酸氢钙	1.03	0.86	0.9
食盐	0.37	0.37	0.37
预混料	1.24	1.24	1.24
合计	100	100	100
营养水平			
代谢能/（MJ/kg)	11.66	11.98	12.11
粗蛋白/%	19.9	18	16.98
钙/%	1	0.9	0.86
有效磷/%	0.37	0.33	0.33

表 3　饲料报酬

周龄	公鸡	母鸡	周龄	公鸡	母鸡
1	1.57	1.56	9	3.09	2.97
2	1.68	1.61	10	3.12	3.15
3	2.16	2.00	11	3.31	3.32
4	2.76	2.42	12	3.42	3.38
5	2.90	2.63	13	3.72	3.572
6	2.91	2.68	14	3.90	3.73
7	2.98	2.80	15	3.98	3.87
8	3.09	2.91	16	4.11	4.00

5. 肉用性能

5.1 屠宰性能

120 日龄屠宰性能如表 4 所示。

表 4 屠宰性能（120 日龄）

性状	公鸡	母鸡
宰前体重/g	1 754.76±128.42	1 471.65±108.53
屠宰率/%	89.56±1.46	90.28±1.38
半净膛率/%	81.49±1.33	79.08±3.44
全净膛率/%	68.69±6.57	64.70±3.11
胸肌率/%	13.28±1.31	15.51±1.50
腿肌率/%	26.13±3.19	21.29±2.29
翅重率/%	11.73±1.32	11.19±1.07
腹脂率/%	1.42±0.27	5.90±2.64
皮下脂肪厚/cm	0.44±0.13	0.92±0.29
肌间脂肪宽/cm	0.43±0.13	1.30±0.30

5.2 肌肉品质

120 日龄肉品质如表 5 所示。

表 5 肌肉品质（120 日龄）

性状	胸肌		腿肌	
	公鸡	母鸡	公鸡	母鸡
水分/%	74.69±0.86	73.94±1.92	74.65±1.67	74.69±2.12
粗蛋白/%	92.90±1.40	88.70±0.73	88.83±1.82	84.40±2.31
粗脂肪/%	2.77±0.97	3.59±1.30	8.63±1.03	10.46±1.23
粗灰分/%	4.95±0.43	5.47±0.37	5.02±0.34	4.62±0.14
滴水损失%	1.56±0.16	2.49±0.90	1.06±0.32	1.56±0.43
pH	6.28±0.23	6.20±0.22	6.32±0.13	6.13±0.15
肉色	0.51±0.07	0.84±0.34	—	—

附录三　怀乡鸡地理标志保护产品标准

广东省地方标准（DB44/T 2059—2017）

ICS 65.120.20　B45　备案号：56593－2017，DB44

地理标志产品　怀乡鸡

（Product of geographical indication—Huaixiang chicken）

2017－10－25 发布，2018－01－25 实施

广东省质量技术监督局　发布

前言

本标准根据《地理标志产品保护规定》及《地理标志产品标准通用要求》（GB/T 17924—2008）规定，按《标准化工作导则　第一部分：标准的结构和编写》（GB/T 1.1—2009）要求制定。

本标准由广东省质量技术监督局提出并归口。

本标准附录 A 为规范性附录。

本标准起草单位：广东盈富农业有限公司、信宜市质量技术监督局、广东海洋大学。

本标准主要起草人：陈建、陈运冬、郑期、李敏、容劲、蔡正雄、杜炳旺。

本标准为首次发布。

1. 范围

本标准规定了地理标志产品怀乡鸡的地理标志产品保护范围、术语和定义、要求、检验方法、检验规则和包装、标志、贮存、运输、销售。

本标准适用于国家质量监督检验检疫总局批准实施地理标志产品保护的怀乡鸡。

2. 规范性引用文件

下列文件对于本文件的应用是必不可少的。凡是注日期的引用文件，仅所注日期的版本适用于本文件。凡是不注日期的引用文件，其最新版本（包括所有的修改单）适用于本文件。

GB/T 191　包装储运图示标志。

GB 5009.3　食品安全国家标准　食品中水分的测定。

GB 5009.5　食品安全国家标准　食品中蛋白质的测定。

GB/T 5009.6　食品中脂肪的测定。

GB/T 5009.124　食品中氨基酸的测定。

GB/T 6388　运输包装收发货标志。

GB 7718　食品安全国家标准　预包装食品标签通则。

GB 9687　食品包装用聚乙烯成型品卫生标准。

GB 11680　食品包装用原纸卫生标准。

GB 16869　鲜、冻禽产品。

NY 5027　无公害食品　畜禽饮用水水质。

NY 5030　无公害食品　畜禽饲养兽药使用准则。

NY 5032　无公害食品　畜禽饲料和饲料添加剂使用准则。

NY/T 5038　无公害食品　家禽养殖生产管理规范。

NY/T 5339　无公害食品　畜禽饲养兽医防疫准则。

SB/T 10659　畜禽产品包装与标识。

3. 地理标志产品保护范围

地理标志产品怀乡鸡的保护范围为国家质量监督检验检疫总局〔2013〕第99号公告批准的范围，即广东省信宜市现辖行政区域。

4. 术语与定义

4.1

怀乡鸡：在第3章规定的地理标志产品保护范围内饲养，遗传特征与《中国畜禽遗传资源志·家禽志》规定一致并符合本标准的优质肉用鸡种。

4.2

日龄：指上市出售作为肉鸡食用的日龄。

5. 要求

5.1　产地条件

产地范围内海拔400m以下，地势坡度小，林木丰富，水源充足，水质优良，通风光照好，远离市镇、村庄、交通要道1km以上的松山草地或果园。

5.2　饲养

5.2.1　饲料

育雏期饲喂雏鸡配合饲料。育成期以五谷杂粮、青料、野果、野外昆虫等为主，辅以配合饲料。饲料中不得添加国家禁止使用的物品和国家禁止使用的添加剂。

5.2.2　兽药

按NY 5030要求执行。

5.2.3　雏鸡来源

已取得《种畜禽生产经营许可证》和《动物防疫条件合格证》的怀乡鸡原种场及其扩繁场。

5.2.4　饲养要求

5.2.4.1　育雏期的饲养要求：育雏密度：0～7 日龄 35～40 只/m^2；8～14 日龄 30～35 只/m^2；15～30 日龄 25～30 只/m^2。

5.2.4.2　育成鸡的饲养要求：以放牧和舍饲相结合方式饲养，雏鸡脱温（4 周龄）后，转入肉鸡栏饲养并开始放牧，放牧期为脱温至上市销售前 15d，每天早晚喂食饲料，其余时间放牧觅食。

5.2.5　出栏

公（阉）鸡上市日龄≥140d，体重≥1.6kg；母（项）鸡上市日龄≥120d，体重≥1.3kg。

5.2.6　饲养过程

应符合 NY 5027、NY 5032、NY/T 5038 和 NY/T 5339 的要求。

5.3　屠宰加工

5.3.1　鸡源标准

来自产地范围内，符合种源、日龄、体重要求的健康鸡只。

5.3.2　屠宰

屠宰前禁食 12h，保障自由饮水，减少应激。

5.3.3　冷却保鲜

胴体在 0～4℃环境下排酸 24～48h。

5.3.4　感官性状

应符合 GB 16869 表 1 的规定。

5.4　外貌特征

5.4.1　活体鸡

应符合表 1 的规定。

表 1　怀乡鸡活体外貌特征

项目	母鸡	公鸡
体型体貌	具喙黄、毛黄、胫黄的三黄特征，体躯宽深，体型呈元宝型，胫短而细，脚有四趾	
头部特征	鸡头偏小，单冠直立，色泽鲜红，有 5～7 个冠齿	头部中等大小，单冠直立，色泽鲜红，有 5～7 个冠齿

（续）

项目	母鸡	公鸡
羽毛特征	母鸡羽毛黄色，主翼羽和尾羽呈黑色或不完全黑色	公鸡羽毛鲜艳，头颈羽毛金黄色，肩背羽色深黄光亮，胸腹部羽毛浅黄，主翼羽和尾羽黑翠色有光泽

5.4.2 白条鸡

皮肤浅黄，光滑滋润，肌肉丰满有弹性，背部和尾部脂肪分布均匀。表皮和肌肉切面有光泽，肉质鲜美、无异味。

5.5 理化指标

应符合表2的规定，其他理化指标应符合GB 16869的规定。

表2 理化指标

项目	指标
粗脂肪/%	≤7
粗蛋白/%	≥20
水解氨基酸的总和/%	≥18
水分和其他挥发性物质含量/%	≤71

5.6 微生物指标

应符合GB 16869的表3的规定。

6. 检验方法

6.1 外貌特征

目测检查。

6.2 粗蛋白质

按GB 5009.5规定的方法进行。

6.3 水解氨基酸的总和

按GB/T 5009.124规定的方法进行。

6.4 粗脂肪

按GB/T 5009.6规定的方法进行。

6.5 水分和其他挥发性物质含量

按GB 5009.3规定的方法进行。

6.6 其他理化指标、微生物指标

按GB 16869规定的检验方法进行。

7. 包装、标志、贮存、运输、销售

7.1 包装、标志

7.1.1 应符合 SB/T 10659 的规定。

7.1.2 冷鲜鸡产品、冻鸡产品都应有包装，包装材料应符合 GB 11680、GB 9687 及食品卫生安全相关规定。

7.1.3 内包装（销售包装）标签应符合 GB 7718 的规定。

7.1.4 地理标志产品专用标志的使用应符合国家市场监督管理总局的规定。

7.2 贮存

7.2.1 冷鲜鸡产品应贮存在－1～4℃的环境中；冻鸡产品应贮存在－18℃以下的冷冻库，库温最高温度不得超过－15℃。

7.2.2 贮存产品的仓库必须清洁、无毒、无任何有害残留，防止在贮存过程中受其他物质的污染。不同级别、不同类别、不同批次产品应单独存放，并有醒目的标识、界线区分。

7.3 运输

7.3.1 产品运输时应使用符合食品卫生要求的冷藏车（船）或保温车，不得与有毒、有害、有气味、易污染的物品混装、混运。

7.3.2 活鸡的运输工具应清洁、卫生，有专用笼具，应考虑温度、湿度、饮水、通风等条件环境，减少鸡只的应激。

7.3.3 运输前应进行产品质量核查，在产品标签、生产批号（日期）、检疫证明均齐全的情况下方可起运，填写运输单据的项目应齐全、内容应准确。

7.3.4 包装储运图示标志和收发货标志应符合 GB 191 和 GB/T 6388 的规定。

7.4 销售

应在符合食品流通条件的环境中进行。

附录四　怀乡鸡资源保护相关记录用表

保种群——种蛋孵化记录表

纯系：　　　　　　　　　　家系号：　　　　　　　　　　年　　月

批次	入孵日期	入孵蛋数/枚	头照无精蛋数/枚	头照血蛋数/枚	受精蛋数/枚	头照受精率/%	二照落盘日期	二照无精蛋数/枚	二照死胚蛋数/枚	总受精率/%	出苗日期	出苗数/只	毛蛋数/枚	受精蛋孵化率/%	入孵蛋孵化率/%	备注

注：1. 每批次孵化要及时记录。
2. 头照通常在入孵后第 7 天，落盘是在入孵后第 19 天。

记录者：

保种群——出雏记录表

纯系：　　　　　　　　　　出雏时间：　　　　　　　　　　编号：

翅号	母亲号	翅号	母亲号	翅号	母亲号	备注
						5
						10
						15
						20
						25
						30

记录者：

保种群——育雏、育成记录表

世代：　　纯系：　　周龄：　　进雏数量：　　进雏日期：

日期	日龄	存栏数/只		死淘只数/只		喂料量/斤	采食量	室温℃			饲养密度	免疫、投药及其他
		公	母	公	母		g/(只·d)	8:00	14:00	0:00	只/m^2	
周计												

注：每周龄1页此表。

鸡舍号：　　饲养员签字：

保种群配种方案——配种记录表

世代：　　纯系：　　年　月　日

母鸡翅号/脚号	新分组	与配公鸡翅号/脚号	母鸡翅号/脚号	新分组	与配公鸡翅号/脚号	备注

记录者：

保种群种鸡翅号—脚号—笼号对照表

世代：　　　　纯系：　　　　鸡舍号：　　　　笼列序号：　　年　　月　　日

序号	笼号	脚号	翅号	序号	笼号	脚号	翅号
1				31			
2				32			
3				33			
4				34			
5				35			
6				36			
7				37			
8				38			
9				39			
10				40			
11				41			
12				42			
13				43			
14				44			
15				45			
16				46			
17				47			
18				48			
19				49			
20				50			
21				51			
22				52			
23				53			
24				54			
25				55			
26				56			
27				57			
28				58			
29				59			
30				60			
合计				合计			
备注				备注			

保种群——体重记录表

世代：________纯系：________周龄：________　　　　　　　　　　　　年　　月　　日

性别	翅号	重量/g	性别	翅号	重量/g

注：①从出壳 1 日龄开始，1～6 周龄，每周龄称重一次，从 8～66 周龄，每两周龄称重一次。
②每次称重公鸡不少于 15 只、母鸡不少于 30 只，逐只称测，逐只记录。

鸡舍号：　　　　　　　　　　　　记录者签名：

保种群——蛋重记录表

世代：

鸡舍号：　　　　　纯系：　　　　　性别：　　　　　周龄：　　　年　　月　　日

序号	重量/g	序号	重量/g	序号	重量/g
1		24		47	
2		25		48	
3		26		49	
4		27		50	
5		28		51	
6		29		52	
7		30		53	
8		31		54	
9		32		55	
10		33		56	
11		34		57	
12		35		58	
13		36		59	
14		37		60	
15		38			
16		39			
17		40			
18		41			
19		42			
20		43			
21		44			
22		45			
23		46			

注：①产蛋期自 22 周龄（即群体产蛋率达 5%时的日龄）开始每周龄称蛋重一次；②每次称蛋 60 枚，用天平逐枚称测，逐一记录；③每次用 1 张表。

记录者签名：

保种群——体尺测量记录表

世代：　　　纯系：　　　周龄：　　　单位：个，g，cm　　　年　月　日

性别	翅号	冠齿数	冠高度	胸角度	体重	体斜长	龙骨长	骨盆宽	耻骨间距	胸宽	胸深	胫长	胫围	备注

注：种鸡在 10、18、22、32、43 周龄时体尺测定记录。　　　记录者：

保种群——个体产蛋记录表

世代：　　　　　　　　纯系：　　　　　　　　年　　月

笼号，脚号、翅号 \ 日期	1	2	3	4	5	6	7	8	9	10	11	12	13	14	15	16	17	18	19	20	21	22	23	24	25	26	27	28	29	30	31

注：每只鸡当月1～31日的个体产蛋记录；产蛋日画√，不产蛋日画×　　　　鸡舍号：　　　　记录者：

保种群—种鸡——群体产蛋性能记录表

世代：　　纯系：　　周龄：　　入舍母鸡只数：　　入舍日期：

日期	日龄	存栏只数		死淘只数		种蛋/枚	不合格蛋/枚	破蛋/枚	总蛋数/个	产蛋率/%	种蛋率/%	耗料量		舍温℃		备注
		公	母	公	母							总数/kg	只均/克	8:00	15:00	
周计																
平均																

鸡舍号：　　饲养员签字：

注意：每周龄1页此表；由饲养员认真做好逐日记录，技术人员检查、督促、落实、不可马虎！

保种群——家系平均产蛋性能汇总表

纯系：　　　　　　　　　　世代：　　　　　　　　　　年　　月　　日

家系号	周龄	产蛋数/枚	平均产蛋率/%	高峰产蛋率/%	平均蛋重/g	存活率/%	备注
							5
							10
							15
							20
							25
							30

记录者：

保种群——家系内个体产蛋性能汇总表

纯系：　　　　　家系：　　　　　世代：　　　　　年　　月　　日

个体号	周龄	产蛋数/枚	平均产蛋率/%	高峰产蛋率/%	平均蛋重/g	存活率/%	备注
							5
							10
							15
							20

记录者：

保种群——蛋品质测定记录表

世代：　　　纯系：　　　家系：　　　周龄：　　　单位：g　　　年　月　日

序号	蛋重	蛋壳颜色	蛋形指数长/短	蛋比重	蛋壳强度	哈氏单位	蛋壳密度	蛋壳重	蛋壳厚度/mm				蛋黄颜色	血斑肉斑	蛋白率/%	蛋黄率/%	蛋壳率/%
									大	中	小	平均					

注：血斑、肉斑填“有”或“无”。

记录者：

保种群——屠宰性能测定记录表

世代：　　　　纯系：　　　　日龄：　　　　年　月　日

性别	翅号	活重/g	屠体重		半净膛		全净膛		头重		脚重		翅膀重		胸肌重		腿肌重		腹脂		肌胃重		心重		肝重		肺重		骨骼		肌间脂肪宽/cm	皮脂厚/cm	胫长/cm	胫围/cm
			/g	/%	/g	/%	/g	/%	/g	/%	/g	/%	/g	/%	/g	/%	/g	/%	/g	/%	/g	/%	/g	/%	/g	/%	/g	/%	/g	/%				

注：记录时，以 g 为单位的保留整数，以%和 cm 为单位的保留一位小数点。　　　　记录者：

附录五　怀乡鸡资源保护相关图片

一、怀乡鸡种鸡照

图 1.1　怀乡鸡种鸡—公 1

图 1.2　怀乡鸡种鸡—母 1

图 1.3　怀乡鸡种鸡—公 2

图 1.4　怀乡鸡种鸡—母 2

图 1.5　怀乡鸡种鸡—公母相依

图 1.6　怀乡鸡—种蛋

图 1.7　怀乡鸡种鸡—雏鸡 1

图 1.8　怀乡鸡种鸡—雏鸡 2

图 1.9　怀乡鸡—A 系母

图 1.10　怀乡鸡—B 系公

图 1.11　怀乡鸡项链系母

图 1.12　怀乡鸡—B 系母

图 1.13　怀乡鸡—舍内个体笼 1

图 1.14　怀乡鸡—舍内个体笼 2

图 1.15　怀乡鸡—舍内个体笼 3

图 1.16　怀乡鸡—舍内个体笼 4

二、怀乡鸡商品肉鸡照

图 2.1　怀乡鸡林下散养

图 2.2　怀乡鸡丘陵地散养

图 2.3　怀乡鸡丘陵林地生态散养

图 2.4　怀乡鸡散养—众星捧月

图 2.5　怀乡鸡（阉鸡）山林中生态散养

图 2.6　怀乡鸡丘陵生态散养

图 2.7　怀乡鸡—林下生态散养

图 2.8　央视记者在观赏悠闲的怀乡鸡

图 2.9　怀乡鸡林中散步

图 2.10　怀乡鸡林中生态散养

图 2.11　怀乡鸡—树上休憩观望

三、怀乡鸡菜品代表照

图 3.1　海报图 1

图 3.2　怀乡鸡——白切鸡

(1)

(2)

(3)

图 3.3　怀乡鸡——隔水蒸鸡

图 3.4　三宝焗怀乡鸡

图 3.5　堂煎怀乡鸡

图 3.6　红烧怀乡鸡

图 3.7　咸香怀乡鸡

图 3.8　荔枝柴烧怀乡鸡

图 3.9　鸡红麦菜煲

图 3.10　怀乡鸡煲汤

图 3-11　外国友人盛赞怀乡鸡

四、怀乡鸡相关工作照

图 4.1　国家级怀乡鸡保种场现场审验会—合影

图 4.2　国家级怀乡鸡保种场现场

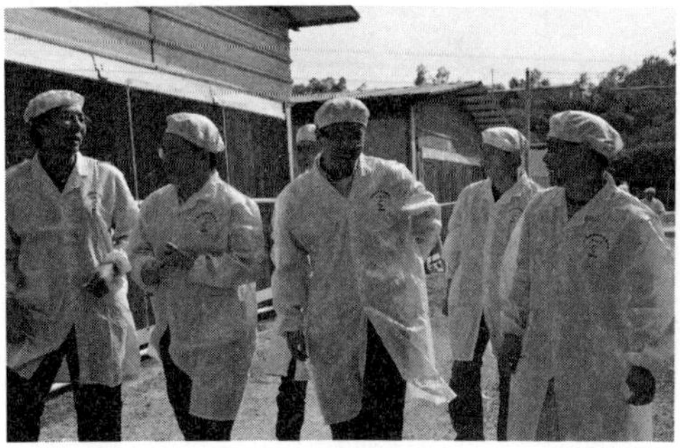

(1)

(2)

(3)

(4)

图 4.3 国家级怀乡鸡保种场审验现场

(1)

(2)

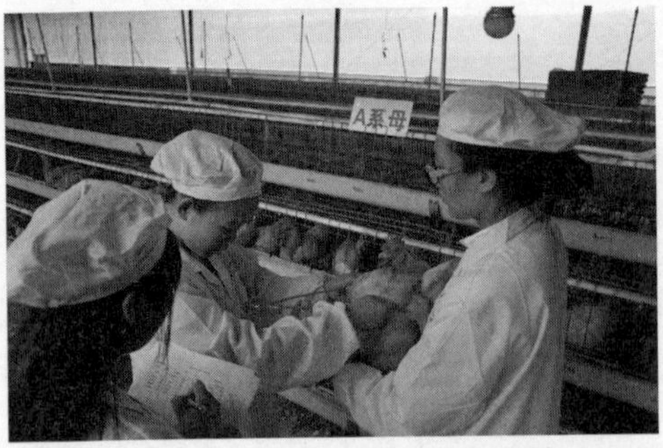

(3)

(4)

(5)

(6)

图 4.4　怀乡鸡种鸡体尺测量

(1)

(2)

(3)

(4)

图 4.5　怀乡鸡种蛋系谱孵化与出雏

图 4.6　怀乡鸡普查采样与性能测定

图 4.7　广东省专家现场核验怀乡鸡保种场

图 4.8　广东海洋大学团队在做怀乡鸡资源普查——现场采样并上传数据

图 4.9　广东海洋大学团队在做怀乡鸡资源普查——性能测定

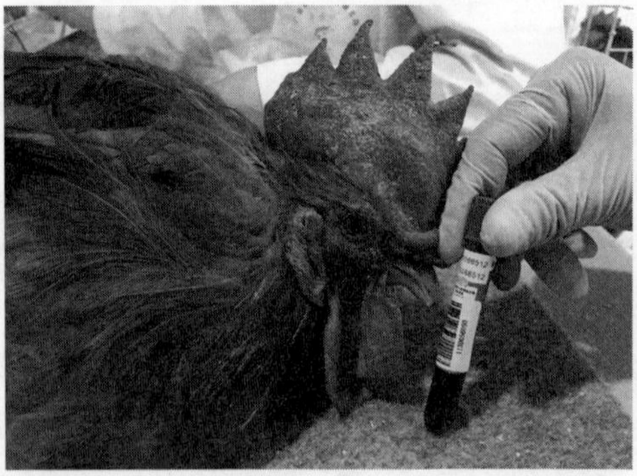

图 4.10　怀乡鸡资源普查——现场采样个体

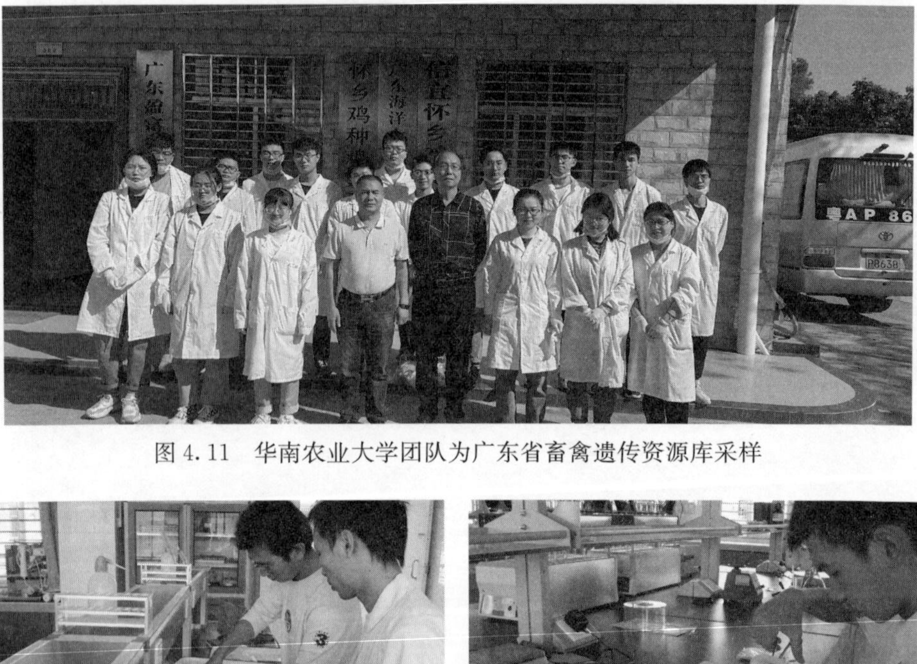

图 4.11　华南农业大学团队为广东省畜禽遗传资源库采样

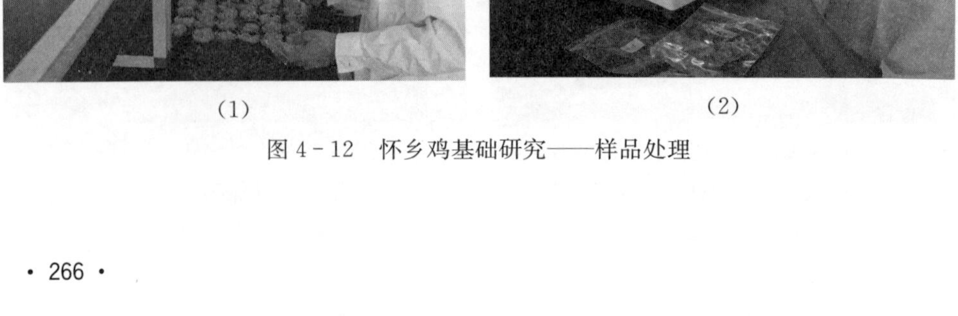

(1)　　　　　　　　(2)

图 4-12　怀乡鸡基础研究——样品处理

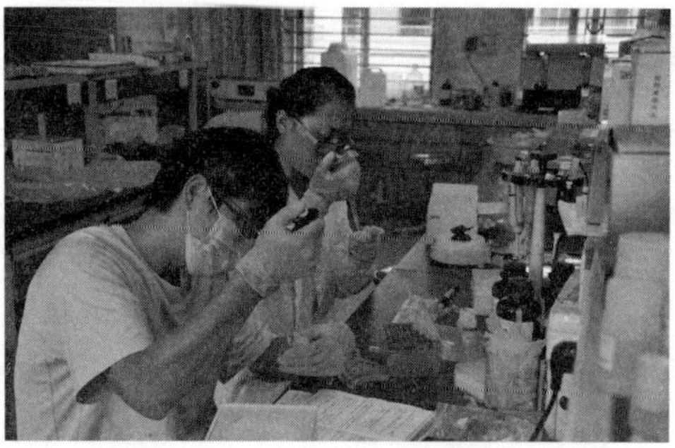

(1)

(2)

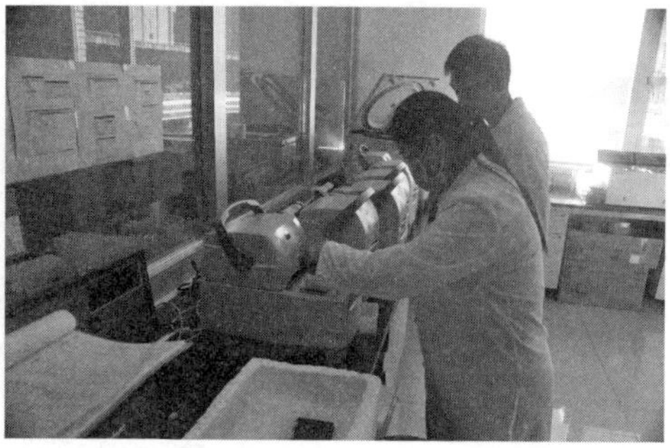

(3)

图 4.13 广东海洋大学团队在做怀乡鸡分子机制研究

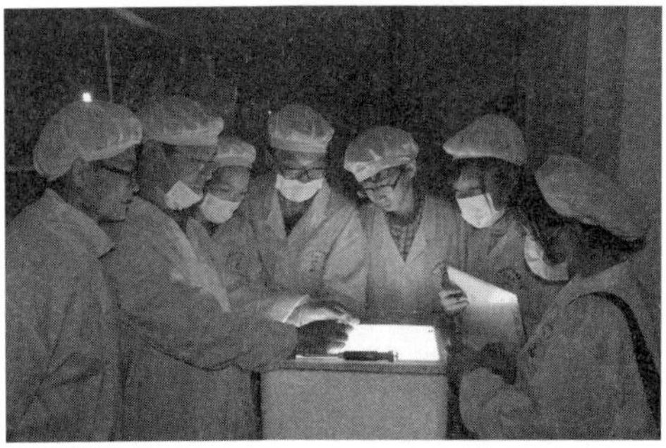

(1)

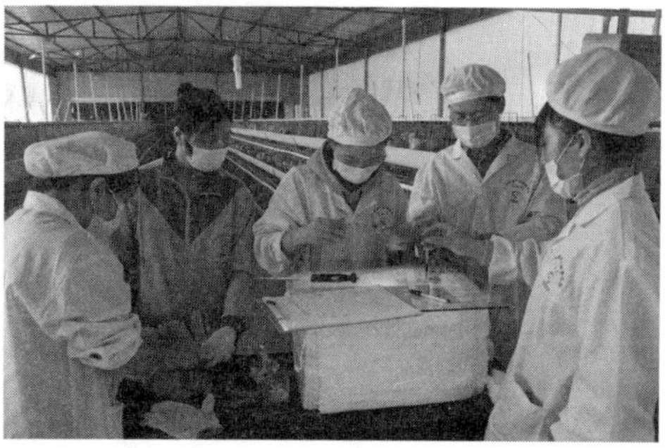

(2)

(3)

(4)

图 4.14　广东海洋大学团队在做怀乡鸡白痢病和白血病检测

图 4.15　广东海洋大学团队在做怀乡禽白血病检测

图 4.16　广东省农科院动科所团队为怀乡鸡做“两白”疾病净化采样现场合影

图 4.17　信宜市动物疫病防控中心团队为怀乡鸡白血病净化采样现场合影

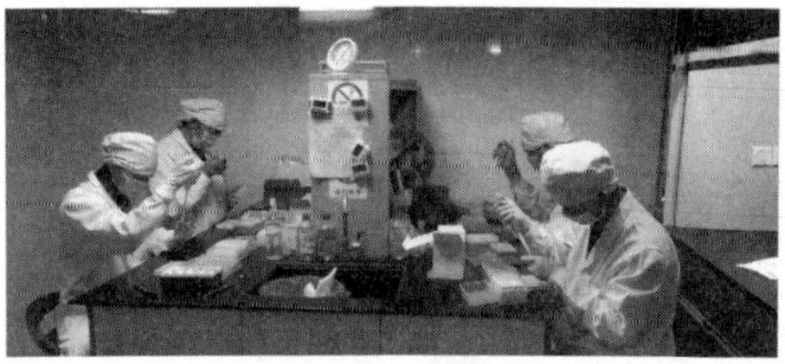

(1)

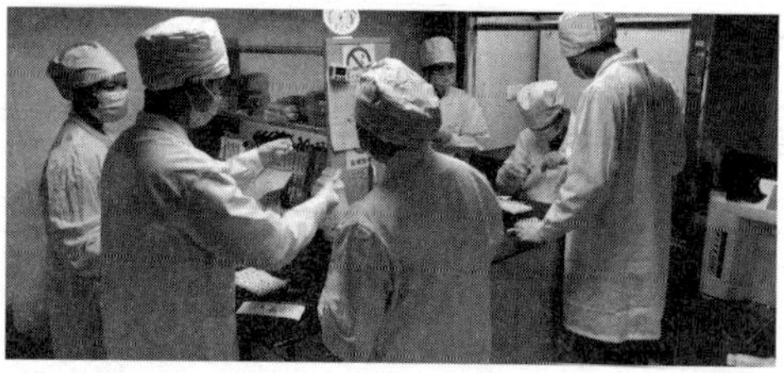

(2)

图 4.18　信宜市动物疫病防控中心团队正在为怀乡鸡检测白血病

图 4.19　信宜市动物疫病预防控制中心团队成员

图 4.20　华南农业大学—广东省畜禽遗传资源库采样团队

图 4.21　广东省怀乡鸡资源保护利用培训合影

五、领导关怀相关照

图 5.1　广东省副省长李容根、茂名市委书记邓海光在信宜市委书记陪同下参观广东（茂名）首届农博会并在怀乡鸡展位前听取公司董事长介绍（2006.9.1）

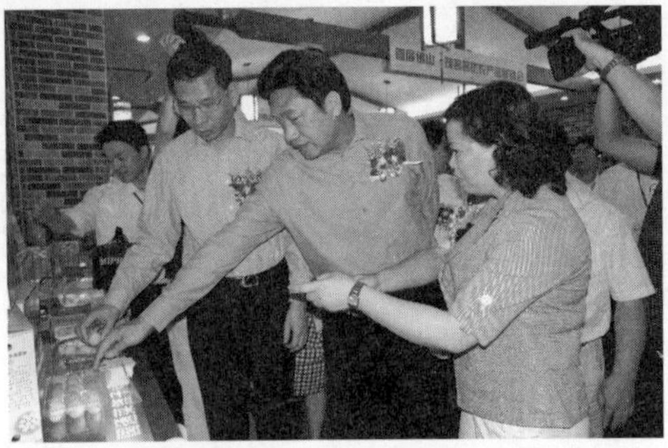

图 5.2　广东省副省长刘昆、邓海光在农博会上参观怀乡鸡产品（2005.8.12）

图 5.3　广东省农业厅厅长郑伟仪到企业考察（2013.7.30）

图 5.4　广东省农业厅副厅长陈福林到现场视察指导（2006.7.18）

图 5.5　国家畜禽遗传资源委员会主任、中国农业科学院家禽研究所副所长陈宽维研究员亲临指导（2007.7.12）

图5.6　广东省农业厅副厅长郑惠典一行视察怀乡鸡保种现场（2012.11.14）

图 5.7　广东省农业农村厅种业处处长刘中国和省农业推广中心副主任陈三有到企业听取怀乡鸡保种工作汇报（2020.8.13）

图 5.8　广东省农业农村厅种业处处长刘中国和省农业推广中心副主任陈三有考察怀乡鸡保种现场（2020.8.13）

图 5.9　广东省农业厅种业处一级巡视员罗健民、广东省家禽业协会陈迎丰会长考察怀乡鸡保种工作（2020.7.8）

图 5.10　广东海洋大学科技处副处长伍彬到怀乡鸡保种现场调研（2020.8.7）

图 5.11　信宜市科技局局长叶尚到怀乡鸡原种场调研指导（2010.2.21）

图 5.12　信宜市科技局江局长到怀乡鸡原种场调研保种情况（2012.4.22）

（1）

（2）

（3）

图 5.13　广东海洋大学——怀乡鸡“两白”疾病净化采样团队

(1)

(2)

图 5.14　“龙凤呈祥”鸡文化采风创作活动照（何如洲摄）（2024.3.24）

六、相关书画作品

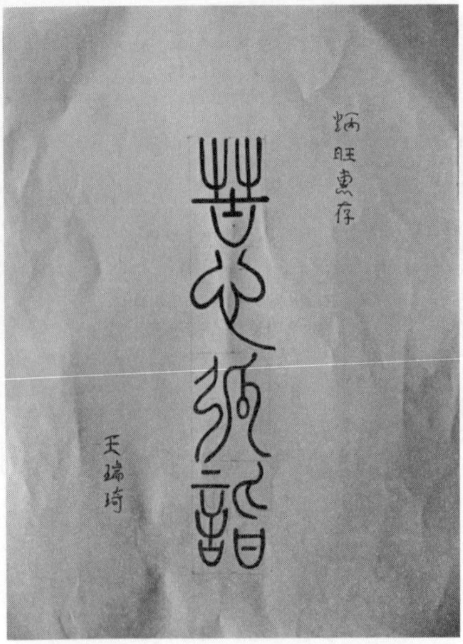

图 6.1　苦心孤诣—王瑞琦教授题

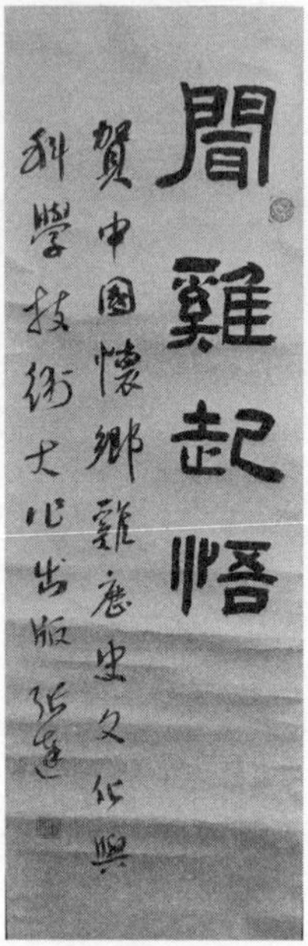

图 6.2　闻鸡起悟—张达董事长题

图 6.3　张开城教授题词——现鸡怀乡

图 6.4　张国玲教授书画作品——金鸡报晓

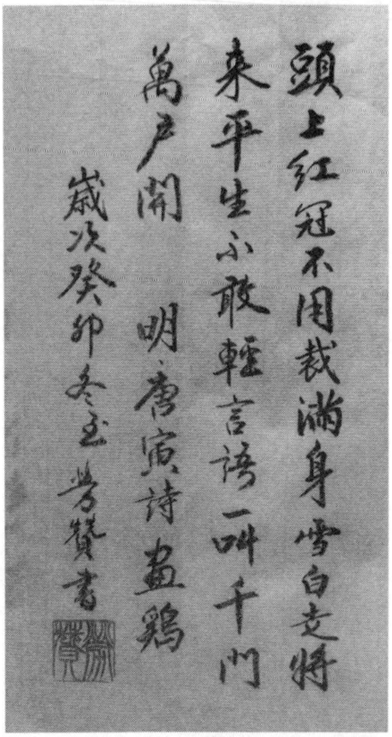

（1）

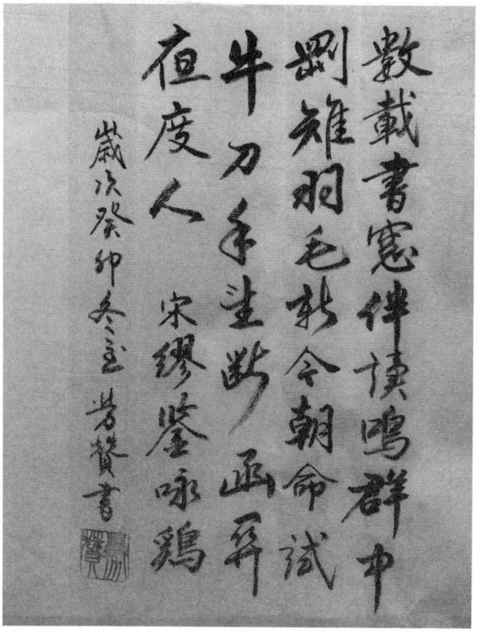

（2）

图 6.5　劳赞馆长题

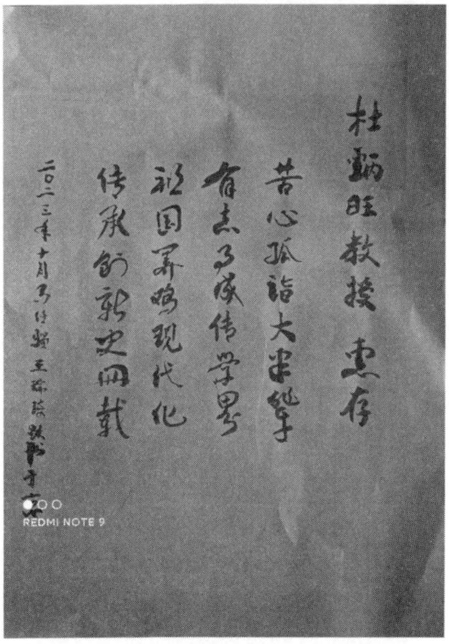

图 6.6　马任骝教授（90 岁高龄）题

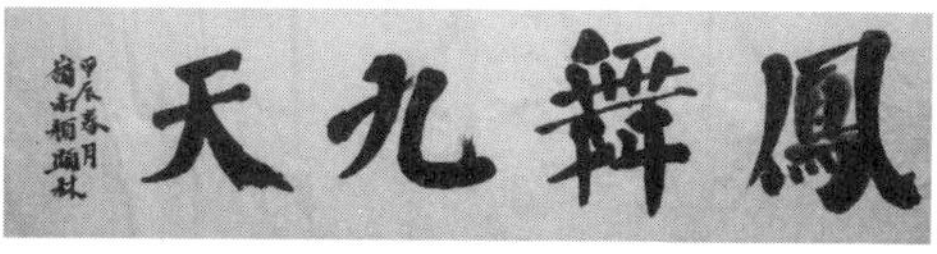

图 6.7　凤舞九天—颜显林书

(1)

(2)

图 6.8　金鸡报晓－刘永胜书

(1)

(2)

图 6.9　龙凤呈祥——李吾铭书

图 6.10　金鸡报晓－阮保钧书

图 6.11　龙飞凤舞－陈普敬书

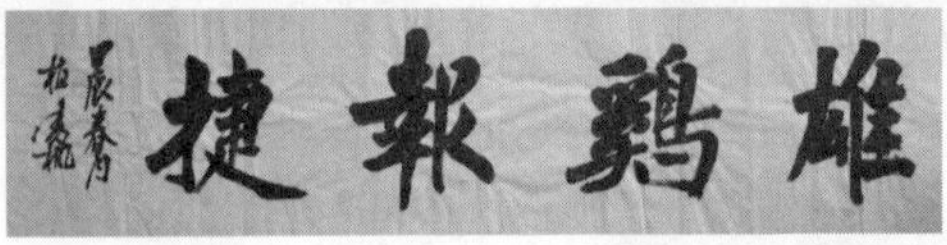

图 6.12　雄鸡报捷－植凌枫书

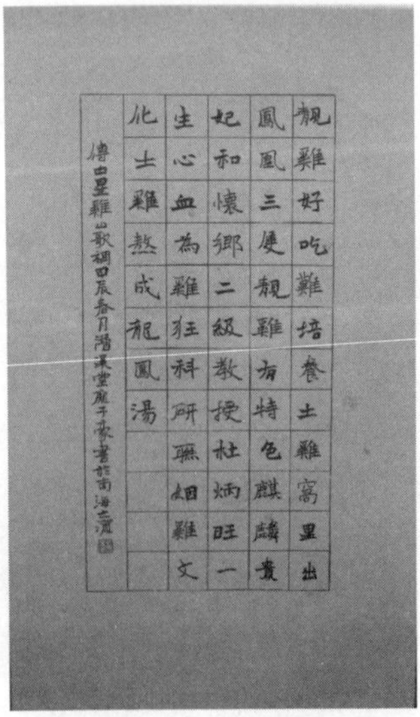

图 6.13　傅中星鸡山歌－庞子豪书

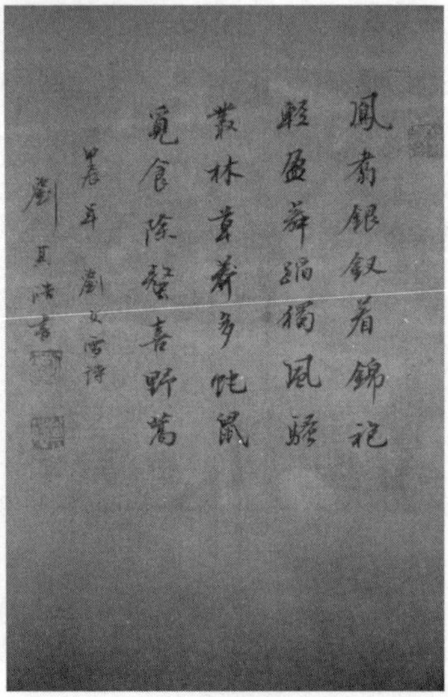

图 6.14　刘文雪诗－刘其浩书

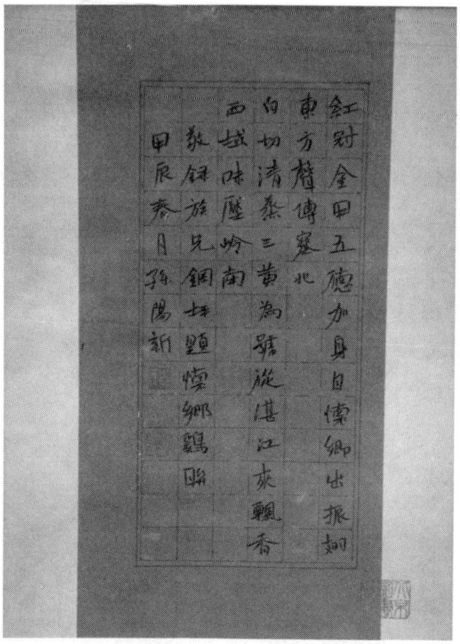

图 6.15 孙钢坪怀乡鸡联—孙阳新书

图 6.16 家和万事兴—庄燕梅作

图 6.17 全家福—庄燕梅作

七、企业主要荣誉照

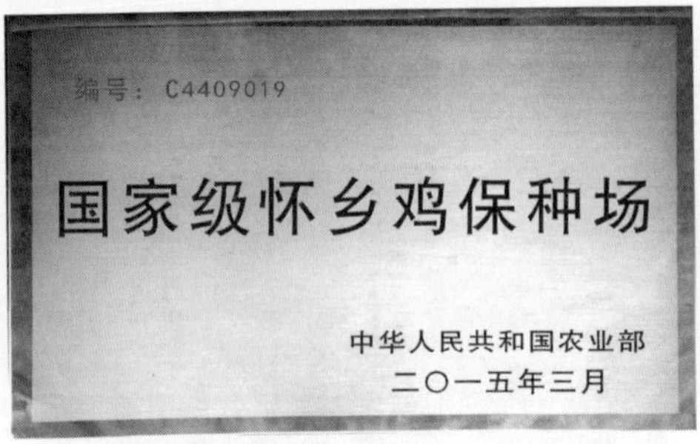
编号：C4409019
国家级怀乡鸡保种场
中华人民共和国农业部
二〇一五年三月

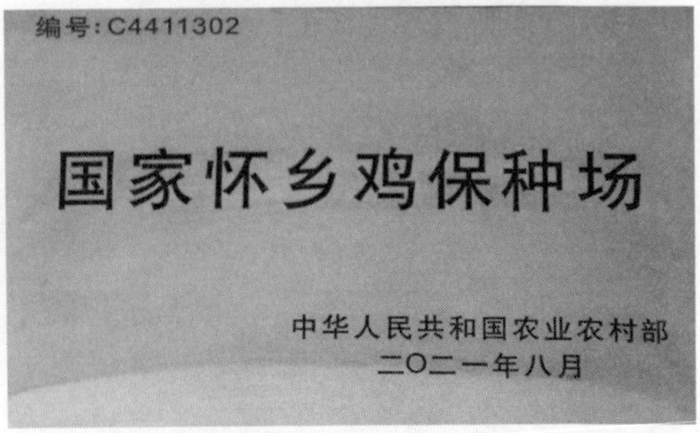
编号:C4411302
国家怀乡鸡保种场
中华人民共和国农业农村部
二〇二一年八月

获准使用地理标志保护产品专用标志企业
广东盈富农业有限公司
中华人民共和国地理标志保护产品
PGi
信宜怀乡鸡
PEOPLE'S REPUBLIC OF CHINA
公告号:2015年第88号
国家质量监督检验检疫总局
二〇一五年七月二十一日

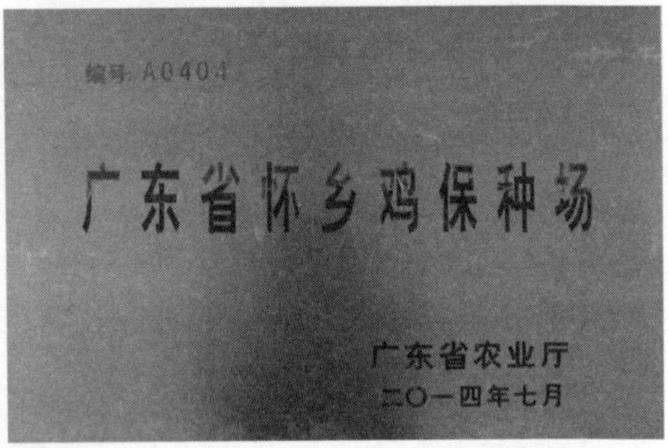
编号 A0404
广东省怀乡鸡保种场
广东省农业厅
二〇一四年七月

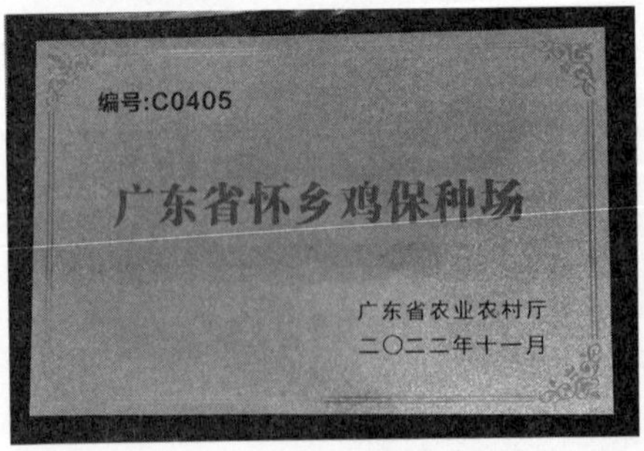
编号:C0405
广东省怀乡鸡保种场
广东省农业农村厅
二〇二二年十一月

肉鸡标准化示范场
(2010-2012)
中华人民共和国农业部
二〇一〇年十一月

肉鸡标准化示范场
(2016-2018)
中华人民共和国农业部
二〇一六年十二月

国家科技富民强县专项行动计划
（怀乡鸡健康养殖示范与产业化开发）
示范企业

广东省
农业龙头企业
广东省人民政府
二〇一〇年十月

高新技术企业
广东省科学技术厅　广东省财政厅　国家税务总局广东省税务局
二〇二〇年

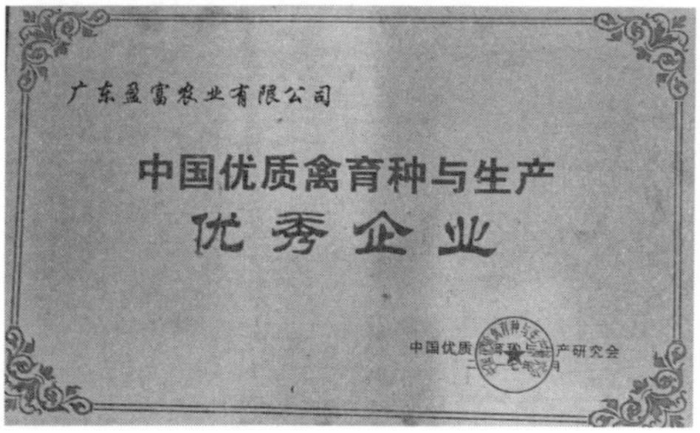
广东盈富农业有限公司
中国优质禽育种与生产
优秀企业

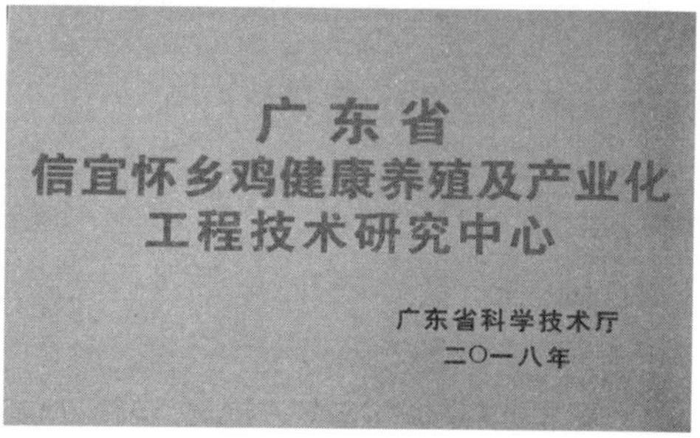
广东省
信宜怀乡鸡健康养殖及产业化
工程技术研究中心
广东省科学技术厅
二〇一八年

授予：广东盈富农业有限公司
2017-2018年度广东省电子商务示范企业
广东省商务厅
二〇一七年十二月

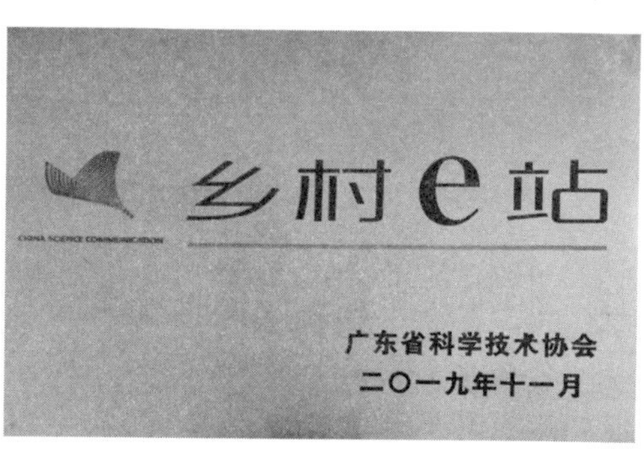
乡村e站
广东省科学技术协会
二〇一九年十一月

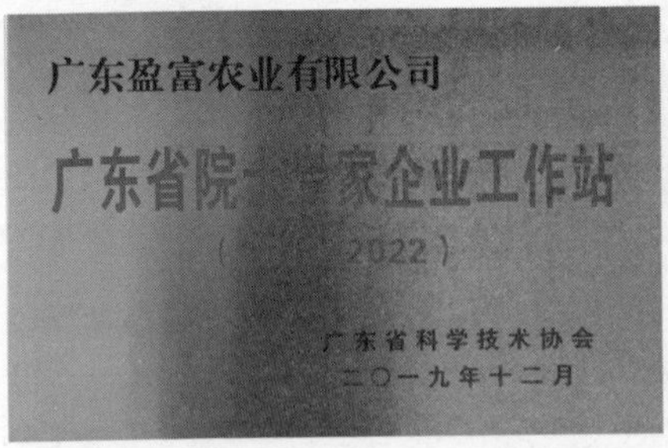
广东盈富农业有限公司
广东省科学技术协会
二〇一九年十二月

信宜怀乡鸡原种鸡场
怀乡鸡种鸡繁育基地
广东盈富农业有限公司

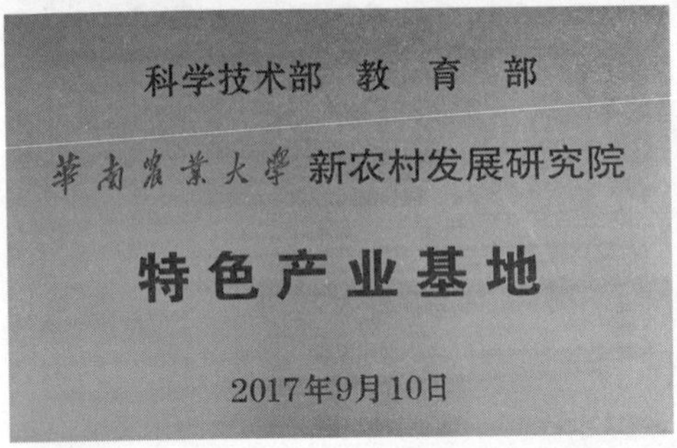
科学技术部 教 育 部
華南農業大學 新农村发展研究院
特色产业基地
2017年9月10日

广东省农业科学院动物科学研究所
IAS
科技成果示范基地

证书号：2014Y11552
广东省著名商标证书
GUANGDONG FAMOUS TRADEMARK CERTIFICATE
信宜市畜牧水产学会
商标注册证第 3761179 号
认定商品：鸡（活）
有效期限自公元2014年4月24日至2017年4月23日止
（第一次认定时间：2010年12月24日）
广东省著名商标评审委员会
二〇一四年四月

广 东 名 鸡
信宜怀乡鸡 信宜怀乡鸡
广东盈富农业有限公司
发起单位：广东省农业农村厅 广东省科学技术厅 广东省自然资源厅
广东省商务厅 广东省市场监督管理局 广东省文化和旅游厅
中国国际贸易促进会广东省委员会 广东省社会科学院
广东省农垦总局 南方报业传媒集团 广东广播电视台
有效期：二〇一九年一月至二〇二〇年十二月

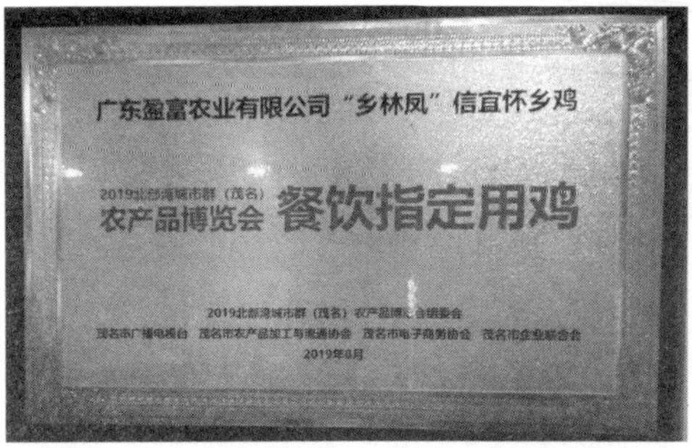
广东盈富农业有限公司"乡林凤"信宜怀乡鸡
农产品博览会 餐饮指定用鸡

广东省名特优新农产品
区域公用品牌核心企业
广东盈富农业有限公司
（信宜怀乡鸡）
有效期：二〇一七年十一月至二〇一九年十一月

2018国鸡产业风云榜
年度地标国鸡推广奖
广东盈富农业有限公司

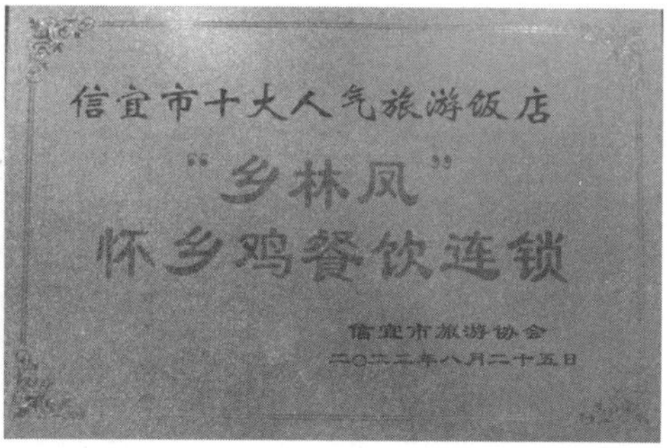
信宜市十大人气旅游饭店
"乡林凤"
怀乡鸡餐饮连锁
信宜市旅游协会

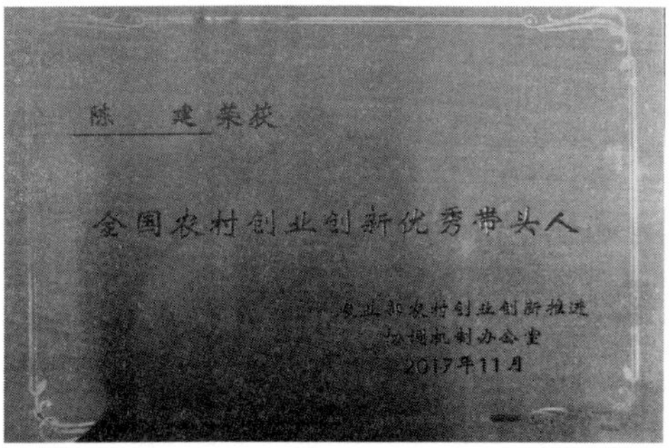
陈　建荣获
全国农村创业创新优秀带头人
2017年11月

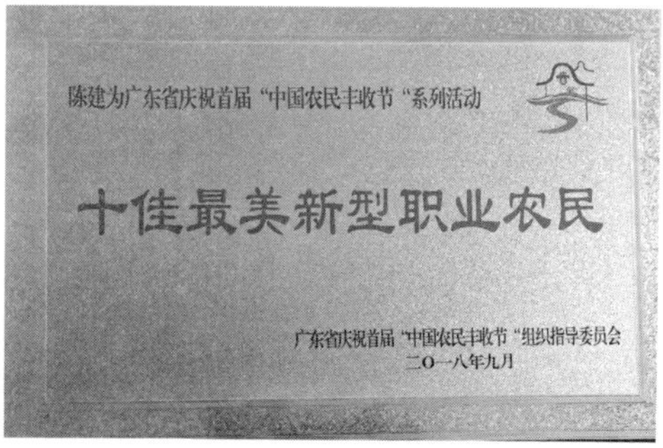
陈建为广东省庆祝首届"中国农民丰收节"系列活动
十佳最美新型职业农民
广东省庆祝首届"中国农民丰收节"组织指导委员会
二〇一八年九月

證書

在2017中国农产品区域公用品牌价值评估中，信宜怀乡鸡品牌价值为48.40亿元人民币。

中国农产品品牌价值评估课题组
China Agriculture Brand Value Evaluation

副本

注册号：00914Q11409R0S

长城质量保证中心
质量管理体系认证证书

兹证明 广东盈富农业有限公司
住于 注册地址：广东省茂名市信宜市镇隆镇德乔村
办公/生产地址：广东省茂名市信宜市镇隆镇德乔207国道边 邮编 525300
其质量管理体系符合 GB/T 19001-2008/ISO 9001:2008 标准
该质量管理体系产品范围
信宜怀乡鸡的养殖和服务
（有行政许可要求的，按行政许可范围）。
颁证日期 2014年9月10日 有效期至 2017年9月9日

总经理

CNAS
体系认证
CNAS C009-Q

IAF

广东名牌

广东省名牌产品证书

产品名称：鸡（活）
注册商标：信宜怀乡鸡+图形
生产企业：广东盈富农业有限公司
证书编号：粤农[2014]261F136
有 效 期：2014年9月至2017年9月
产品标识：
（规格不小于5cm×2.5cm）

发证单位：广东省名牌产品（农业类）推进委员会
发证时间：二〇一四年十月
查询网址：http://www.gdagri.gov.cn
http://www.gdmpxt.org

广东盈富农业有限公司简介

参 考 文 献

《百鸡宴》编委会，2013. 百鸡宴［M］. 广州：世界图书出版广东有限公司.

曹长仁，张丹明，杜炳旺，2022. 怀乡鸡与麒麟鸡 0～16 周龄生长曲线的拟合分析［J］. 广东农业科学，49（8）：97-102.

陈建，赵志远，曹宁贤，等，2011. 怀乡鸡与贵妃鸡杂交一代生长性能观察［J］. 第十届优质鸡的改良生产及发展研讨会论文集，11：193-200。

陈洁波，杜炳旺，陶林，等，2014. 贵妃鸡与怀乡鸡、北京油鸡的肌纤维特性比较［J］. 南方农业学报，45（2）：309-313.

陈静文，梁翠萍，王润莲，2019. 0～4 周龄怀乡鸡饲粮中非植酸磷的适宜水平［J］. 动物营养学报，31（10）：4545-4552.

陈启荣，2011. 中国家乡鸡［M］. 广州：广东科技出版社.

程光潮，2000. 中国地方鸡种种质特性［M］. 上海：上海科学技术出版社.

董晶，李艳青，王知彬，等，A novel deletion in KRT75L4 mediates the frizzle trait in a Chinese indigenous chicken［J］. 遗传学选择与进化.

董晶，杜炳旺，李艳青，等，2017. 信宜怀乡鸡 C 纯系第 3 世代产蛋率和累计产蛋数曲线拟合分析［J］. 南方农业学报，48（1）：158-162.

董晶，刘宜林，杜炳旺，等，2014. 怀乡鸡 A 纯系一、二世代产蛋性能分析［J］. 优质禽育种与安全生产技术，11：108-113.

董晶，张权，张丽，等，2016. 卷羽与半卷羽遗传特性分析及 KRT75 基因 SNP 位点检测［J］. 中国畜牧兽医，43（11）：109-116.

广东省畜禽遗传资源委员会编，2018. 广东省地方畜禽遗传资源志［M］. 广东：广东科技出版社.

郭兴，李艳青，董晶，等，2018. A parallel mechanism underlying frizzle in domestic chickens［J］. 分子细胞生物学杂志.

李东华，叶伟庆，等，2014. 信宜怀乡鸡 A 纯系 23～52 周龄产蛋性能测定与分析［J］. 第 11 届优质鸡改良生产暨发展研讨会论文集，2：72-76.

李珊珊，刘宜林，杜炳旺，等，2014. 怀乡鸡 B 纯系一、二世代产蛋性能分析［J］. 优质禽育种与安全生产技术，11：114-116.

李艳青，刘宜林，杜炳旺，等，2014. 怀乡鸡 B 纯系一、二世代产蛋性能分析［J］. 优质禽育种与安全生产技术，11：117-121.

梁翠萍，邓露，刘国清，2019. 饲粮钙水平对 5～8 周龄怀乡鸡体尺性状及屠宰性能的影响［J］. 家禽科学，6：28-31.

梁翠萍，黄榕，刘添仪，2018. 不同非植酸磷水平日粮对 7～28 日龄怀乡鸡体尺性状和胴体品质的影响［J］. 家禽科学，7：15－20.
梁建，2020. 最是云开风物好［M］. 北京：团结出版社.
杜炳旺，2018. 中国福利养鸡［M］. 北京：中国农业出版社.
刘宜林，杜炳旺，陈运冬，2017. 黄羽肉用种鸡生产管理程序之浅见［J］. 第九届中国优质禽育种与生产研究会会刊，9：124－128.
刘宜林，王光琴，等，2014. 以怀乡鸡谈黄羽肉鸡的疾病防控策略［J］. 中国家禽（增刊）9：211－214.
孟祥兵，2017. 鸡艺［M］. 北京：中国农业出版社.
明世清，杜晓娇，董晶，2016. 信宜怀乡鸡第三世代产蛋性能测定与分析［J］. 当代畜牧，9：35－38.
潘子意，赵志辉，2020. 高温环境对怀乡鸡生产性能、生理生化指标和肠道屏障功能的影响［J］.
石建中，关望源，杜炳旺，2016. 信宜怀乡鸡生长和肉用性能测定［J］. 当代畜牧，8：35－39.
陶林，杜炳旺，等，2014. 信宜怀乡鸡种鸡不同纯系产蛋性能比较分析［J］. 中国家禽（增刊）9：131－137.
王光琴，辛俊杰，王知彬，等，2017. 怀乡鸡C纯系第三、四世代23～52周龄产蛋性能比较分析［J］. 第九届中国优质禽育种与生产研究会会刊，9：85－90.
王润莲，梁翠萍，陈静文，2019. 添加低分子壳聚糖对怀乡鸡生长、屠宰性能及肉品质的影响［J］. 家禽科学，3：9－13.
王知彬，陈建，王光琴，等，2017. 信宜怀乡鸡A纯品系第四世代生长曲线拟合分析［J］. 第九届中国优质禽育种与生产研究会会刊，9：57－65.
王知彬，陈建，王光琴，等，2018. 信宜怀乡鸡A纯品系第四世代生长曲线拟合分析［J］. 南方农业学报，49（8）：1633－1640.
王知彬，温红脂，等，2017. 怀乡鸡A、B纯系第四世代产蛋性能测定［J］. 第九届中国优质禽育种与生产研究会会刊，9：79－84.
吴薇薇，杜房房，陈建，等，2011. 炎热环境下怀乡鸡与贵妃鸡生长与屠宰性能比较［J］. 优质禽品种创新与健康养殖技术，10：354－360.
谢成侠，1995. 中国家禽史［M］. 北京：中国农业出版社.
叶伟庆，杜炳旺，等，2014. 信宜怀乡鸡12周龄肉用性能测定及相关分析［J］. 中国家禽（增刊）9：138－142.
叶伟庆，杜炳旺，等，2014. 信宜怀乡鸡B纯系23～52周龄产蛋性能测定［J］. 第11届优质鸡改良生产暨发展研讨会论文集，2：55－59.
于海广，2009. 多彩鸡文化［M］. 济南：齐鲁书社.
张丽，赵志远，杜炳旺，等，2011. 鸡EXFABP基因遗传变异及与鸡肌内脂肪含量的相关分析［J］. 广东海洋大学学报，31：3.
赵树荣，赵志远，陈运冬，等，2011. 贵妃鸡、怀乡鸡及其杂交一代营养物质代谢利用的比较与分析［J］．优质禽品种创新与健康养殖技术，10：145－151.
赵志远，杜炳旺，2011. 优质禽品种创新与健康养殖技术［M］．吉林：吉林科技出版社．
赵志远，杜炳旺，陈婷，等，2010. 优质肉鸡三个不同配套组合 F_1 代生产性能的测定［J］. 中国家禽（增刊）：185－189.
赵志远，张丽，杜炳旺，2012. Polymorphisms in chicken extracellular fatty acid binding protein gene［J］．分子生物学报，39：2677－2682.
中国家畜家禽品种志编委会，1989. 中国家禽志［M］．上海：上海科学技术出版社．
中国畜禽遗传资源委员会，2011. 中国畜禽遗传资源志・家禽志［M］．北京：中国农业出版社．
周去非，1999. 岭外代答［M］．杨武泉，校注．北京：中华书局．
朱梓京，杜炳旺，等，2014. 贵妃鸡与怀乡鸡、北京油鸡肌纤维特性比较研究［J］．第 11 届优质鸡的改良生产暨发展研讨会论文集，(2)：43－49.
Hongyan Cui，Fahar Ibtisham，Chong Xu，et al.，2017. DNA barcoding of Chinese native chicken breeds through COI gene［J］. Thai J Vet Med，47（1）：123－129.
Quan Zhang，YuZe Yang，YongQiang Lu，et al.，2021. iTRAQ-based quantitative proteomic analyses the cycle chronic heat stress affecting liver proteome in yellow-feather chickens［J］. Poultry Science，100－101，111.
Zhang Wanga ，HaiDong Xu，Ting Lia，et al.，2019. Chicken GHR antisense transcript regulates its sense transcript in hepatocytes［J］. Gene，(682)：101－110.

HOU JI 后记

本书以我国著名品种“怀乡鸡”为主线，不仅包括其有关的历史文化，还包括相关科学技术知识。如果说仅从一个品种的特性和研究生产现状来写，可能相对容易，那就是一本纯粹的专业书籍，但要把文化和专业性知识融合在一起，让更多的民众（不是仅限于从事畜牧专业的读者）愿意看、喜欢看，并从中获得想要了解的文化内涵和专业科普知识，这还真需要细细琢磨，不得不说有一定难度。

习近平总书记在文化传承发展座谈会上强调，“要坚定文化自信、担当使命、奋发有为，共同努力创造属于我们这个时代的新文化，建设中华民族现代文明”，李强总理提出要“打好文化牌”。中华文化源远流长，博大精深，不仅积淀着中华民族最深沉的精神追求，还蕴含着应对当前挑战、创造美好未来的古今智慧；不仅赋予了中国式现代化的深厚底蕴，而且能展现民族产业新质生产力的特有内涵。

这些年，我自己一直有一个想法：科学是一种生产力，有了科学，一个国家、一个民族，一个行业、一个产业，都能够如虎添翼，快速发展。同样，文化也可以说是一种不可或缺的生产力，有了文化，就等于为一个国家、一个民族，一个行业、一个产业插上一双翅膀，拥有强有力的双引擎。

正因这样的理念驱使着我，2017 年和 2018 年曾尝试性地以“鸡文化系列丛书”为名出版了两本书，分别是《鸡艺——古代养鸡智慧附书法艺术》和《中国福利养鸡——历史追溯与当今实践》，两书都有少部分篇幅提到相关历史和传统文化，也算是一次尝试。出版后，反响不错。基于此，本人又着手围绕以往多年来团队对“怀乡鸡”所做的研究、保护、探索及应用的素材，经两年多断断续续地搜集、整理、走访、查阅，把与“中国的鸡”特别是与“怀乡鸡”有关的历史记载、文化现象及科学研究结合起来、串联起来、衔接起来而编撰此书。为了补充和丰富本书的传统文化素材，探索科学与文化相融合的切入点，同时让文化名家现场体验和感受具体领域科学技术对文化的作用和影响；本人经与原湛江市人大办公室杜德成主任、知名作家傅中星先生共同酝酿，自筹经费，于2024年3月24日组织召集了当地文化领域的知名诗人、散文作家、书法家、绘画家、摄影师、词曲作家、艺术设计师、歌手等60多位文化名家，举行了一次别开生面的“龙凤呈祥”鸡文化采风创作活动。此次活动，可以说是超出预期，令人欣喜！

在这里，可能读者会问：“为什么要写‘怀乡鸡’这单一品种，并且首选‘怀乡鸡’，而不是将多个品种包含其中?”不妨谈谈缘由。

第一，该鸡的品种名称意义不同一般，“怀乡”有“怀念家乡”之意，一说到怀乡鸡，不由得让人想起自己的家乡。因本人于2000年从遥远的北方山西来到祖国南端的湛江，至今已整整24年。自2007年广东省农业厅畜牧技术推广总站陈三有站长推荐我从技术层面上配合当地企业广东盈富农业有限公司，实施“信宜怀乡鸡”产学研方面的保种育种工作。自那以后，自己始终忘不了“怀乡鸡”这个名字，可以说这既是一种“乡愁”，更是一种“情怀”，所以潜意识中总觉得应该把“怀乡鸡”的工作做好，既不枉费自己所学，也不辜负大家的厚望。

第二，本人与“怀乡鸡”直接打交道从2007年起至今已有17年，虽不算长，但已和“怀乡鸡”及其企业建立了深厚的感情。因为我和我的团队从怀乡鸡作为《广东省家畜家禽品种志》中的一员和建成“省级怀乡鸡保种场”起步，通过持续不断地系统研究、提纯复壮和深入探索，使其先后入选《中国畜禽遗传资源志·家禽志》

(2011年)、国家畜禽遗传资源保护名录(2014年,全国28个地方鸡种之一)、国家地理标志保护产品(2015年)、国家怀乡鸡保种场(2015年)、省级现代农业—怀乡鸡产业园(2021年)。一路走来,怀乡鸡不仅在省内知名度空前提高,并挺进国家队,与国内其他著名品种一道并肩前行,为国家珍稀畜禽遗传资源的保护利用和国人生产生活水平的提高不断贡献优质、安全、健康的高蛋白食物。随着时间的推移,本人与"怀乡鸡"的感情与日俱增。

第三,是因为"怀乡鸡"有悠久的历史和文化内涵。秦汉时期,这里是瑶族、壮族世居的百越之地。秦汉以后,汉人南下,陆续迁来此地,在当地开荒种植,这些背井离乡的人,无不饱受战乱之苦,有家归不得,只能落地生根,安家立业;但却心念故乡,久而久之便把新居地叫怀乡,所养的鸡便叫"怀乡鸡"。又经怀乡人长期选育,便形成肉蛋兼优的鸡种,就是今天的"怀乡鸡"。而由"怀乡鸡"又派生出怀乡鸡饮食文化、习俗文化、诗词文化、书画文化等。

第四,历史责任感一直占据在自己的脑海里,即"怀乡鸡和湛江鸡"的归属和称谓问题。因怀乡鸡原产信宜怀乡镇,在1984年之前归湛江地区管辖,由此100多年来"怀乡鸡"一直以"湛江鸡"的名义享誉珠江三角洲、港澳地区,以及整个岭南大地,甚至名声远扬海外。

本人工作单位、居住地都在湛江,20多年来,已算是湛江人了,况且一直在为怀乡鸡的资源保护和研究贡献力量,也总想为"湛江鸡"的称谓和品种问题尽己所能。虽然"怀乡鸡"和"湛江鸡"二者应该画等号,这在民间可以大声说出来"怀乡鸡"就是"湛江鸡",但如今因区域划分后的"怀乡鸡"已不属湛江管辖,"怀乡鸡"已是茂名市的地理标志保护产品和国家保护品种,从官方角度也不能把"怀乡鸡"再称作"湛江鸡"了。作为湛江人,这是历史遗留问题,我们应该正视它、厘清它,尽快合理地解决它。虽然我们在2018年经多方努力获批了"湛江鸡"地理标志证明商标,但如不解决品种问题，就是始终缺乏发展“湛江鸡”的底气和后劲。此书的编撰出版，就是为了告诉人们“怀乡鸡”的来龙去脉和“湛江鸡”的古往今来，也为了提供解决问题的思路和办法。其中一个思路便是在湛江现有基础上再扩繁创建一个同样正宗的“怀乡鸡”种群和保种场，即“广东省省级怀乡鸡保种场”。这样一来，便也算是正宗的“湛江鸡”，也就可以名正言顺地称之为“湛江怀乡鸡”或“湛江鸡”。这才是我们湛江人应想和应做的事，这样才能理直气壮、信心百倍地把“湛江鸡”的名声和品牌真正做好、做响、做强、做大！

第五，正由于“怀乡鸡”的历史耐人寻味，所以生于湛江和信宜当地的近现代和当代名家、诗人、作家、书画家、词曲家都以“怀乡鸡”为傲，直抒胸臆。

清代的洪泮珠（清顺治十五年，广东湛江人）写有《百丈通津》，其中一句“逢人多少农家子，牛背吹笙引凤凰。”清代的李世芳（广东信宜人）写有《信宜风物咏二首》，其中一句“吾乡风物咏，树杪见炊烟。鸡犬云中响，狸狌道上眠。”清代的丁宗洛（湛江海康人）写有《田居》，其中一句“鸡豚认主颜偏熟，酒饭留宾趣不孤。”清代的陆树芷（清嘉庆五年，信宜水口镇人）写有《翔凤台》，其中有“落日照残碑，凄凄经风雨。我陟高岗处呼，凤兮当起舞。”清代的陆赓唐（清嘉庆六年，信宜水口镇人）写有《小瀛洲》，其中有“凤鸣岗矣龙吟窖，其间应有英奇生。”

另外，还有来自湛江茂名当地和外省份的近现代和当代文人名家为“怀乡鸡”题词、赋诗、作画，创作了诗词楹联46首、现代散文6篇、书画34幅以及歌曲2首。这些以多种文化体裁展示和描写“鸡”和“怀乡鸡”的历史与文化无不令人兴奋，催人记述。

正因上述几点，便以《中国怀乡鸡——历史文化与科学》为书名，整理撰写此书，以飨读者。进而为国家畜禽遗传资源“怀乡鸡”和其他优良鸡种的有效保护、开发利用及创新发展提供借鉴，为国家宏伟战略种业振兴、乡村振兴、农民致富增光添彩，为中国畜禽历史的溯源、鸡文化的发掘及传统文化的传承做出新的贡献。

本书在撰写过程中，首先得益于“中国鸡文化系列丛书”编委会同仁的关心支持，同时得益于本团队成员多年来在怀乡鸡保护、研究、应用上的多项成果，得益于相关领域新闻通讯作者为怀乡鸡产业发表的多篇报道，得益于本人所在单位广东海洋大学科技处、滨海农业学院等各级领导及同仁的支持和厚爱。

另外，还有来自扬州大学的国家重点学科带头人、二级教授王金玉先生为本书作了言简意赅、褒扬有加的“序”；身居北京 91 岁高龄的我的大学恩师、山西农业大学马任骝教授和王瑞琦教授为本书题写了“苦心孤诣大半辈，有志事成传学界，祖国养鸡现代化，传承创新史册载”和“苦心孤诣”两幅墨宝；河南郑州的中国吉蛋堂创始人张达董事长为本书泼墨题写了意味深长，启迪智慧的“闻鸡起悟”条幅；山西的书法家王高先生不仅为本书题写了书名，还以正楷献上了 9 首诗词的墨宝；湛江市电视台的傅中星作家为本书创作多篇散文和诗歌，如发表于《湛江日报》的《怀乡鸡与乡愁》《鸡痴》及《七绝・怀乡鸡》；湛江的作家饶燕文发表于《湛江日报》的《雄鸡报捷震九州》，谱写了一曲以鸡为题美丽中国的宏伟交响；怀乡鸡原产地信宜的作家何奕强先生《漫谈“怀乡鸡”的美德和献身精神》表达了对怀乡鸡的情有独钟，为鸡的奉献精神而感动；湛江市文史研究室的李满青主任检索提供的数篇清代当地名人的罕见诗作；茂名的梁建先生的《一只鸡能走多远》对怀乡鸡的历史、传说及其一生，以散文的形式娓娓道来；北京的企业家诗人韩胜利总经理写的《怀乡鸡礼赞 4 首》表达了对怀乡鸡的赞美；广东海洋大学书法家劳赞馆长、张开诚教授、张国玲教授题写了 4 幅墨宝和画作；湛江市美术家协会庄燕梅副主席为本书创作了 2 幅国画作品；岭南师范学院美术与书法学院副院长、著名书法家李吾铭教授和湛江市青年书法家协会刘永胜副主席创作了 4 幅墨宝；怀乡鸡原产地信宜的 4 位书法家颜显林、阮保钧、植凌枫、陈普敬创作了 4 幅墨宝；湛江的刘文雪、刘其浩、庞子豪、孙新平创作了5幅硬笔墨宝。

不仅如此，更有以湛江市诗社领导、市二中诗社社长杨耀明校长、常务副社长孙钢坪诗人为首的20多位诗人，共同创作出有关怀乡鸡的诗词楹联30多首。还有80岁高龄的陈观友诗人为此书创作了多篇诗词，以广东海洋大学何如洲高级摄影师为首的摄影团队，与国家和省摄影协会的9位摄影师在采风活动中拍摄了数十幅摄影佳作。

更令人感动的是，来自湛江市政协的领导、词作家李建艺主任和广东海洋大学艺术学院曲作家吴小路副教授专门为怀乡鸡、麒麟鸡和贵妃鸡三品种创作了一首儿歌《会唱歌的鸡》，由湛江市少年宫儿童合唱团演唱。湛江市老年大学手风琴手兼业余作曲家杨公平先生和广东海洋大学艺术学院的杜沄老师联合创作出一首歌曲《怀乡鸡》。

可见，不论是立足于科研教学一线的教育工作者，还是战斗在传统文化战线的文学艺术界名家；不论是年仅7岁就能赋诗作词的学童，还是八九十岁高龄的老者、恩师；不论是熟知传统文化的老相识，还是初次相见的文学艺术界的新朋友；不论是从未谋面的新闻媒体工作者，还是偶有一面之交的业余作家；无一不对此书的出版给予满腔热忱的支持、关心和厚爱，无一不体现出对祖国传统文化的极度热爱、努力弘扬、认真传承。大家给予我的支持时刻感动着我、激励着我、鞭策着我、启发着我，使我在现代科学技术与传统历史文化融合的探索道路上不断前行！虽然任何感谢的语言都显得苍白无力，但在本书出版之际，我仍要一并致以崇高的敬意，并由衷地表示感激！

当然，本书从酝酿到完稿，断断续续两三年，中途又应农业农村部全国畜牧总站之邀，承担了全国第三次畜禽遗传资源普查的艰巨任务，更显时间紧。对此书我虽付出了不少心血，但因本人水平有限，知识面窄，挂一漏万甚至谬误之处委实难免，恳望方家和所有读者多提宝贵意见！

杜炳旺

2024年6月10日（五月初五端午节）于广东湛江